液压平衡阀应用技术

张海平　编著

机 械 工 业 出 版 社

本书以多个世界知名公司的各类平衡阀为例，包括近年推出的新产品，如美国升旭公司的负载匹配型平衡阀、负载适应型平衡阀、德国布赫公司的 Cindy 型平衡阀和德国力士乐公司的先导控制节流下降阀（绿阀）等等，介绍分析它们的结构、工作原理、功能、特点及应用，比较差异与特点。重点分析了正确运用平衡阀必须掌握的稳态特性、瞬态特性及测试。

平衡阀主要是为了控制负载下降，但控制负载下降也可以不用平衡阀，特别是现在为了节能，出现了一些新的控制阀、控制回路，本书也一并介绍。

本书介绍了平衡阀的多种应用回路，从不同角度分析了含平衡阀系统的稳定性问题和应对措施。同时，还介绍了负负载的能量回收与应用。

附录部分对附赠资源中的“液压元件设计估算表格 2016.xlsx”和“液压系统设计估算表格 2016.xlsx”进行了说明。附赠资源还包括作者发表的部分文章和各章的插图。

本书中大量采用了图解法，展示了平衡阀系统中的压力关系，直观清晰，易于掌握。

本书可供液压工程技术、液压维修人员阅读，也可供相关院校有关专业师生参考。

图书在版编目（CIP）数据

液压平衡阀应用技术 / 张海平编著. —北京：机械工业出版社，2017.3（2026.2重印）
ISBN 978-7-111-56165-1

Ⅰ. ①液… Ⅱ. ①张… Ⅲ. ①液压控制阀—平衡阀
Ⅳ. ①TE927

中国版本图书馆 CIP 数据核字（2017）第 036918 号

机械工业出版社（北京市百万庄大街 22 号　邮政编码　100037）
策划编辑：张秀恩　责任编辑：张秀恩
责任校对：舒　莹　封面设计：陈　沛
责任印制：郜　敏
保定市中画美凯印刷有限公司印刷
2026 年 2 月第 1 版第 5 次印刷
169mm×239mm・12.5 印张・235 千字
标准书号：ISBN 978-7-111-56165-1
定价：149.00 元

电话服务
客服电话：010-88361066
010-88379833
010-68326294

网络服务
机　工　官　网：www. cmpbook. com
机　工　官　博：weibo. com/cmp1952
金　书　网：www. golden-book. com
机工教育服务网：www. cmpedu. com

前　言

在供水系统中也有平衡阀，本书专注于应用在液压技术中的平衡阀。

平衡阀，其实与保持物体平衡无关。英语中被称为 Counterbalance Valve，指的是抵消（重力影响）阀，也被称为 Load Control Valve（负载控制阀）、Motion Control Valve（运动控制阀）、Overcentre Valve（过中心阀）、Boom Lock Valve（上升锁住阀）。倒是其德文名称 Lasthaltensventil（负载保持阀），或 Senkbremsventil（下降减速阀）更贴近其关键功能。在中国台湾也被称为抗衡阀，考虑到中国大陆读者习惯，本书还是称其为平衡阀。

平衡阀，可用于控制负负载，特别是重物下降的速度，因此在机械设备，尤其是工程机械、起重机械、农业机械等的液压系统中被广泛应用，是一个特别重要的阀种。世界上很多液压元件厂都提供不同形式的平衡阀。但平衡阀又是一个多功能的组合阀，结构与工作原理是所有液压阀种中最为复杂的。因此，如何正确选择应用平衡阀，以及了解在节能减排呼声日益高涨趋势下平衡阀的发展前景及应用，是每个液压工程师、液压维修人员都要关心的。

掌握了平衡阀的结构与工作原理，对掌握了解其他阀种也大有裨益。

关于平衡阀，在作者的前两本书“液压螺纹插装阀”“液压速度控制技术”中已有所涉及，但当时限于篇幅，取材不广，分析也不够深入，有些提法不够精确。现在，应一些读者的要求，专门撰写关于一本平衡阀书籍，这样可以系统地梳理，补充一些新型的阀和回路，更全面深入地剖析平衡阀的结构、工作原理及其应用。

作者的一位同学，前香港联合出版集团董事长，组织出版图书无数，曾淳淳告诫作者，“我们国家在各个研究领域内都还没有走出‘大题小做’的阴影。原因部分来自评价系统与学风。太多人想做那些大而无当的题目。我一直认为，什么时候我们的学术研究与教学走上了小题大做的道路，中国学术的春天也就到了。”作者希望能以本书为推动“小题大做”的风气做出微薄的贡献。

不怕不识货。本书以多个世界知名公司的各类平衡阀为例，包括它们近年推出的新产品，如美国升旭公司的负载匹配型平衡阀、负载适应型平衡阀、德国布赫公司的 Cindy 型平衡阀和德国力士乐公司的先导控制节流下降阀（绿阀）等等，介绍分析它们的结构，工作原理，比较它们的差异与特点，冀望读者可通过比较，深入了解平衡阀，并在此基础上更上一层楼——创新。

本书介绍了平衡阀的多种应用回路，从不同角度分析了含平衡阀系统的稳定性问题和应对措施，因为液压系统稳定性的问题牵涉面甚广，原因非常复杂，而又是几乎必然会出现的问题。

平衡阀主要是为了控制负载下降，但控制负载下降也可以不用平衡阀，特别是现在为了节能，出现了一些新的控制阀、控制回路，本书也一并介绍。

受到升旭公司介绍新产品特性的启发，本书中大量采用了图解法，展示了平衡阀系统中的压力关系，更直观清晰，易于掌握。

作者认为，对于液压技术人员：

1）能掌握揭示液压技术内在规律的数学公式，肯定是好事。但公式推导要为分析实际工况服务，定性分析的实用性优于定量分析。本书尝试做了少量定性的理论分析，尽可能地还是把一些复杂的数学推导放在附录中，以提高本书的易读性。

2）尽管液压技术中准确计算是不可能的，但还是应该尽可能地做一些估算，以减少盲目性。为此，作者把一些常用的设计计算公式转化成 EXCEL 计算表格，分成两类：液压系统设计、液压元件设计，放在本书的附赠资源中，以便利读者应用检验。

由于国内的液压技术术语大多是舶来货，多人各自翻译，很不统一，有些直译未反映本意，似是而非，容易引起误解。本书尽可能列举各种同义词，尝试正名，以便利初学液压者。

作者查阅了欧美所有世界知名的液压公司的产品样本，压力单位全都使用bar，没有一家公司的产品样本中出现过 MPa，在国际液压标准中也很少出现 MPa。甚至在 GB/T 17491—2011 和 GB/T 20421.3—2006 的附录中都推荐使用 bar。但为了执行我国关于法定计量单位的规定，作者不得不花很多精力，把所引用的许多材料中的 bar 改为 MPa。希望读者还是能非常熟悉 bar：1bar=0.1MPa。这样，在阅读国外产品样本时才不会有困难。

根据 GB 3102.3—1993《力学的量和单位》，质量流量的符号为 q_{m}，体积流量的代号为 q_V。鉴于在液压技术中，几乎只使用体积流量，行业内也普遍采用 Q 或 $\boldsymbol{q}$，为简洁起见，本书中用 $\boldsymbol{q}$ 表示体积流量，简称流量。

目前，在液压系统中使用的压力（工作）介质，虽说主要还是矿物油（约占85%～95%），然而，为了安全、环保等各种因素，也逐渐采用其他液体，如难燃油、油包水和水包油悬浮液、可生物快速降解的合成酯、植物油等。但为叙述简洁起见，本书中仍使用液压油或压力油代表所有压力介质。

全面地来说，输送液体的泵有两大类：容积式和动力式。因为液压技术中几乎不使用动力式泵，所以本书中略去“容积式”，简称其为液压泵或泵。

为缩减篇幅，本书使用了下列简称。

IFAS——Institut für fluidtechnische Antriebe und Steuerungen，RWTH Aachen 德国亚琛工业大学流体传动与控制技术研究所。

伊顿——美 Eaton-Vickers 公司。

派克——美 Parker Hannifin 公司。

布赫——德 Bucher Hydraulik 公司。

哈威——德 HAWE Hydraulik SE 公司。

升旭——美 Sun Hydraulics 公司。

力士乐——德 Bosch-Rexroth AG 公司。

海德福斯——美 HydraForce，Inc.公司。

本书中平衡阀的剖面图全部源自各公司公开提供的产品样本，由作者加了彩色，以便利读者理解其结构与工作原理，不一定反映全部细节，还是应以实物为准。

尽管反复检查多次修改，但难免还有错误。作者衷心欢迎读者提出意见和建议。作者电子信箱：hpzhang856@sina.cn。读者也可通过作者的博客 http://blog.sina.com.cn/lwczf，反映意见，查阅不断更新的勘误表。

本书的附赠资源放在百度网盘中。读者只要扫描本书末的二维码，即可从网上下载。其中有下述内容。

——全书所有插图，可以帮助读者阅读，也可供企业技术培训、大学教师教学选用。

——一些作者已公开发表的文章，以便读者查阅。

——液压元件估算表格软件和液压系统估算表格软件。

感谢本书所引用的参考文献的所有作者。由于本书写作时间较长，有些引用文献可能遗漏标注，恳请有关作者谅解。

本书写作期间得到了盾安集团下属浙江华益精密机械股份有限公司的支持，作者谨在此衷心感谢。

张海平

2016 年 11 月

目　录

第1章 概 述

本书中的负载专指由液压控制其运动的物体。运动可分为平动和转动。控制负载平动，是控制负载力；控制负载转动，是控制负载转矩。为简洁起见，以下在文意自明时，不区分负载、负载力和负载转矩。

液压技术中，称直接用于控制负载运动的液压元件为液压执行器。液压执行器分为液压缸和液压马达，具有多种形式。大体来说，液压缸控制负载平动，液压马达控制负载转动或摆动，详见参考文献[1]第 2 章。为简便起见，下文中主要以液压缸为例。液压马达可类推。

马达一词，有时也被用于称呼电动机和汽车发动机，但都属于不规范术语，应该避免使用。按国家标准 GB/T 17446—2012《流体传动系统及元件 术语》，马达指“提供旋转运动的执行元件”，含液压马达和气动马达。因为本书不涉及气动，所以，以下的“马达”专指“液压马达”。

这里所说的控制负载，意味着希望负载按操作者的意愿运动，因此，不仅包含驱动，也包含制动。

控制负载运动，是液压技术赖以生存的基本任务。因此，分析了解负载的特性，掌握各种影响负载的因素，对用好液压技术是第一重要的。

1.1 负载的特性

当今，液压技术已被如此广泛地应用于国民经济各行业各部门，以至于只能说，不应用液压的行业部门已是屈指可数的了。但因此也导致了负载的类型繁多。图 1-1 展示了一些液压驱动的设备的负载变化情况[2]。

1）叉车、汽车吊、挤压机、穿孔机、拉拔机等的负载基本是恒定的，如图 1-1a 所示。

2）粉末冶金压机、模锻机、金属压块机、棉花化纤打包机等的负载是慢升转急升的，如图 1-1b 所示。

3）硫化橡胶机、人造板压机、皮革熨平机、热固塑料压机等的负载先慢升，然后急升，最后保压，如图 1-1c 所示。

4）剪切下料机、冲孔机、翻斗车、工件顶出等的负载是急升-急降的，如图 1-1d 所示。

5）金属板料拉深机、橡胶模成型压机等的负载是逐渐上升，然后逐渐下降的，如图 1-1e 所示。

6）锻造压机中的镦粗、拉拔等工序的负载是平稳增加的，如图 1-1f 所示。

这些还仅是很少一部分液压设备的特性。所以应该从不同角度考察负载的特性、各种影响负载的因素。

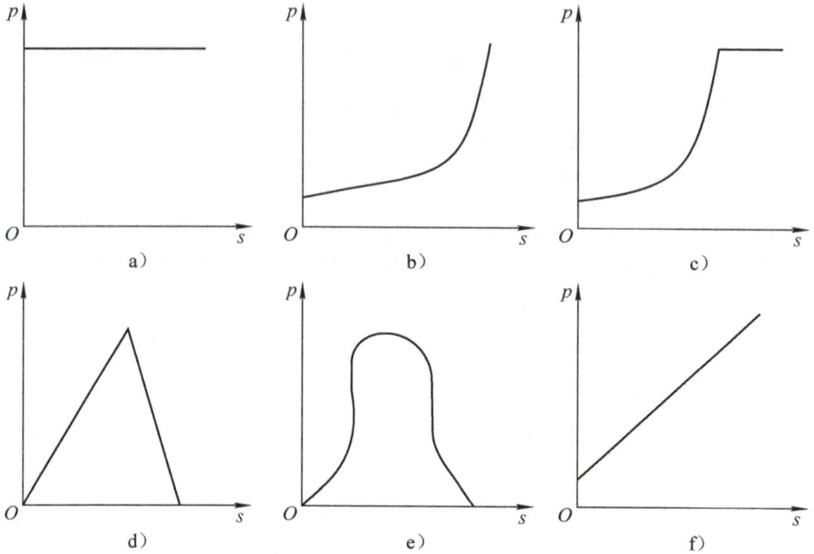

图 1-1　一些液压设备负载的变化状况

a）恒定　b）慢升转急升　c）慢升-急升-保压　d）急升-急降　e）逐渐上升-逐渐下降　f）平稳增加

1．正负载与负负载

本书中，把作用方向与液压缸运动方向相反的负载称为正负载，与运动方向相同的负载称为负负载，如图 1-2 所示。

因为，通常把液压缸运动时油液流入的腔称为驱动腔，排出油液的腔称为背压腔。因此，也可以说，作用于驱动腔的负载是正负载，作用于背压腔的负载是负负载。

由于液体能承受压力，但几乎不能承受拉力，而负负载相对于驱动腔的是拉力，因此，只有控制从背压腔排出的液流量，才能控制活塞受到负负载时的速度。

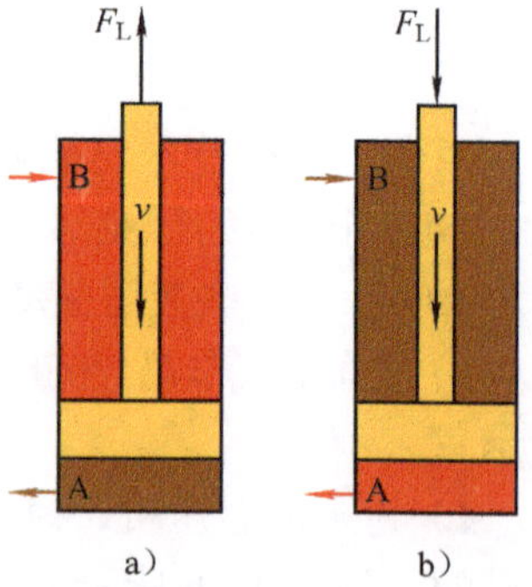

图 1-2　正负负载

a）正负载　b）负负载

A—背压腔　B—驱动腔

对液压执行器而言，有一条重要的法则：在运动速度处于稳态时，负载决定压力，流量决定速度。具体一些就是，

——在正负载时，负载决定驱动腔的压力，进入驱动腔的流量决定运动速度。

——在负负载时，负载决定背压腔的压力，排出背压腔的流量决定运动速度。

2．主动性负载与被动性负载

主动性负载是指，执行器动，或不动，负载总在那里，不离不弃。例如，重力。

被动性负载是指，只有在被执行器驱动，或有运动趋势以后，负载力才会作用于执行器。即，站在负载的立场，“人不犯我，我不犯人”。例如：

——各种类型的摩擦力。

——弹性力。只有执行器接触负载，使负载发生变形之后，弹性力才会作用于执行器（见图 1-3b），如各类压机等。

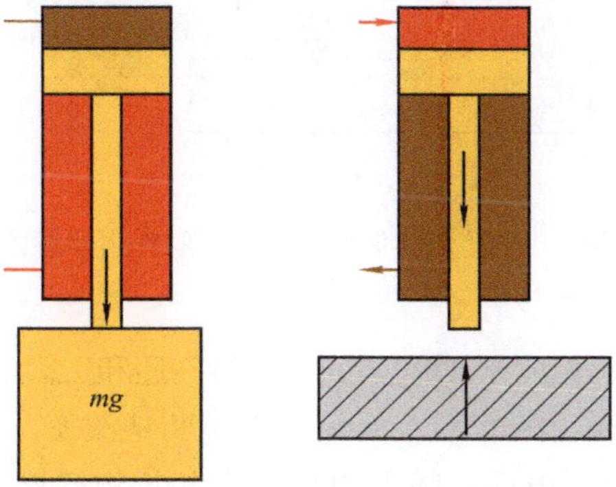

a） b）

图 1-3 主动性与被动性负载

a）主动性 b）被动性

负载的被动性常造成一个印象“运动决定压力”。其实，本质上，直接决定压力的还是负载。

3．液压技术中常见的负载

液压技术中常见的负载有多种类型。

（1）重力

重力是机械工作时液压缸要克服的最常见的负载力。

在地球上，所有物体都受到向下的重力。所以，只要液压缸不是绝对水平方向运动，其工况就必然多少受到重力的直接影响，无论液压缸动还是不动。所以重力是主动性的。而在运动有向下的分量时，重力就成为负负载。

可是，要准确计算重力作用在活塞杆上的分力，常常不那么简单。例如，工程机械中常见的三连杆机构可以简化成如图 1-4 所示的重力性负载对液压缸的作用示意图。在活塞杆收回，动臂前倾的过程中，重力就成了负负载。而作用于活塞的重力，除了含有重物的重量外，也含有动臂自身的重量——一个不容易准确计算的分布载荷。假定动臂重量可以设法折算入重物的重量 mg，那么根据力矩平衡原理，可以估算出作用在活塞杆上的负载力。

$$F_{\mathrm{L}} = mgL_{\mathrm{m}}/L_{\mathrm{F}}$$

式中　L_{m}、L_{F}——力臂的长度。

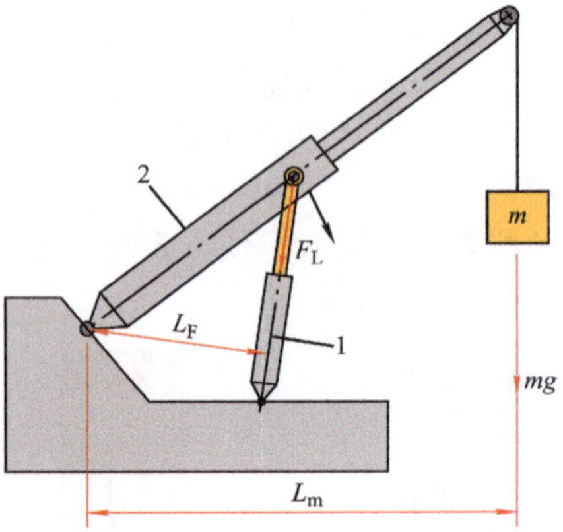

图 1-4　重力性负载对液压缸的作用示意图

1—液压缸　2—动臂　L_{m}、L_{F}—力臂的长度　F_{L}—液压缸受到的负载力

即，活塞杆上受到的负载 F_{L}，不仅与 mg 有关，还和 L_{m}、L_{F} 有关。即使 mg 大致相对固定，但负载 F_{L} 还会随着活塞的运动而不断地改变。

即使垂直安装的液压电梯，随着电梯中人和货物的增减，作用于液压缸的力也会变化。

另外，多级缸有效作用面积的改变也会导致缸内压力的变化。

不仅如此。虽然重力的方向固定，始终向下，但是，在实际应用的很多场合中，负载力的方向在一个运动过程中却可能交替变化。例如图 1-5 中，在活塞杆缩回的过程中，在负载的重心越过中点后，负载就由正变负了，即负载方向变化了。但这时还希望负载保持大致恒定的速度，而不需要其他措施。平衡阀通用的英语名称 Counterbalance Valve 就来源于此，指的是抵消（重力）影响，而非保持平衡。在英语中常称的 Overcenter Valve（过中心阀）也源自于此。

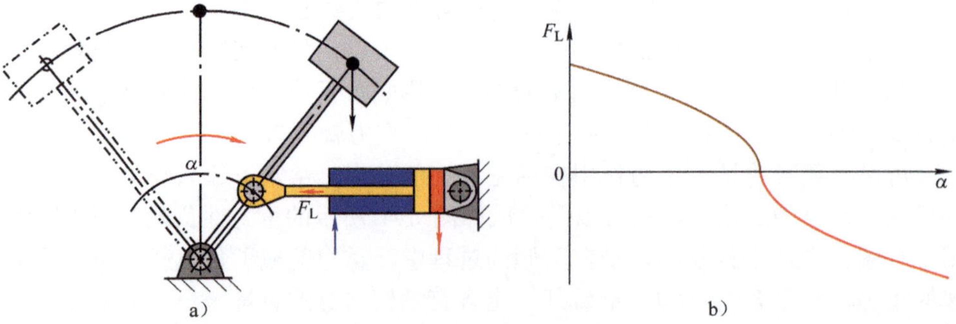

图 1-5　负载大小方向变化示意

a）构件示意　b）负载变化示意

在工程机械的各种实际工况中，由重力引起的实际作用于液压缸的负载的变化更为复杂，图 1-6 所示。

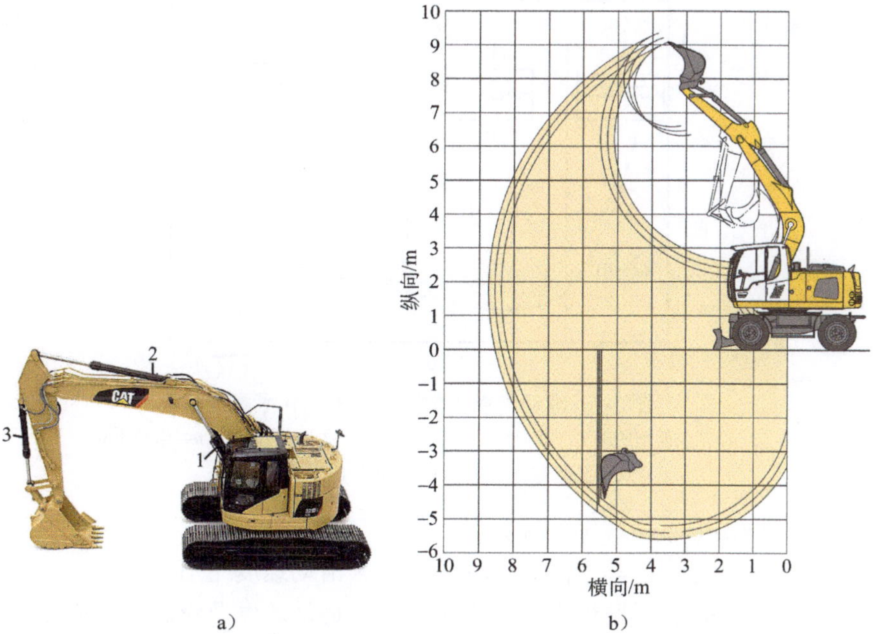

图 1-6　液压缸受到的重力引起的负载随运动而变化

a）挖掘机液压缸示意图　b）工况变化示意图

1—动臂缸　2—斗杆缸　3—铲斗缸

（2）惯性力

惯性力其实并非是一个独立的力，只是负载惯量的表现。它仅在液压缸试图改变负载运动状况时才会感觉到，好像出现了一个外来的力，所以它是被动性的。

在液压缸驱动负载加速时，惯性力抵抗加速，作用方向与运动方向相反，是正负载。而在液压缸强制负载减速时，惯性力抵抗减速，作用方向与运动方向相同，就成了负负载。

一方面，因为仅在速度改变时才起作用，因此，从稳态角度说，其作用时间往往较其他负载力短得多。但另一方面，负载的惯量又是决定系统固有频率从而影响系统振动的重要因素。而在实际液压系统，由于种种原因，振动几乎是时时存在的，只是幅度大小不同而已。所以，负载的惯量时时在起作用，因而是不可忽视的。

在转动时，负载的转动惯量与转动半径的平方成正比。具体计算可参见附录，并利用附赠资源中的估算表格“液压系统设计估算 2016.xlsx”进行估算。

（3）摩擦力

液压执行器推动负载运动，必定要克服摩擦力。而摩擦力（切削力、空气阻力）总是与运动方向相反，所以总是正负载，总是被动性的。

1）固体间的摩擦力受表面粗糙度和润滑状况的影响很大，如图 1-7 所示。

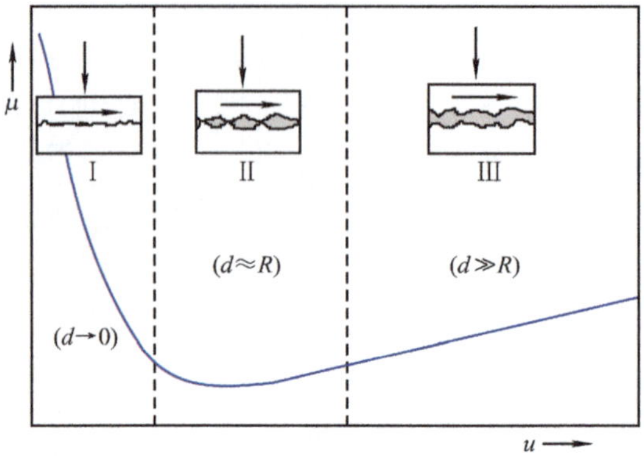

图 1-7 滑动摩擦因数随速度的变化示意图

d—摩擦表面间的距离 R—摩擦表面的粗糙度 μ—摩擦因数 u—当量速度

I—边界摩擦 II—混合摩擦 III—液体摩擦

图中 μ——摩擦因数，等于摩擦力/正压力；

u——当量速度，等于润滑液动力粘度×滑动速度/正压力。

2）液体阻力也属于摩擦力。其大小取决于运动速度及流态：层流还是紊流。

液压油通过液压缸的进出口、马达内部的流道时，液体阻力造成压降，压降随着流量增加而增加。

3）在液压缸中普遍使用密封圈，如图 1-8 所示。

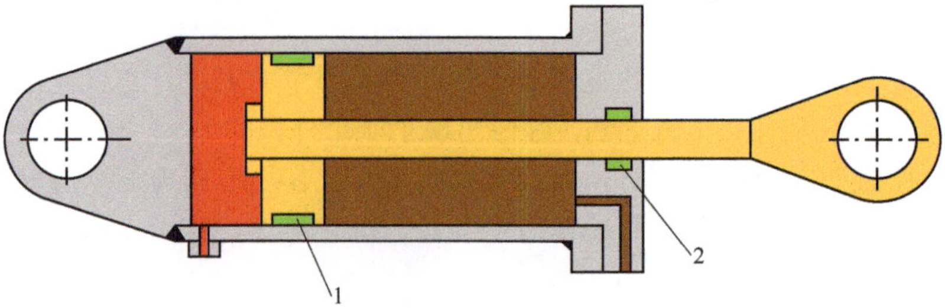

图 1-8 液压缸中的动密封

1—活塞密封圈 2—活塞杆密封

而在马达中，为了减少高速时的摩擦，在驱动腔与背压腔之间很少用密封圈。但在转动轴伸出处，一般都还是使用密封圈，以免油液外泄。

金属弹性密封圈摩擦阻力很小，但由于其密封性较差，用得较少。普遍使用的是用高分子材料制作的柔性密封圈。柔性密封与接触表面间的摩擦力基本属于干摩擦或边界摩擦，一般不随速度增加而明显增加。

有些密封圈的摩擦力随工作压力增加而明显增加，有些则不那么明显，详见参考文献[1]的 2.1.3 节。

4）物体运动时受到的空气阻力大致与运动速度的平方成正比。

5）执行器推动负载进行运动有多种目的，切削是其中很重要的一种。

切削阻力来自于两方面。一方面是切削工具与材料间的摩擦力，受切削速度影响；另一方面是材料的弹性塑性变形阻力，主要与材料的强度与硬度有关。如被切削材料是泥土之类松散材料（挖掘机、装载机），以前者为主。若是金属等紧密材料（金属加工机床），则以后者为主。

（4）弹性力

如果运动导致负载（弹簧或其他构件）变形（被压缩或拉伸），就会引起弹性阻力。所以，弹性负载是被动性的。

在使负载变形时，弹性力是正负载。而在负载恢复原形的过程中，弹性力就是负负载了。

1）弹簧：在应用很多的（卷扬机、风力发电机等）液压制动中，利用液压力克服弹簧动作，弹簧力就成了直接负载。

在液压阀泵马达中极其普遍使用的圆柱形压簧大致满足所谓胡克定律：弹簧力与压缩量成正比，如图 1-9 所示。

$$F_1 = S_1C = (L_0 - L_1)C$$

式中 C——弹簧刚度，可以根据弹簧的参数估算，详见附录 B.1 与附赠资源中的液压元件设计估算表格 2016.xlsx。

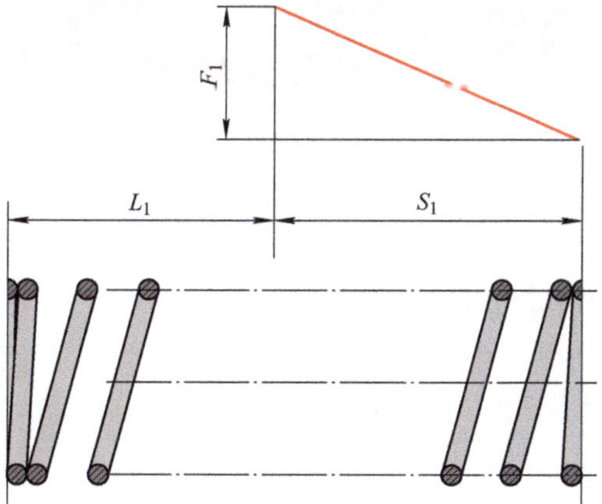

图 1-9 弹簧力与压缩量

L_0—原始长度 L_1—弹簧压缩后长度 S_1—压缩量 F_1—在压缩量 S_1 时的弹簧力

液压元件在组装时，弹簧往往已被一定程度地压缩了，这时的弹簧力被称为预紧力。

在液压技术中，常常使用“弹簧力与反向液压力有效作用面积的商”表达弹性力。为叙述简便起见，本书中将此简称为弹簧压力，将“弹簧预紧力与反向液压力有效作用面积的商”（bias spring value）称为弹簧预紧压力。

2）结构件很小的变形可能导致很大的与变形方向相反的弹性力，往往是非线性的。

（5）液压力

液压力是液体对固体表面的作用力，实际上是液体的弹性，即减小液体体积的反抗力。

由于液体的可流动性，所以，有效作用面积是决定总的液压力的关键因素，这点与固体完全不同。

当液体静止不动时，如帕斯卡原理所描述，压力处处相等，垂直作用于固体表面，如图 1-10 所示。

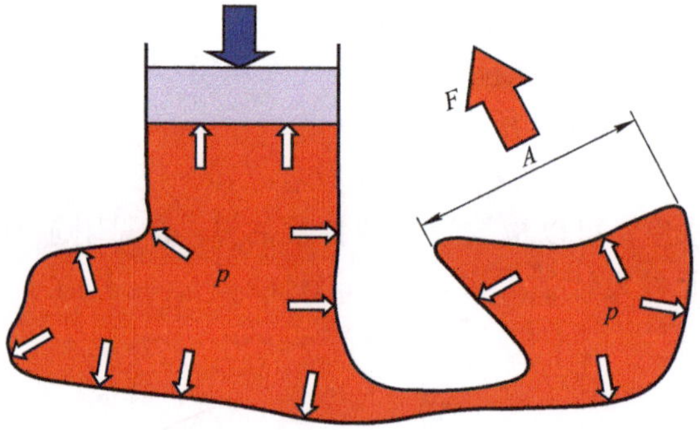

图 1-10　液压力

某方向上的合力 F 可以按下式估算

$$F=pA$$

式中　A——该方向上的投影面积。

压力处处相等的前提：液体是静止的。而液压，为了传递能量，液体必须流动。

如果液体运动速度不高，比如说，在多数液压缸内部，那么，用此式估算，误差不大。

在阀开口处，液流速度有时会很高，再按此式计算，误差就会较大。所以，引入了一个液动力来修正，详见参考文献[3]第 1.5.5 节。

液压缸工作时，从背压腔排出的流量随活塞速度而变。这个流量在回到油箱前总要通过管道，或/和一些其他液压元件，总会有压差。流量越大，压差也越大。因此，背压往往是随速度增加的，不容小觑。

负载从外部作用于液压缸的力实际上常常有多种来源。以下，把所有这些力的合力，称为**负载力**，标为 F_L。最终，要看这个合力是否与运动方向相同，而成为负负载。

因为重物下降是最常见的负负载工况，所以，以下，常常简化地以重物下降来表示负负载工况。

1.2 控制负载需要的功能

控制负载两个方向的运动，最常见的是用滑阀形式的换向阀，或者如多路阀、电比例阀等的换向节流阀（见图 1-11），以下简称换节阀。

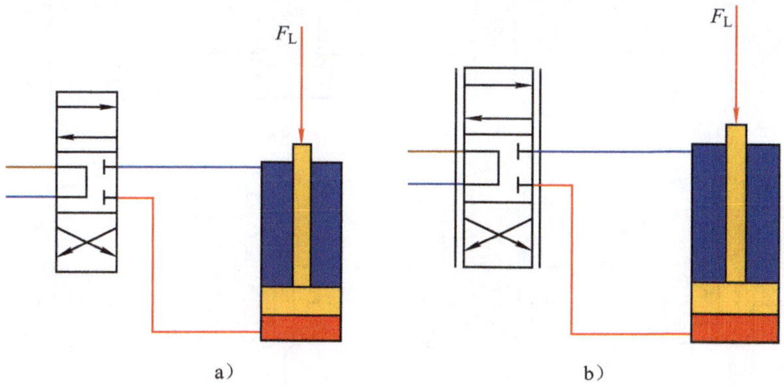

图 1-11 控制负载运动方向

a）用换向阀 b）用换节阀

但液压阀要能控制负载，除了控制运动方向以外，还需要具有以下几种功能。

1. 单向低液阻功能

本书中把“液体流动”简称为“液流”，把“对液体流动的阻力”简称为“液阻”。因此，液压阀就是一个“其液阻可调的装置”，所有的液压阀都必须能做到“液阻可调”，而且也只能做这件事，仅此而已，不多也不少。

换向阀，就是试图通过改变液阻，改换液流方向的装置。

压力阀，就是试图通过改变液阻，限制容腔中压力的装置。

流量阀，就是试图通过改变液阻，限制液流流量的装置。

而负载控制阀，就是试图通过改变液阻，控制负载运动的装置。

因为在推动负载上升时要克服的是正负载，所以，为了减少能耗，希望这时阀的液阻尽可能低。

2. 负载保持功能

在很多实际应用场合中，在换向阀、换节阀处于中位或泵停转时，希望把负载能较长时间保持在相对固定的位置。这就要求控制阀不能有泄漏。虽然，换向阀、换节阀的中位可以采用闭中心，但因为绝大多数换向阀、换节阀的阀芯都是滑阀形式，不可避免地会有些泄漏。

座阀，理论上可以做到无泄漏，且具有磨损自补偿的特性。各类座阀的形式，如图 1-12 所示。

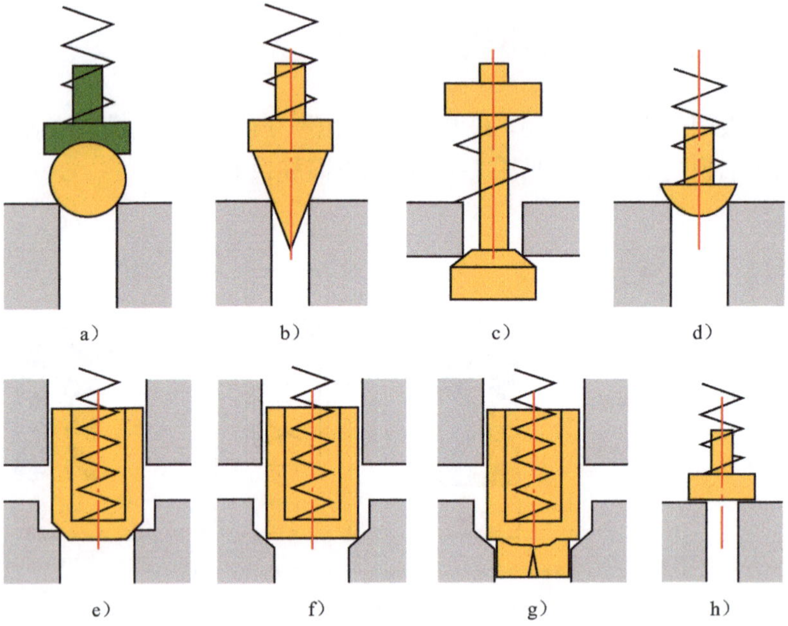

图 1-12　各类座阀

a）球阀　b）外锥阀　c）内锥阀　d）球面座阀

e）外滑锥阀　f）内滑锥阀　g）带缓冲头的滑锥阀　h）平面座阀

1）球阀的结构简单，制造成本低。但如果开口很大，会出现跑偏，不能对中的问题，因此，只能用于小流量系统。

2）锥阀允许有较大的开口，因此，应用很广泛，虽然工艺要求比球阀高些，从而制造成本高些。

锥阀芯与阀座的锥角不可能绝对相同。金属锥阀在装配完成时，生产厂常采用压合或锤击的方法，弥补加工中可能出现的少量形状和位置偏差，使接触处从理论上的线接触变为细小的面接触，从而达到泄漏基本为零。力士乐 Z1S 单向阀（见图 1-13）的阀芯采用工程塑料制造。由于阀芯较软，受压容易变形，在 10%的许用压力时就可以达到完全密封。

另外，单根钢丝缠绕而成的压簧，由于弹力是由一点传递给端面的（见图 1-14），所以，即便端面是磨平的，也难免有倾斜力，可能导致阀芯倾斜。

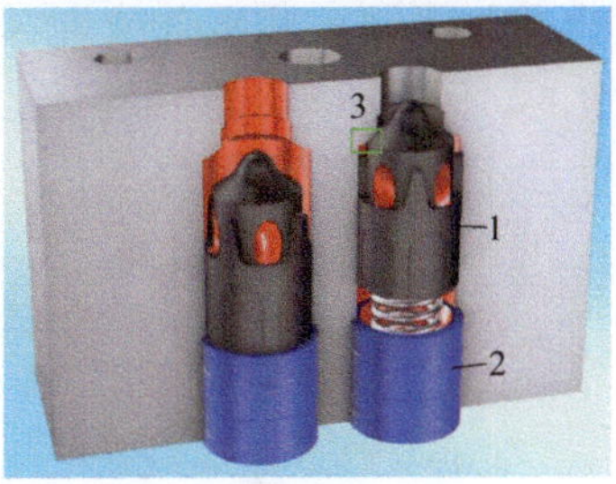

a）

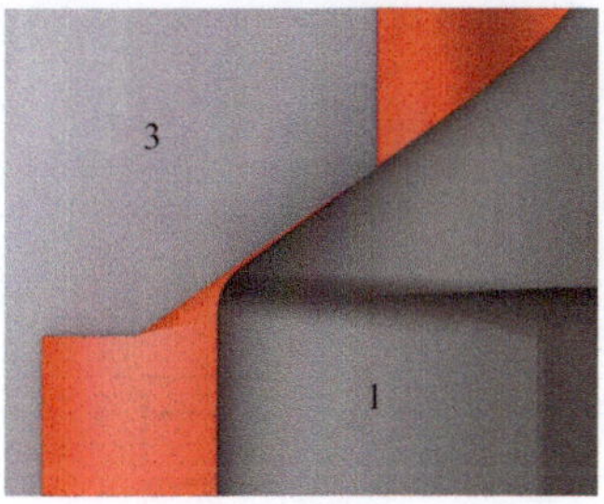

b）

图 1-13 （力士乐）Z1S 单向阀

a）剖面图 b）局部放大

1—阀芯 2—弹簧座 3—阀座

3）**球面座阀**在轴心线略有倾斜时，也能较好地密封，这点比锥阀强。

4）**滑锥阀**指的是带滑阀形式导向的锥阀。由于有好的导向性，对弹簧倾斜力不敏感，可以有较大的直径和开口，在大流量系统中是几乎唯一被使用的形式。但其导向圆柱面与密封圆锥面必须有相当高的同轴度，否则无法保证密封。

5）**平面座阀**对同轴度要求不高。

单向低液阻和负载保持的功能需求可以用液控单向阀来满足。例如，把液控单向阀安排在液压缸与换向阀之间（见图 1-15），把阀的控制压力口③与液压缸的驱动腔相连。在需要下降时，利用驱动腔压力来开启阀。

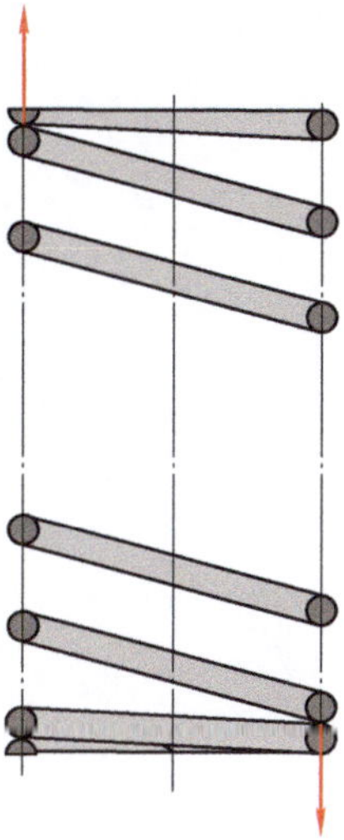

图 1-14 钢丝压簧的倾斜力

3. 溢流功能

在负载保持时，为了避免液压缸由于超压而损坏，需要有次级溢流功能：当压力超过设定压力时，通道开启，溢流。因为，在实际应用中，可能会出现下述情况。

1）负载压力偶然性意外超出液压缸许用压力。

2）特别是在活塞已经上升至上终点（见图 1-16），通道①→②由于口③无控制压力而关闭。此时，如果液压缸中油液的温度（例如曝晒）而上升，趋向膨胀，而又无处可膨的话，会导致压力异常升高（温升 50℃一般会导致矿物油膨胀约 3%，或压力升高约 40MPa）。所以，这时需要的溢流功能也被称为**热溢流**。

这里的次级溢流功能与主级溢流阀的工况不同。主级溢流阀在泵一侧，常常有持续的供油，即便开启，压力也不一定会下降很多。而这里，在液压缸一侧，一旦开启，缸中的压力油外泄，压力往往会立刻下降，需要阀立即关闭。所以，开启时间不长，通过液流是断续的，不恒定的。因此，其设定开启压力的准确性、流量压力特性、调压偏差、开启后的稳定性都不是非常重要的。

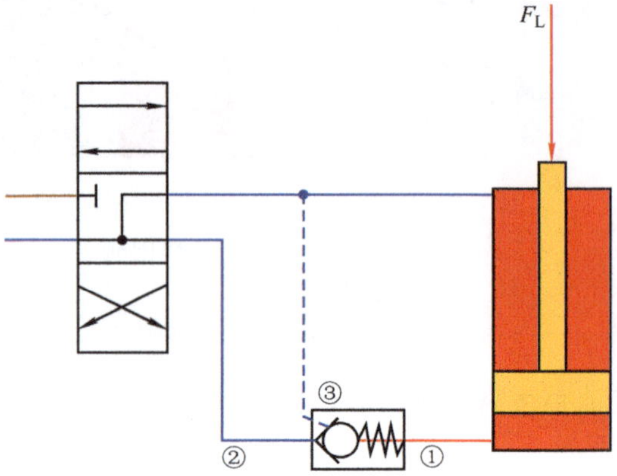

图 1-15　一种负载保持的方法

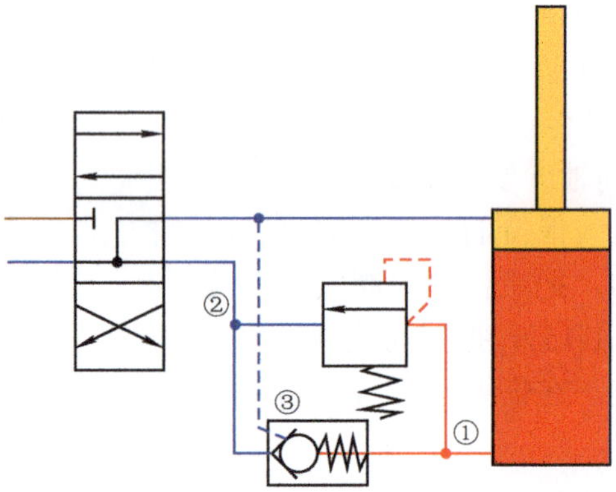

图 1-16　热溢流

重要的是其开启后的再关闭。关闭压力，应尽可能接近开启压力，至少高于开启压力的 85%。而且，关闭要快。为此，一般设定开启压力为系统主溢流阀的 130%。这样，即使关闭压力为开启压力的 85%，130%×85%≈110%，也还可以保证高于系统主溢流阀的设定压力，以免已举升的重物不受控制地下降。

4. 液控节流功能

如已提及，在受到负负载时，只有控制从背压腔排出的流量，才能控制活塞的运动速度。

而要控制流量，设置液阻是最简单的方法。

若使用简单液阻，例如，一个固定节流孔，则通过的流量随节流孔两侧压差而变。

使用其液阻可随进出口压差而变的阀，例如二通流量控制阀（见图 1-17），可以在一定的前提条件下保证流量一定程度地不随压差（p_1-p_2）变化，但不便调节，还有初始突跳（详见 8.1 节）。

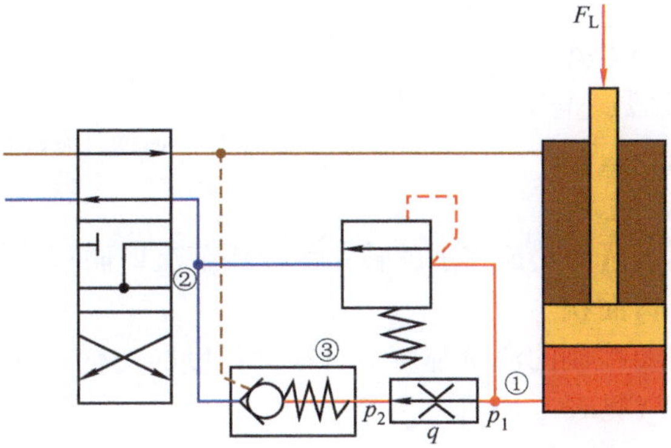

图 1-17　使用二通流量控制阀控制出口流量

为克服这些局限性，灵活满足以上各种控制负载的功能需求，就研发出了负载控制阀。把它安排在液压缸与换向阀之间，把阀的控制压力口③与液压缸的驱动腔相连，利用驱动腔压力 p_B 来控制负载控制阀节流口的开启量，如图 1-18 所示。

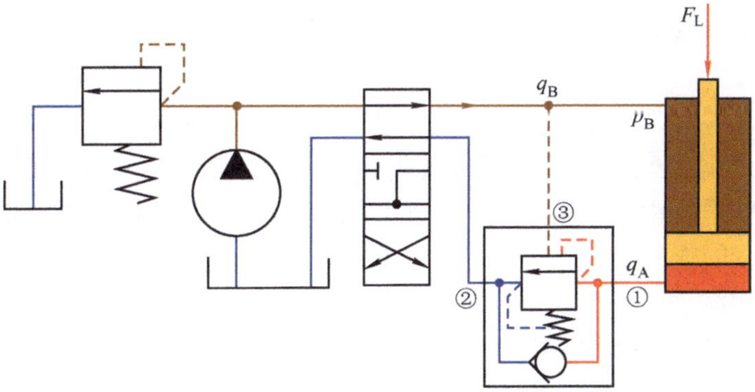

图 1-18　用负载控制阀控制负载

因为 p_B 取决于进入上腔的流量 q_B 与活塞实际下降所带走的流量之差，如果活塞下降太快，q_B 跟不上，p_B 就会下降。所以如果这时负载控制阀的节流口能相应关小，减少从下腔排出的流量 q_A，从而降低下降速度，直至与 q_B 平衡，就可以控制下降速度了。

注意：通往上腔的流量 q_B 并不由负载控制阀直接决定，而是需要其他适当的流量控制措施，详见第 8.2 节。

大量的测试和理论分析揭示了通过节流口的流量 q（见图 1-19），多数情况下，大致与节流口两侧压差Δp 的平方根成正比，与节流口面积 A 成正比。

$$q = \alpha A\sqrt{(2\Delta p/\rho)}$$

式中　α——流量系数，与节流口形状和流态有关；

ρ——液体密度。

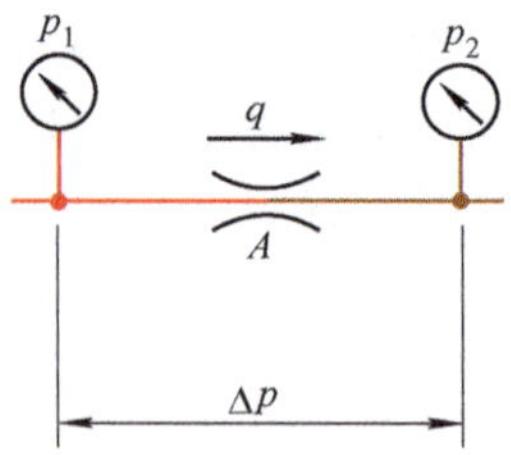

图 1-19　通过节流口的流量 q 与两侧压差

p_1—节流口前压力　p_2—节流口后压力　$\Delta p = p_1 - p_2$

这一来，控制流量的功能需求就转化为控制节流口面积的问题了。

（1）控制节流口面积

由于压差与需要控制的流量都可能有很大程度的变化，这就需要节流口面积也能在大范围变化（见表 1-1）。

表 1-1　在压差Δp 下通过流量 q（矿物油）所需的节流口面积 A（mm^2）（大约）

流量 q/（L/min）	压差Δp/MPa	
	1	30
1	$A = 0.5$	$A = 0.1$
500	$A = 250$	$A = 45$

由表 1-1 可见，如果要满足这样的控制范围，节流口的最大最小面积比需要在 2500 以上。

在液压元件实际工作中，可以调节的只有阀芯位移。

1）虽然理论上可以通过调节阀芯位移 X 实现任意所需要的节流口面积 A，然而在实际液压系统中，负载口压力、弹簧腔压力、特别是控制压力总会有波动。由于控制弹簧的作用，X 大致与这些力的合力成线性关系。因此，这些压力的波动会引起 X 的波动。而 X 的波动又会带来 A 的波动，从而引起通流量的波动，尤其是在 A 较小时。比方说，节流口面积波动$\Delta A = \pm 0.05mm^2$。在 $A_0 = 0.5mm^2$ 时，意味着相对波动为±10%；而在 $A_0 = 0.1mm^2$ 时，就意味着相对波动为±50%。所以，如果希望系统工况平稳，就需要ΔA 相对 A_0 较小，如图 1-20 所示。

由图 1-21 可知，在同样的节流口面积 A_0、同样的阀芯位置波动ΔX 时，X-A 的斜率 k 越小，所造成的ΔA 也越小。所以，如果希望减少ΔX 造成的ΔA，就需要选取较小的 k。

但 k 选取得较小的话，在 $X = X_m$ 时，就达不到需要的 A_m，除非采用多斜率的方法如图 1-22 所示。

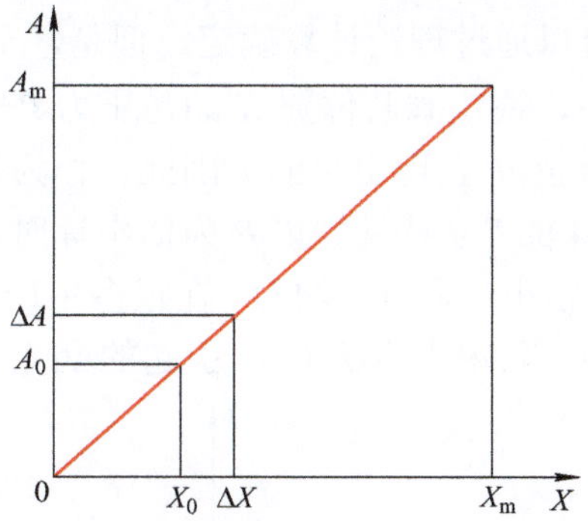

图 1-20 阀芯位移 X-节流口面积 A 特性

X—最大阀芯位移 X_0—某个阀芯位移 ΔX—阀芯位置波动

A—最大节流口面积 A_0—在 X_0 时的节流口面积 ΔA—ΔX 造成的节流口面积波动

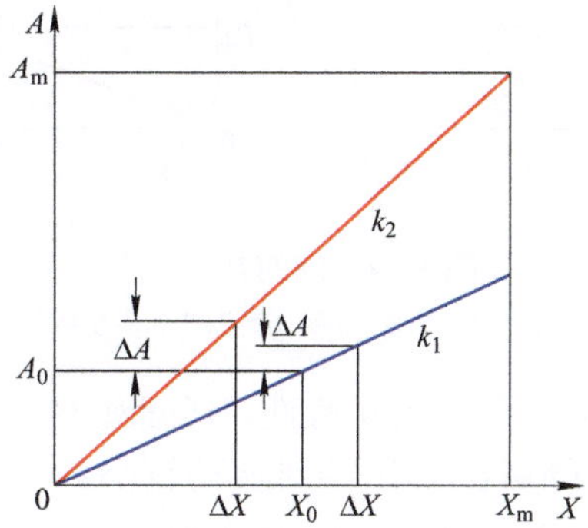

图 1-21 特性曲线斜率的影响

$k_1 < k_2$

在斜率较大的区域，波动的影响还是较大的。

由图 1-23 可知，ΔA 只受 X-A 特性曲线在 A_0 处的斜率影响，与曲线所处的位置无关。

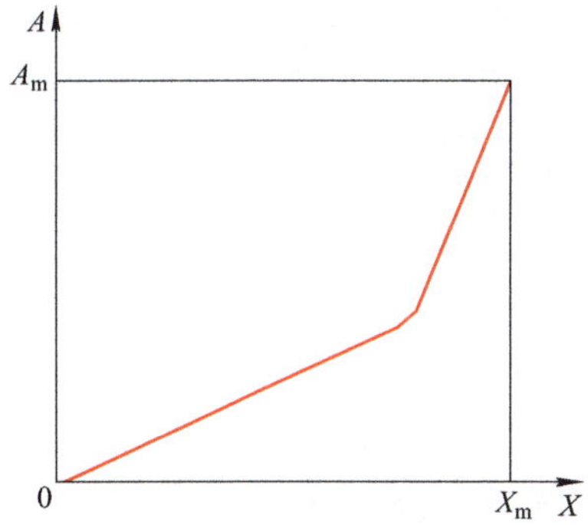

图 1-22 多斜率特性曲线

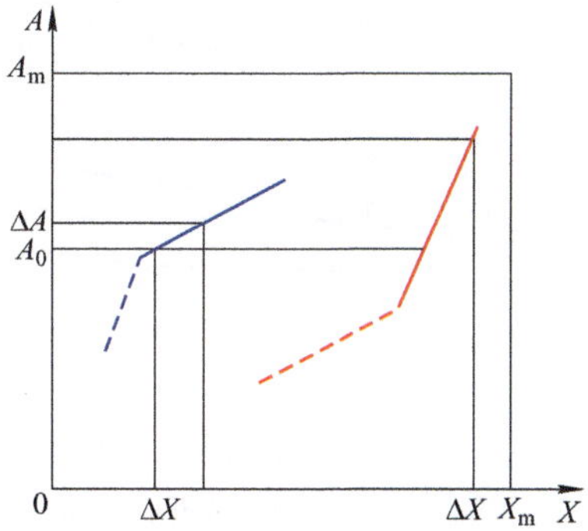

图 1-23 X-A 特性

X-A 特性在设计时可以通过理论计算确定。但是，节流口面积 *A* 不能直接测试出来。而在实际使用中，决定阀芯位置 *X* 的是压力 *p*——负载口压力、或/和控制压力，*A* 最终是通过流量 *q* 表现出来的。因此，作为阀的使用者，最关心的和能测到的还是类似图 1-24 的 *p*-*q* 特性。以 *p* 为横坐标时，斜率小就意味着压力波动Δp 引起的流量波动Δq 较小（见图 1-24a）。在很多生产厂的产品说明书上，常以 *q* 为横坐标（见图 1-24b），斜率大意味着Δp 引起的Δq 较小。

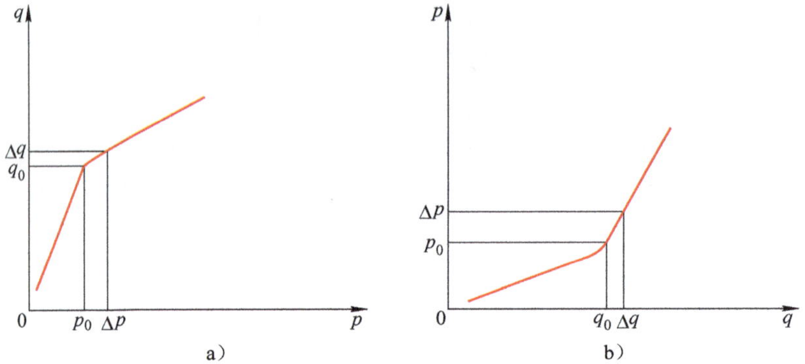

图 1-24　阀的 *p*-*q* 特性

a）以 *p* 为横坐标　b）以 *q* 为横坐标

图 1-25 是一个平衡阀的实测 p_3-*q* 特性。仔细观察可以看出，在 A 区，特性曲线的斜率较大，所以，此阀用在 A 区相对波动较小。

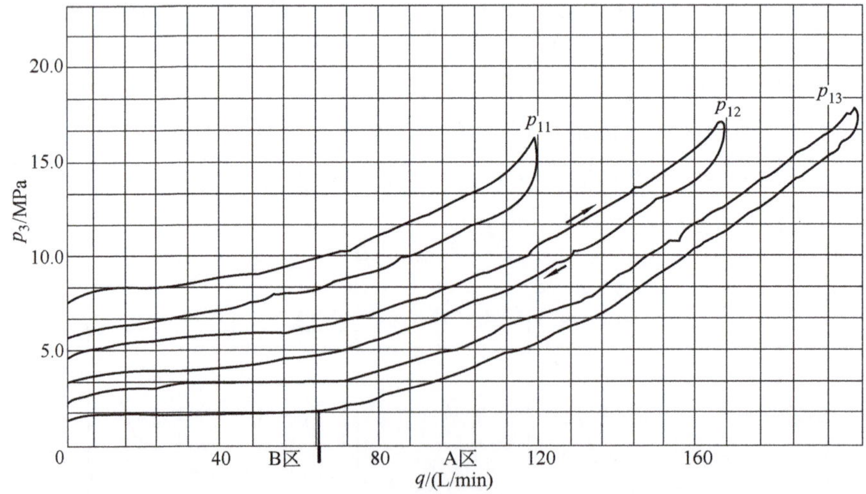

图 1-25　一个平衡阀实测的 p_3-*q* 特性（升旭）

设定压力 $p_S = 28\text{MPa}$　负载口压力 $p_{11} = 7\text{MPa}$，$p_{12} = 14\text{MPa}$，$p_{13} = 21\text{MPa}$

从以上分析可以看出，只有在某个流量段较稳定的阀，没有在所有流量都非常稳定的阀。因此，在选用时，很重要的一点是观察特性曲线在需要的流量段的斜率。

如果观察溢流阀的 p-q 特性（见图1-26），则可发现，由于溢流阀无论是作为安全阀还是恒压阀，一般都希望调压偏差比较小，也就是希望 p-q 特性曲线比较平坦（详见参考文献[3]的 2.1.3 节）。就这点而言，平衡阀的 p-q 特性与溢流阀的要求是完全相反的（详见 4.2 节）。

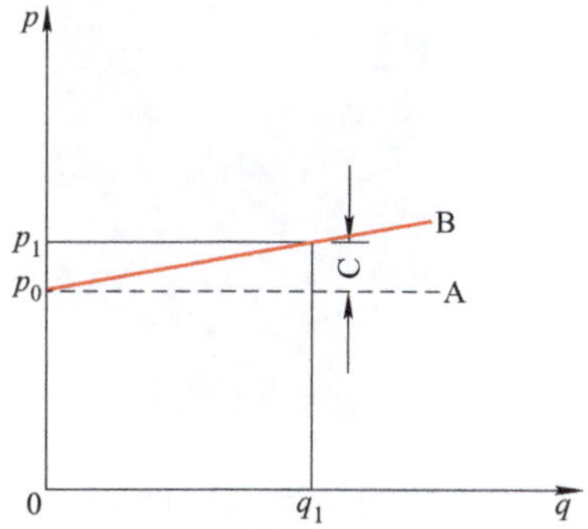

图 1-26 溢流阀的 p-q 特性

A—理想特性 B—实际特性 C—调压偏差

p_0—开启压力 p_1—通过流量 q_1 的压力

影响阀的特性的还有液动力、阀芯摩擦力等因素，综合而复杂，所以、滞回是不可避免的。产品说明书上提供的曲线多数是“合理”美化了的：安排得幅面很小，因此就有了把滞回略去的理由。

进口压力很高时，还要保持流量不增加，节流口就需要关得小，但还能有相对稳定流畅的液流。这取决于负载控制阀的构造，特别是节流口的构造。这一性能不同于负载控制阀的许用溢流压力。许用溢流压力只是保证，阀在这个压力下可以长期工作，并不保证节流稳定流畅。严肃的供货商会在产品样本上给出这一低于许用溢流压力的性能指标，称之为 max Load Holding Pressure（最高保持负载压力），Recommenended Load Pressure（推荐负载压力），Operating Pressure（工作压力）。因为这些称呼的含义不明确，所以，作者以下称之为最高节流压力。

2）锥阀和滑锥阀在开口较小时的实际节流口为一锥环（见图 1-27），其面积 A 大致符合下式

$$A = \pi dX\sin\beta$$

式中 d——锥阀口处直径；

X——阀芯位移；

β——半锥角。

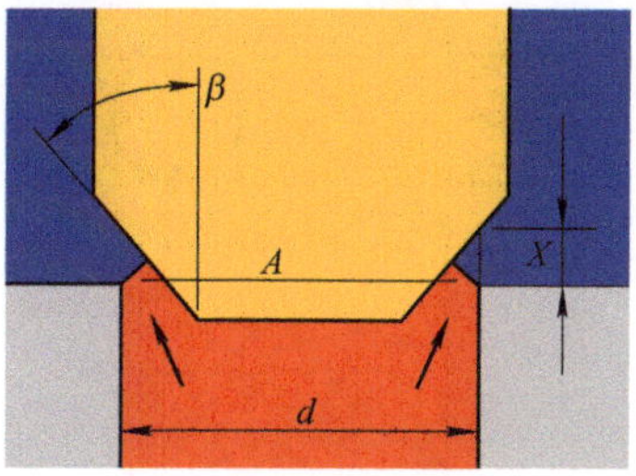

图 1-27 锥阀节流口

但是要注意，如果锥阀开口（见图 1-28）很大，决定流量的就不再是锥环面积，而是阀口面积了。

理论上的分界点（两者面积相同）在

$$\pi dX\sin\beta = \pi d^2/4$$

也即

$$X = d/(4\sin\beta)$$

所以，锥阀实际的 X-A 特性应该是逐步过渡的，大致如图 1-29 所示。

另外，用锥阀也不易实现多斜率。

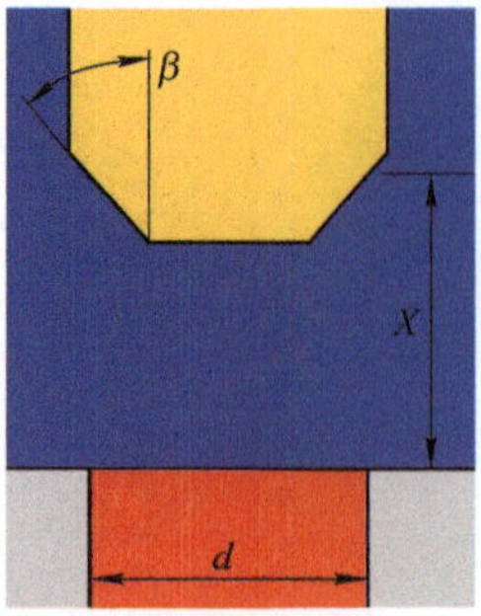

图 1-28 锥阀开口

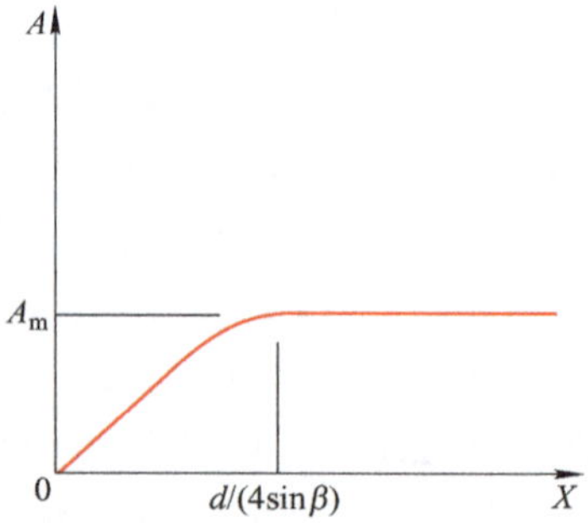

图 1-29 锥阀实际的 X-A 特性

3）滑阀靠圆柱面密封，虽然泄漏不可避免，但它可以带各种形式的节流槽，比较灵活地实现希望的 X-A 特性，即多斜率。不同形状节流槽的阀芯位移 X-径向投影面积 B 特性见图 1-30。

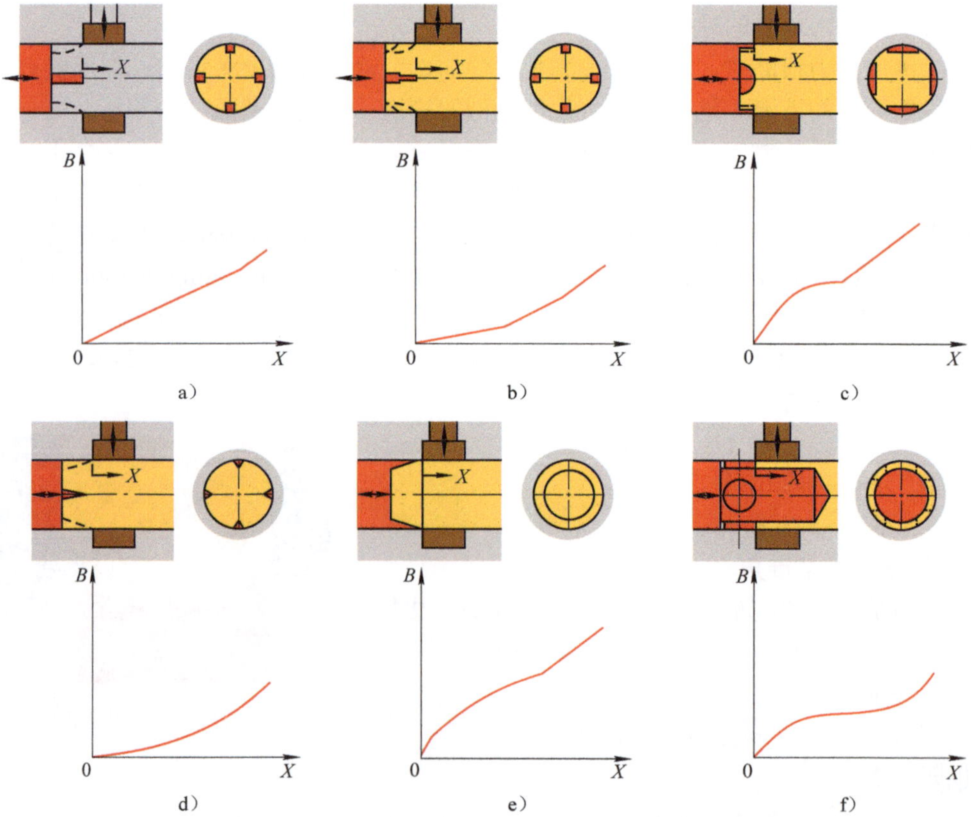

图 1-30 不同形状节流槽的阀芯位移 X-径向投影面积 B 特性示意[10]

a）矩形槽 b）阶梯槽 c）半圆槽 d）三角槽 e）锥形阀芯 f）圆孔通道

节流槽大多是采用铣削的加工方式制作，也有些生产厂采用模具冲压，工效很高，槽形几乎可以做成任意形状。

注意：图 1-30 中的 *B* 仅是节流槽的径向投影面积，这样，只有其远小于轴向通道的横截面时才反映节流效果。因为，对节流效果起决定性作用的，是液流通道中最小的截面（见图 1-31）。

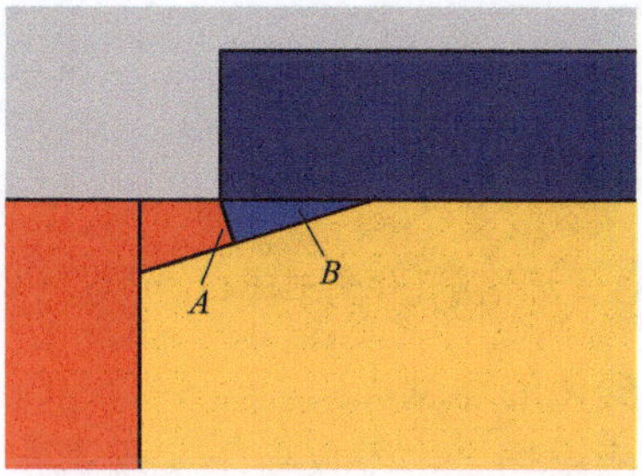

图 1-31 液流通道中最小的截面决定节流效果

A—实际节流口面积 *B*—节流口径向投影面积

4）座阀较难实现任意的行程-开口面积曲线，滑阀又有泄漏，**带节流槽的滑锥阀**（见图 1-32）则既可保证密封，又可通过不同的节流槽形和个数，实现需要的 *X-A* 特性。

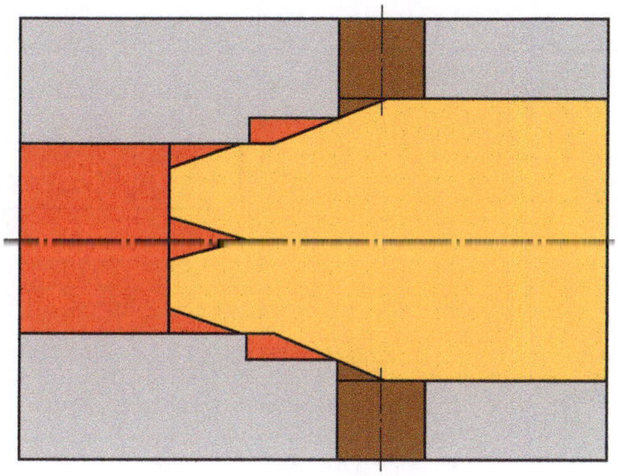

图 1-32 带节流槽的滑锥阀

5）除以上所述外，还有很多其他形式的节流口。例如，阀芯采用大小圆孔作为节流口（见图 1-33）。利用小孔获得在小位移时的微调特性，利用大孔获得在大位移时的大通流面积。

还可以把作为节流口的大小圆孔安排在阀套上（见 4.2 节）。

6）还可以利用**多阀芯**：辅助阀芯先开控制小流量，主阀芯控制大流量（详见 5.3～5.5 节）。

当然，具体采用何种形式的节流口，必须兼顾技术优良性和加工经济性。不但要考虑需要实现的 X-A 特性，还要考虑加工工艺、制作成本。

图 1-33 大小圆孔作为节流口的阀芯（哈威）

（2）控制节流口面积变化的速度

控制负负载，在许多应用场合，不仅要求实现稳定的速度，还要求在运动开始和终结时，控制速度的变化，即加速度。

1）在从静止开始下降阶段，需要非常柔和，例如，载人升降工作台、剧院舞台、起重机吊的重物，等等。这就要求速度缓慢增加，加速度要比较小（见图 1-34a），因为大的加速度意味着大的冲击（见图 1-34b），还容易引起系统振动。

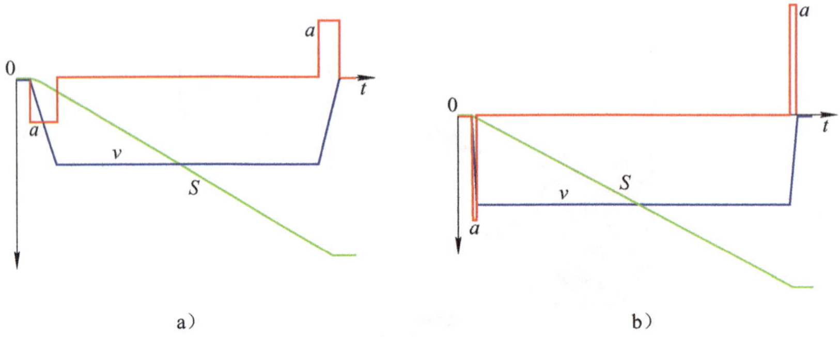

图 1-34 下降过程中速度、加速度的变化

a）逐渐开启 b）突然开启

S—位置 v—速度 a—加速度

2）从下降回复到停止，也即下降刹车过程，也需要非常妥善地处理：既不能太快，也不能太慢。太快则冲击大，太慢则定位准确度差。

比方说，重物下降速度为 2m/s。如果在 0.2s 内刹停，就意味着，减速度 $a = v/t = 10\text{m/s}^2$，超过了重力加速度 g，即此时钢绳吊钩上受的力会加倍。而期间已走过的距离 $s = vt/2 = 0.2\text{m}$。

所以，在需要精确定位，但又要减少超重时，必须预先减速。

在某个重大工程中，就是由于负载控制阀的下降过程未处理好，多次发生冲击，承重件的强度被削弱了，最后断裂，造成重大伤亡事故。因此，万万不可掉以轻心（详见第7章）。

决定速度变化快慢的，是流量的变化速率，而流量又大致与节流口的通流面积成正比。因此，在节流口的形状决定以后，决定流量变化速率的就是阀芯的移动速度。

在图1-35的实例中，决定阀芯移动速度的主要是，从口③进入的流量，或是从口④排出的流量。

通常用加阻尼孔的方式来延缓阀芯的运动。只是要注意，由于阀芯直径较小，实际进出的流量不大，因此，阻尼孔只有在很小时才能起作用。

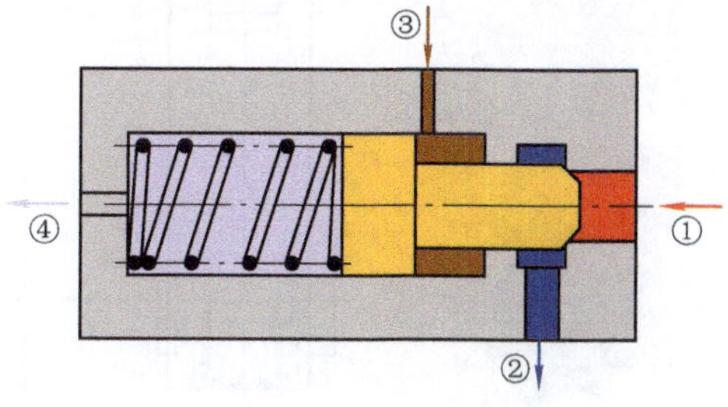

图1-35 控制通道开启速度

负载控制阀的各项功能中，最为重要与复杂的是它的液控节流功能，所以，这是全书关注的重点。

对于负载控制阀各口的标注和称呼，世界上各生产厂商各不相同。如果照搬的话，必然带来混乱。为便于读者学习，本书中把负载控制阀在液控节流工况时的液流进口，统一称为负载口（此口一般都与液压缸相连，所以也被称为液压缸口、C口），标为①，把该口的压力称为负载口压力，标为p_1。把这时的液流口，统一称为出口（此口常与换向阀相连，所以也被称为阀口、V口），标为②，把该口的压力标为p_2。

负载控制阀的液控口常被称为先导口，其实此口的压力是与负载口的压力同时起作用的，并无任何“先”的意义，所以本书中统一称其为控制口，标为③，把该口的压力标为p_3。

5. 管爆安全

在很多应用场合，液压缸出口必须使用软管连接。而由于软管的保护层是天然橡胶或合成高分子材料，在紫外线及氧气的作用下，经过一段时期后会老化开裂，水等介质就会渗入，腐蚀承受压力的钢丝编织网，导致软管耐压下降。金属管虽然没有老化现象，但也可能由于疲劳或其他原因损坏。管道一旦爆裂的话，负载会不受控制地运动，在很多场合将带来严重损失。所以，在一旦爆管时需要迅速关闭出口，使负载完全停住或只能极缓慢下降。

如果利用带孔的，兼有连接与固定作用的接头，把负载控制阀直接装在液压缸的出口（见图1-36），在口②外接的管道爆裂时，切断p_3就可以关闭通道①→②，保证安全。

把负载控制阀直接装在液压缸的出口，还可以减少承载腔（背压腔）的容积，从而提高液压缸的运动刚性和平稳性（详见7.2节）、系统的响应速度。

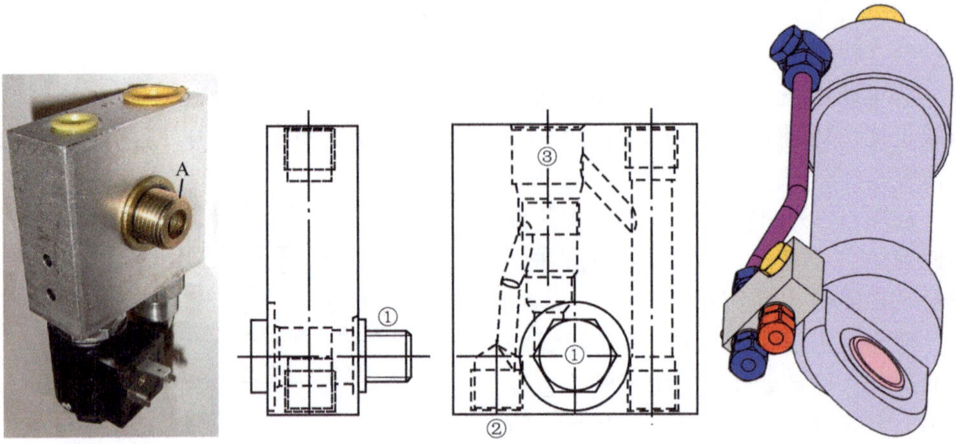

a） b） c）

图 1-36 可直接固定在液压缸上的阀块

a）实物 b）视图 c）安装图

A—带孔接头

1.3 负载控制阀的类型

1．负载控制阀的命名

控制负载需要多种功能，因此出现了不同类型的负载控制阀（表 1-2）。

表 1-2 各类负载控制阀的功能与名称

类型	功能				命名	图形符号
	单向低液阻	负载保持	溢流	节流		
I	✓	✓	—	—	液控单向阀	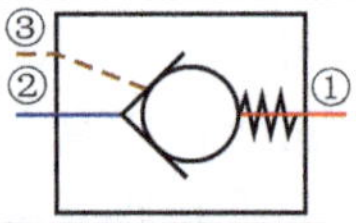
II	✓	✓	—	✓	运动控制阀	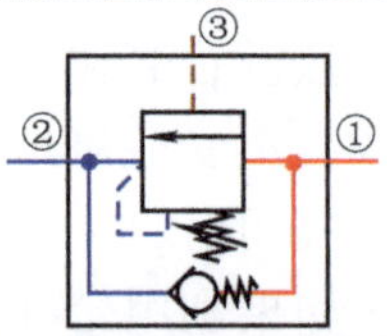
III	✓	✓	✓—	✓	平衡阀	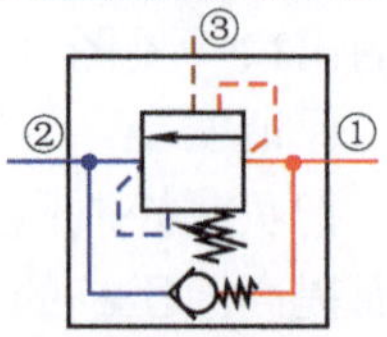

类型Ⅰ被称为液控单向阀（Pilot-Operated Check Valves），是普遍接受的名称。

类型Ⅱ，负载口压力对阀口开度无影响，因此，无溢流功能。有很多不同的名称，例如升旭称之为负载控制阀（Load Control），派克称之为不带溢流功能的平衡阀，伊顿称之为零差动平衡阀（6.4节）。因为它没有溢流功能，对保持负载是不够完整的，而它的主要功能是节流，控制负载的运动速度，所以，本书称其为运动控制阀。

类型Ⅲ被称为平衡阀，也是被普遍接受的名称。

GB/T17446《流体传动系统及元件 术语》的1998版（等同于ISO5598:1985）曾定义平衡阀是"能保持背压以防止负载下落的压力控制阀（ISO5598 原文：4.3.0.3.3 Counterbalance valve——Pressure control valve which maintains back pressure to prevent the load from falling.）"。此定义包含了液控单向阀，同时也未明确指出平衡阀应具有防止负载因自重下行超速的功能。2012版（等同于ISO5598:2008版）补充为"用以维持执行元件的压力，使其能保持住负载，防止负载因自重下落或下行超速的阀（原文：3.2.140 Counterbalance valve——Valve that maintains pressure to an actuator holding a load in order to prevent the load from falling or overrunning）"。这一补充，就使平衡阀的含义相当广泛，不仅包含了液控单向阀，也包含了运动控制阀。本书书名就取其广义。而第2至第6章，为了逐一深入介绍，就取了平衡阀的狭义。

反向型平衡阀的基型由于结构关系，没有溢流功能，但也被习惯称为平衡阀。

2. 负载控制阀的分类

负载控制阀可以依据不同的判据分类。

（1）根据组合情况分类

可以分为如下两大类。

1）在一个阀块里组合了多个阀，分别完成控制负载的各种功能，如图1-37所示。

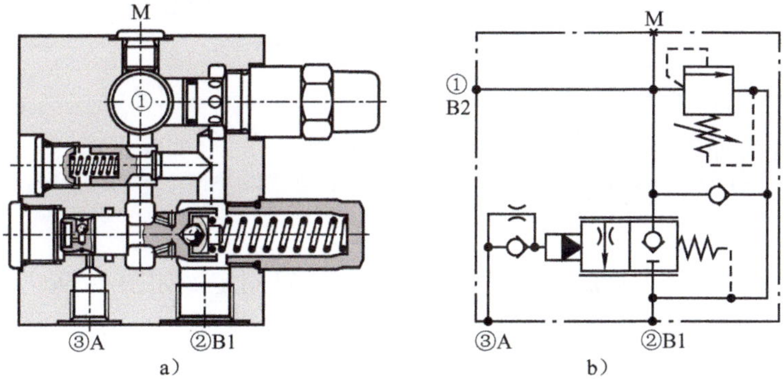

图1-37 组合型平衡阀（力士乐 MHDBD）

a）剖面图 b）图形符号

2）单个阀完成负载控制的所有功能。当然，结构就会复杂得多。

掌握了单阀，多阀也就容易掌握了。因此单阀也就成了本书重点。

还有一种形式是，两个同样功能的单阀组合在一个阀块里，用于分别控制液压缸两腔，如图 1-38 所示。

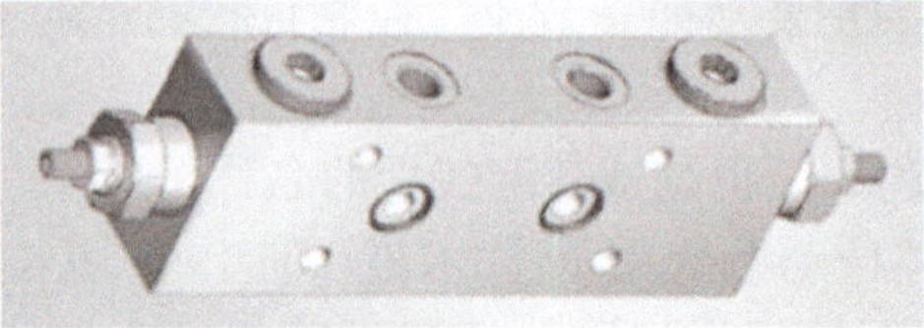

a）

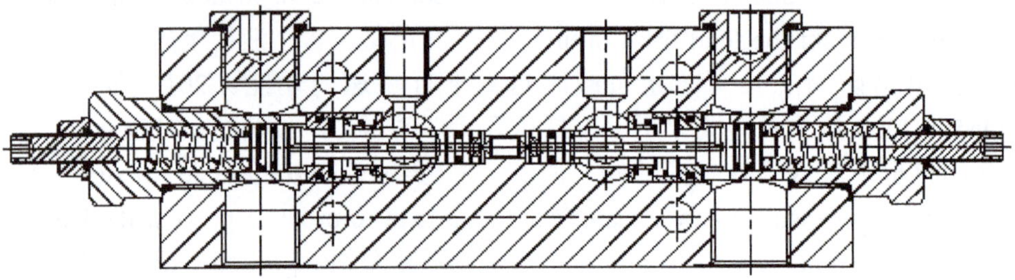

b）

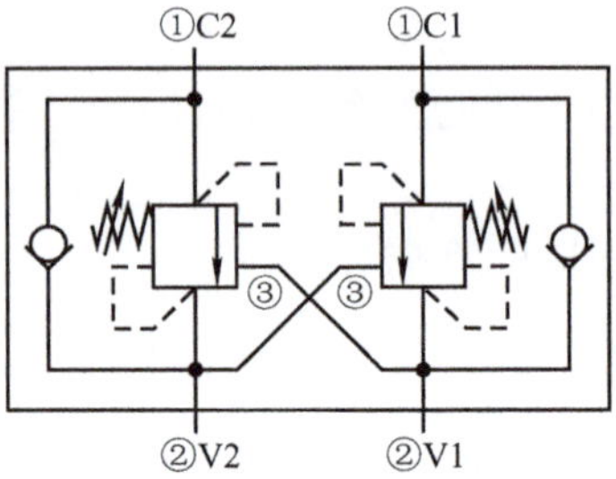

c）

图 1-38　组合型平衡阀（力士乐 A-VBSO-DE）

a）外形图　b）剖面图　c）图形符号

（2）根据连接安装方式分类

可以分为如下三类，如图 1-39 所示。

1）法兰连接（管式）。

2）板式连接。

3）插装式连接。此种连接有两类：利用螺钉固定，如图 1-39c 所示；或通过螺纹固定，大多如此，因为其最灵活。

（3）根据控制压力的作用方向分类

可以分为如下两类。

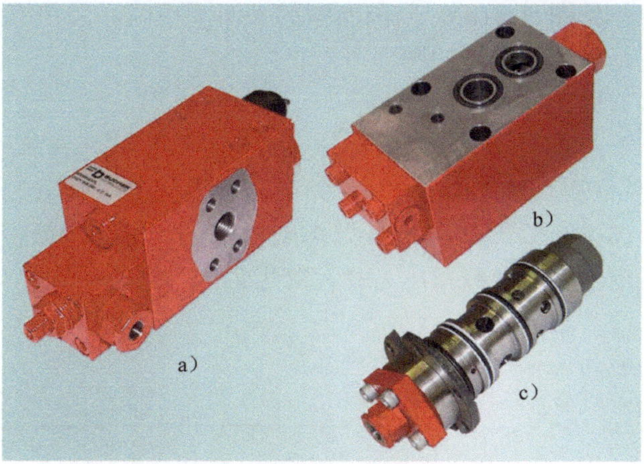

图 1-39 不同连接安装式的平衡阀（布赫 Cindy）

a）法兰连接（管式） b）板式 c）插装式

1）同向型。控制压力与负载口压力对阀芯的作用方向相同（见图 1-40）。大多数平衡阀属于这一类。

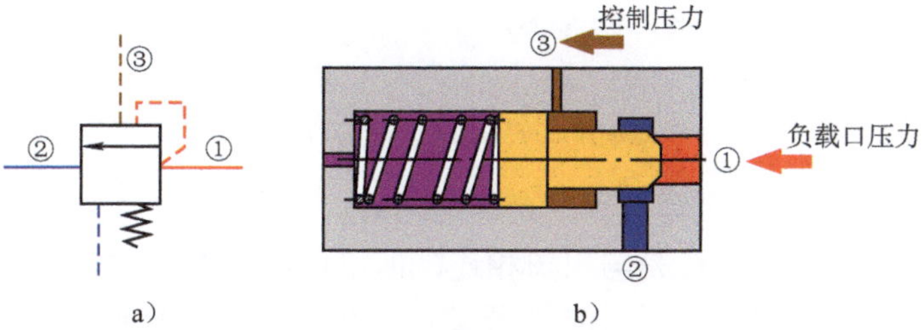

图 1-40 同向型平衡阀

a）图形符号 b）结构示意

2）反向型。控制压力与负载口压力对阀芯的作用方向相反（见图 1-41）。结构较同向型复杂一些，但安全性更高。

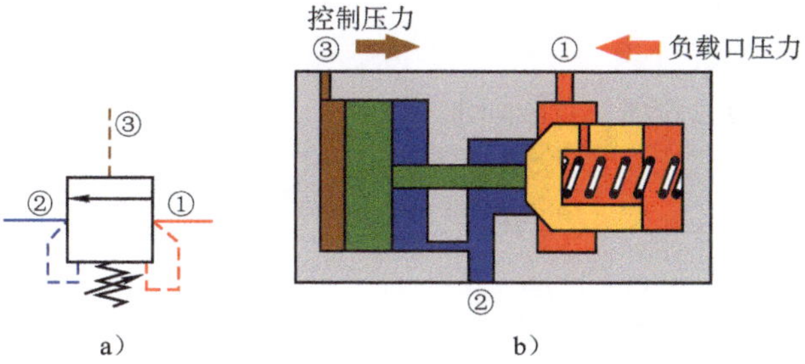

图 1-41 反向型平衡阀

a）图形符号 b）结构示意

其图形符号（见图 1-41a），与同向型的平衡阀不同。但在下文中，如果是泛指平衡阀，则还是使用同向型的图形符号。

（4）根据弹簧腔的卸荷情况分类

可以分为如下两大类。

1）非卸荷类平衡阀（见图 1-42），弹簧腔一般与出口相连（差动型的弹簧腔与负载口相连，详见 2.6 节），出口压力 p_2 对阀芯的实际作用面积不为零。因此，p_2 会影响开启通道需要的负载口压力和控制压力，不适合用在 p_2 较高或有较大波动的场合。

非卸荷类一般为三端口。也称内排油型。

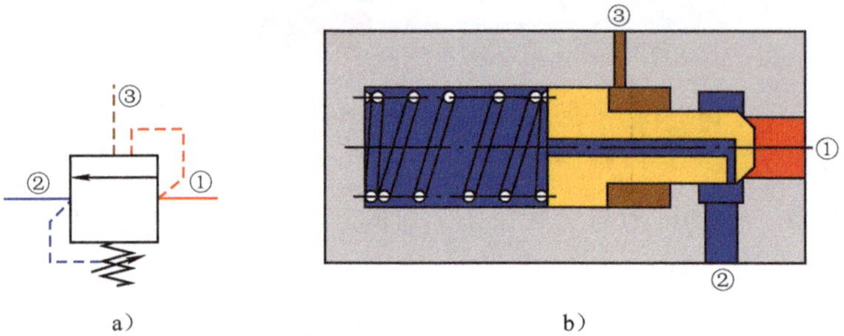

图 1-42 非卸荷类平衡阀

a）图形符号 b）结构示意图

2）卸荷类，又分部分卸荷及完全卸荷两种。

部分卸荷类的弹簧腔还是与出口相连，但出口压力 p_2 对阀芯的实际作用面积为零。因此，p_2 对开启通道所需的 p_1 无影响，但会增加开启通道需要的控制压力 p_3。

完全卸荷类的弹簧腔与出口不相连。因此，p_2 不会影响弹簧腔压力，因此也不影响开启通道需要的负载口压力 p_1 和控制压力 p_3。

完全卸荷类平衡阀分为外排气型（见图 1-43a）和外排油型（见图 1-43b）。

完全卸荷类都是四端口，如果通大气口也算端口的话。

（5）根据阻尼情况分类

控制口压力对阀芯位置、节流口面积、系统稳定性的影响很大，所以除了标准型的外，还出现了增强阻尼型、单向阻尼型、可调阻尼型、分压型等。

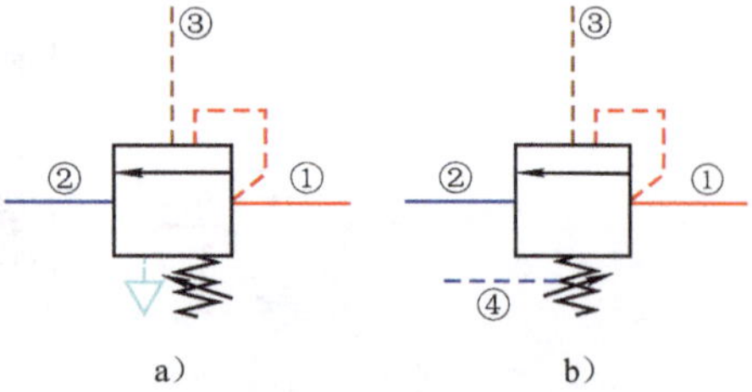

图 1-43 完全卸荷类平衡阀

a）外排气型 b）外排油型

（6）根据结构与控制性能情况分类

同向型平衡阀早在 20 世纪 70 年代就已出现。以后，根据使用状况和要求，又不断改进，现在已有很多种类。因为全都放在一章，篇幅过大，所以本书将其分为经典类（第 2、3 章）和非经典类（第 4 章）。其划分也许并不完全合理。

（7）根据孔型分类

螺纹插装型的孔型有多种系列。有 ISO 标准，但执行者不多。有些品种产量很大，但非标准系列，详见参考文献[3]附录 A。

升旭公司研发平衡阀较早，市场份额较大，但孔型特殊，螺纹在中部。为了抢升旭的市场，其他一些公司也推出了内部结构不同但孔型相同的阀。

普通平衡阀是一种跨接型控制，大多数情况下，利用执行器一腔的压力控制另一腔的出口液阻，因此，只能用在双作用缸。在单作用缸时，缺少控制压力，液控节流功能无法工作。必须采用其他途径，例如先导控制节流下降（详见第 9 章）。

1.4 负载对液压缸两腔压力的影响

（1）基本关系

根据液压缸两腔的作用力（见图 1-44）可得到作用在活塞上的力平衡方程式，液压缸两腔的压力在稳态时具有如下关系。

1）如果负载 F_L 与 p_A 对活塞的作用力反向，则

$$p_A A_A = p_B A_B + F_L$$

可改写为

$$p_A = p_B A_B / A_A + F_L / A_A$$
$$= p_B K_A + p_L \qquad (1\text{-}1)$$

式中 K_A——液压缸驱动腔与背压腔的作用面积比，等于 A_B/A_A；

p_L——负载引起的压力（Load induced pressure），简称为负载压力，等于 F_L/A_A。

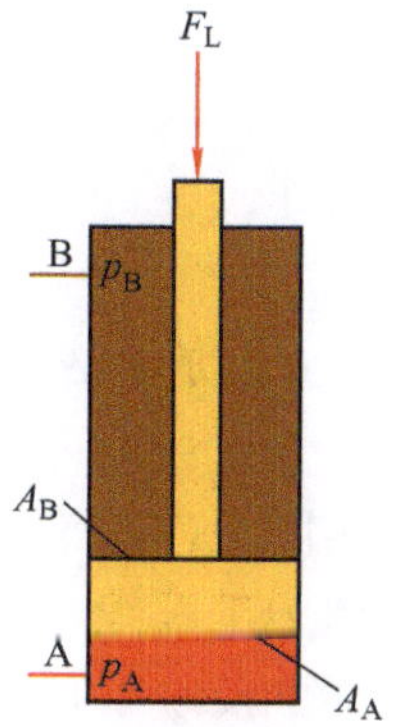

图 1-44 液压缸两腔的作用力

注意：这里所定义的负载压力 p_L，与负载控制阀受到的负载口压力是不相同的概念！

关系式（1-1）可表示为图 1-45a。对于 B 腔任一个压力 p_B'，即有 A 腔压力 p_A'，工况点 G′总是在此工况线上。工况线的斜率就是两腔面积比 K_A，即

$$\tan\alpha = K_A = A_B / A_A$$

如果 p_A 改变，p_B 也会相应改变，反之亦然，总在这条工况线上（见图 1-45b）。

图 1-45 展示了负载压力 p_L 并不等于液压缸背压腔的压力 p_A。因为，p_A 还受到了驱动腔压力 p_B 的影响，常高于 p_L。

如果 p_A 由于某种原因，例如出口节流不够，不能维持高于或等于 p_L，则 p_B

将处于负压，最低为油液的饱和蒸气压，高于–0.1MPa，一般粗略看作为零。此时，式（1-1）不成立，活塞两边作用力不能平衡，活塞不能处于稳态。

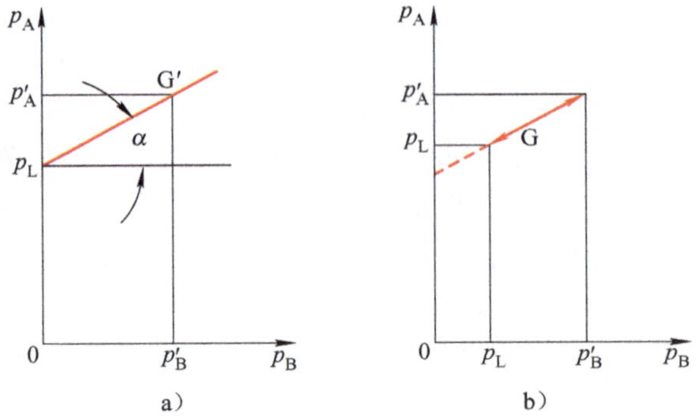

图 1-45 液压缸两腔压力的相互影响

a）压力工况线 b）两腔压力相应变化

2）如果负载 F_L 是负值，$F_{LB} = -F_L > 0$，即 F_{LB} 与 p_B 对活塞的作用力反向，则有

$$p_A A_A = p_B A_B - F_{LB}$$

可改写作

$$p_A = (p_B - F_{LB}/A_B)A_B/A_A = (p_B - p_{LB})K_A$$

式中 p_{LB} 也是负载压力，只是此时

$$p_{LB} = F_{LB}/A_B$$

实际上，在绝大多数应用中，负载都是经常变化的。图 1-46 示意了不同 p_L 时的压力工况线。红色线反映了负载力与 p_A 对活塞的作用力反向时的压力状况。棕色线则反映了负载力与 p_B 对活塞的作用力反向时的压力状况。因为两者仅是作

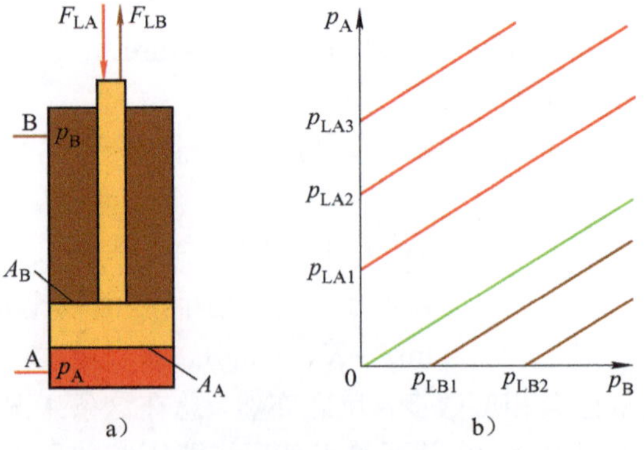

图 1-46 不同 p_L 时的两腔压力工况线

$p_{LA1}<p_{LA2}<p_{LA3}$，$p_{LB1}<p_{LB2}$

a）作用力示意 b）压力工况线

用方向不同而已，所以，以下主要讨论负载力与 p_A 对活塞的作用力反向的工况，另一种工况可类推。

压力工况线反映了液压缸两腔压力相互影响的伴随变化关系，前提是，活塞相对液压缸处于稳态，即静止或匀速运动。忽略了摩擦力。

这种工况线只与两腔作用面积和负载压力有关，而与液压缸的放置方向无关，且与活塞的移动方向，也即油液进出方向也无关。

（2）不同工况时的压力工况线

1） 对比不同驱动腔不同面积比 K_A 的压力工况线（见图 1-47）可以看到，在 K_A 较大，也即驱动腔面积较大时，压力工况线也较陡。

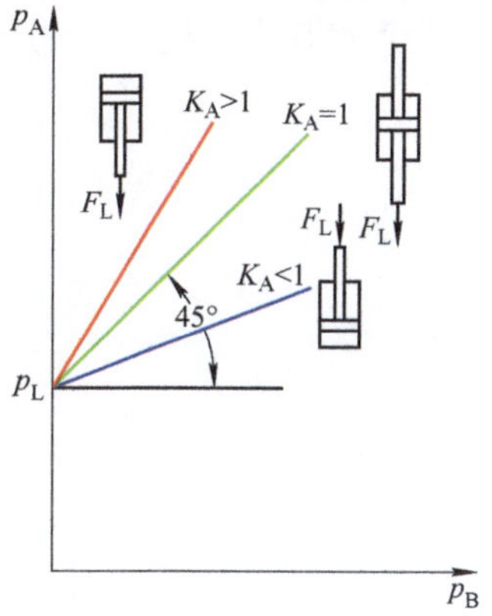

图 1-47 不同驱动腔不同面积比 K_A 的压力工况线

2） 考虑摩擦力的影响，其工况区如图 1-48 所示。在现代的密封圈与加工条件下，摩擦力的影响，在满载时，常低于 3%，因此在一般粗略的分析中常略去。但在低载空载时常常不可忽略。

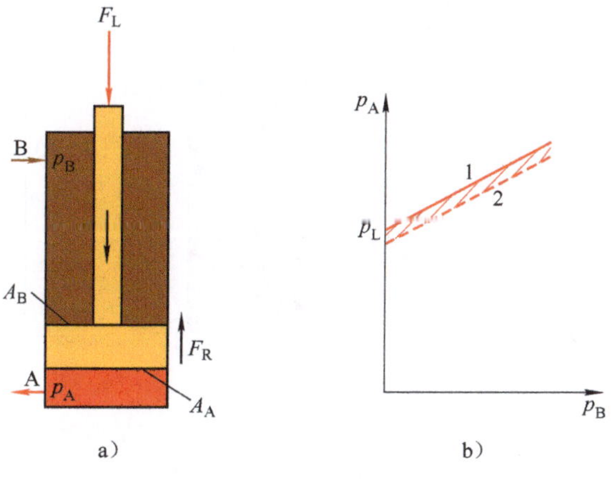

图 1-48 摩擦力的影响

a）作用力示意 b）压力工况线

F_R—摩擦力 1—不考虑摩擦力 2—考虑摩擦力的压力工况区

3） 任何液压缸都有许用压力（p_{Cmax}）的限制，因此压力工况线也是有范围的（见图 1-49）。

4） 以上的 p_A、p_B 是指直接作用在活塞上的压力。但测压点往往不是如图 1-50a 所示，测压点单独直接连通液压缸的两腔，而是设置在进出口外的（见图 1-50b）。

而通常为了在有限的安装长度里获得最大的行程，进出口的内径往往很小。这样，在有油液流动时，测到的压力与实际作用于活塞的压力会有一个差。

$$p_{A1}=p_A-\Delta p_A$$
$$p_{B1}=p_B+\Delta p_B$$

这个差取决于进出口的内径与通过的流量，有时会达到工作压力的5%以上。

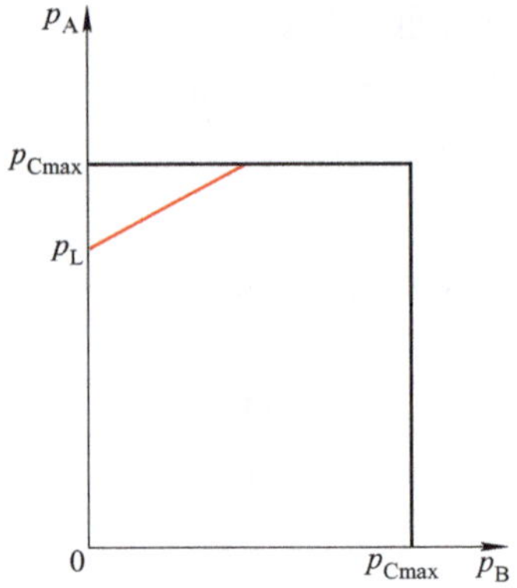

图 1-49 液压缸许用压力影响的压力工况线

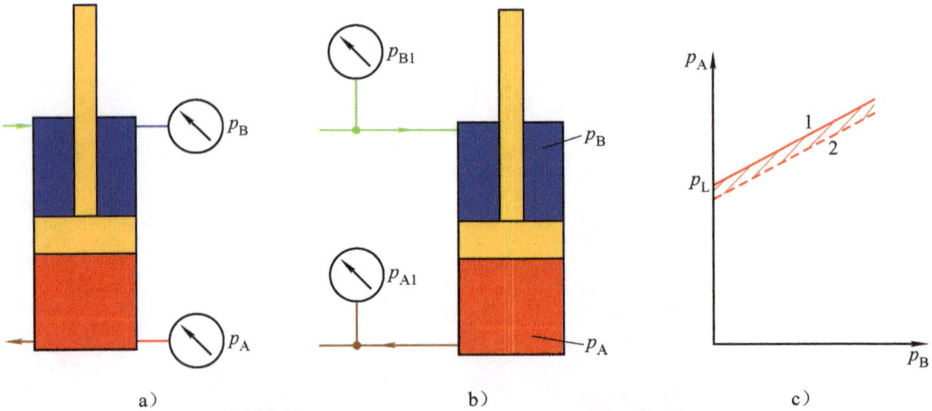

图 1-50 测压点的位置可能带来测量误差

a）实际作用在活塞上的压力 b）进出口外的压力 c）压力工况线

1—实际压力工况 2—根据设在进出口外的测压点测到的 $p_{B1}-p_{A1}$ 工况线

5）如果活塞被压紧在液压缸的终端，则活塞除了负载力、两侧液压力以外，还受到端盖的反作用力，关系式（1-1）不再成立。

第2章 同向型非卸荷类平衡阀

同向型平衡阀指的是，负载口（①口）压力与控制口（③口）压力对阀芯的作用方向是相同的，大致如图 2-1 所示。

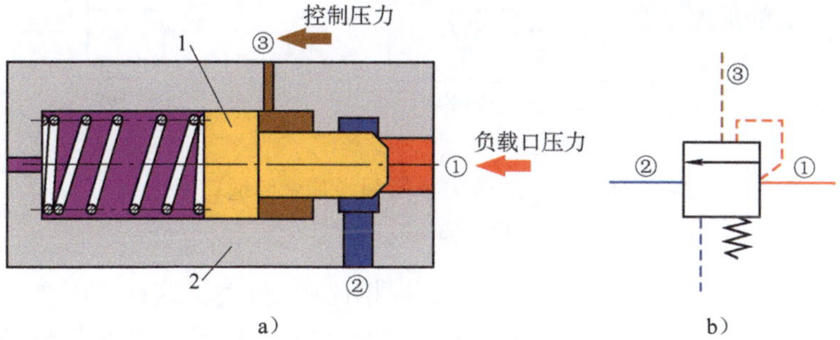

图 2-1 同向型平衡阀

a）结构示意 b）图形符号

1—阀芯 2—阀体

同向型平衡阀的这一特性，有点类似一个液控溢流阀——控制压力可以降低开启压力。

2.1 同向型平衡阀的开启通流工况

1. 通道开启基本条件

如果称作用于阀芯的弹簧预紧力为 F_S，弹簧腔压力为 p_T，忽略阀芯与阀体间的摩擦力的话，则根据阀芯所受到的力（见图 2-2），可得到通道①→②开启的基本条件

$$p_1A_1+p_2A_2+p_3A_3>F_S+p_TA_T \quad (2\text{-}1)$$

非卸荷类平衡阀指的是，弹簧腔多数不直接与外部连接卸荷，而是与口②相通（见图 2-3），则

$$p_T=p_2$$

因此，式（2-1）可写作

$$p_1A_1+p_3A_3>F_S+p_2(A_T-A_2)$$

或

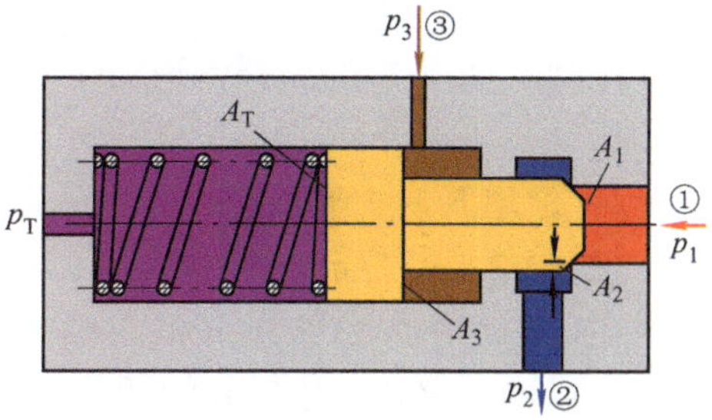

图 2-2 同向型平衡阀作用力示意

$$p_1 + p_3K_C > p_S + p_2(A_T - A_2)/A_1 \tag{2-2}$$

式中 p_S——弹簧预紧压力，也即阀的设定压力，$p_S = F_S/A_1$；

K_C——控制比，又称导压比，等于 A_3/A_1，即 p_3 与 p_1 的作用面积之比。

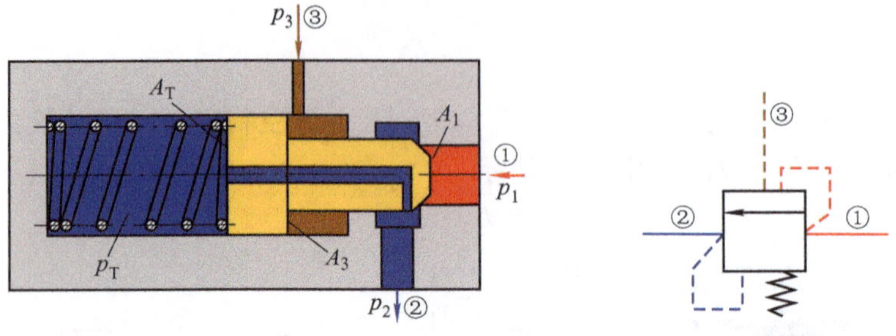

图 2-3 同向型非卸荷类平衡阀（弹簧腔通口②型）

a）结构示意 b）图形符号

K_C 较高，意味着 p_3 对阀芯的作用面积相比 p_1 较大。这样，p_3 的波动就会导致阀芯位置较大的波动、节流口面积——液阻的较大波动，从而导致通过流量的较大波动，反过来又会导致 p_3 的波动，对系统稳定性的影响就较大。所以，控制比 K_C 是平衡阀的一个非常重要的参数。

从式（2-2）可以看出，如果 p_2 大于零，或有很大波动，影响不可忽略，就相当于在预设定的弹簧压力 p_S 上还要再加上一个随 p_2 而变的附加项 $p_2(A_T - A_2)/A_1$。阀芯位置、节流效果会随 p_2 而变。

差动型平衡阀，虽然弹簧腔与口①相连，但 p_2 的有效作用面积 A_2 也不等于零（详见 2.6 节）。

所以，非卸荷类平衡阀不宜用于如下场合。例如：

——回油管很长。

——回油管路连有过滤器、冷却器、背压阀等多个会造成较大压降的元件。

——在采用如多路阀、电比例等节流口渐开的换节阀的出口节流回路中。

——闭式回路中。

在 p_2 近似为零的场合，通道①→②开启的基本条件，式（2-2）可以简化为

$$p_1 + p_3K_C > p_S \tag{2-3}$$

2. 通道开启边界线

式（2-3）可表示为图 2-4：只有 p_1、p_3 落在区Ⅱ，通道①→②才会开启。从此图还可以看出，如果 p_1 较低，则需要 p_3 较高，通道①→②才会开启。

而描述通道开启边界线的即是

$$p_1 + p_3K_C = p_S \tag{2-4}$$

此线的斜率即为 $-K_C$。

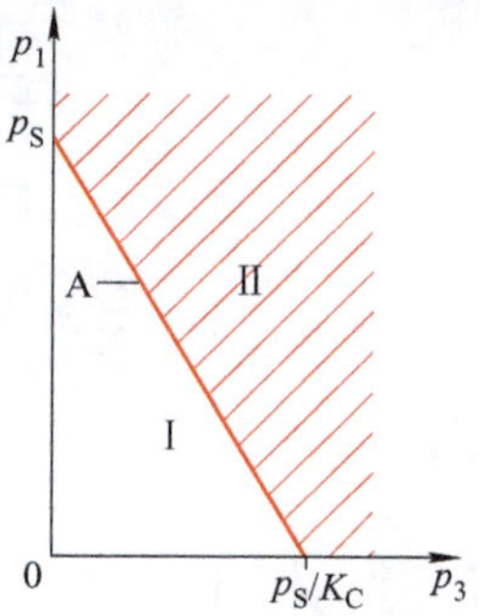

图 2-4　通道①→②开启条件

Ⅰ—通道关闭区　Ⅱ—通道开启区　A—通道开启边界线、p_3-p_1 特性

因为通道开启边界线反映了一个阀在某一设定压力 p_S 时的 p_3-p_1 特性，所以，以下简称 p_3-p_1 特性。

3．不同工况时的 p_3-p_1 特性

1）不同设定压力 p_S 时的 p_3-p_1 特性如图 2-5 所示。

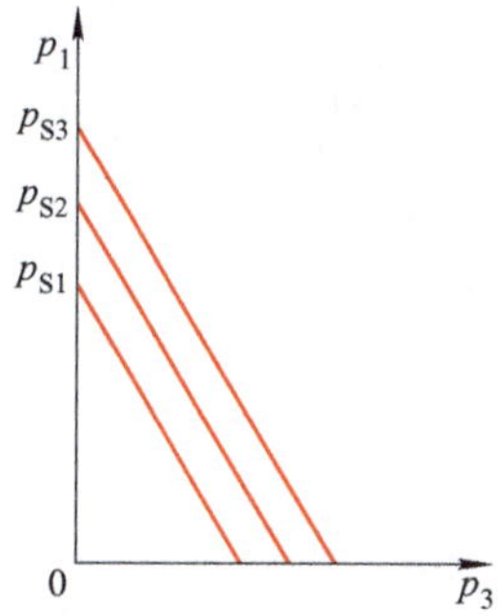

图 2-5　不同设定压力 p_S 时的 p_3-p_1 特性

$p_{S1} > p_{S2} > p_{S3}$

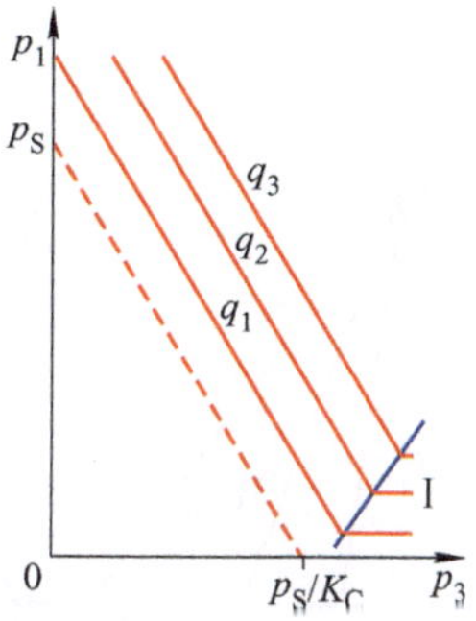

图 2-6　不同通过流量 q 时的 p_3-p_1 特性

$q_1 < q_2 < q_3$

2）因为流量通过通道，一定会有压降。所以，通过不同流量 q 时的理论特性如图 2-6 所示。在区域Ⅰ，p_3 已足够大，通道已全开，但 p_1 还需要有一定的值，以维持有一定流量通过。

图 2-7 为平衡阀通过一定流量时的测试回路和实测的 p_3-p_1 特性。

图 2-7a 为测试回路。泵 1 输出一恒定流量 q，调节节流阀以改变控制压力 p_3，同时测量记录 p_1、p_3，就可得到图 2-7b 所示的实测曲线。

由于在流量较大时，趋于关闭通道的液动力也较大，相应要求 p_3 较大。因此，在不同流量时的实测曲线的斜率有所不同。

因为在阀节流口的实际压降是 p_1，所以，节流口小时，p_1 高；节流口大时，p_1 低。

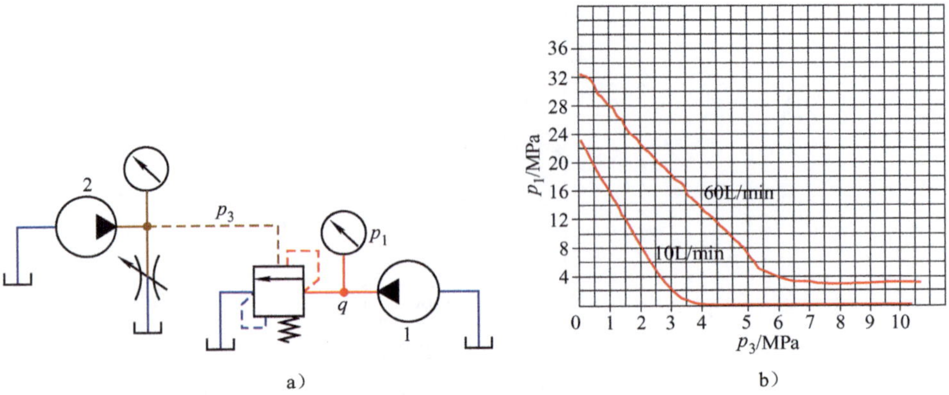

图 2-7 平衡阀通过一定流量时的测试回路和实测的 p_3-p_1 特性（升旭）

a）测试回路 b）实测曲线

3）根据式（2-4），可以画出在不同控制比时平衡阀的 p_3-p_1 特性（见图 2-8a）。图 2-8b 为实测的 p_3-p_1 特性。

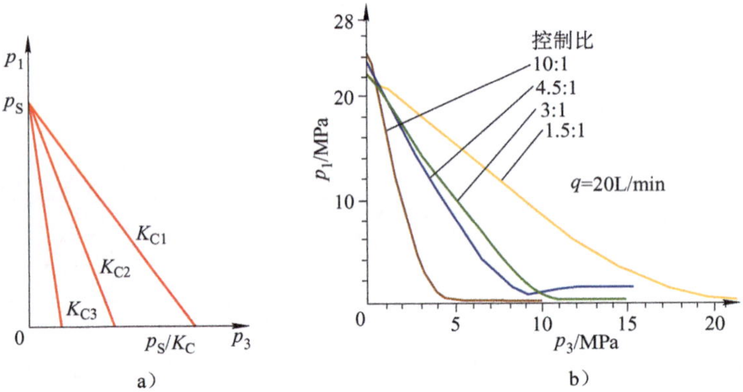

图 2-8 不同控制比时平衡阀的 p_3-p_1 特性

a）理论特性 b）实测特性（升旭）

$K_{C1} < K_{C2} < K_{C3}$

2.2 同向型平衡阀与液压缸组合后的工况

1. 与液压缸组合后的工况点

把平衡阀与液压缸连接成图 2-9 所示，即利用液压缸驱动腔的压力控制安装在背压腔出口的平衡阀。

则大致有

$$p_1 = p_A$$

$$p_3 = p_B$$

因此，可以把液压缸两腔的压力关系工况（参见图 1-45）与平衡阀的 p_3-p_1 特性（参见图 2-4）结合在一起，如图 2-10 所示。图中两特性线的交点 G 即为系统的临界工况点。

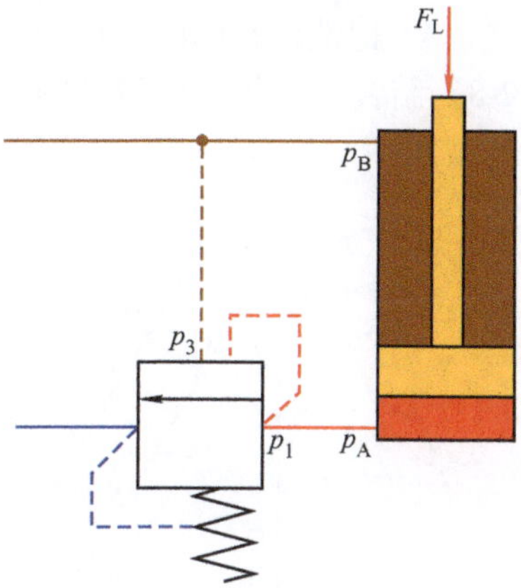

图 2-9　利用液压缸进口腔压力控制平衡阀

由式（1-1）和式（2-4）可得

$$p_{1G} = p_{3T}K_A + p_L$$

$$p_{1G} + p_{3T}K_C = p_S$$

从而得到在临界工况点 G_T 处的压力

$$p_{1G} = (p_SK_A + p_LK_C)/(K_C + K_A)$$

$$p_{3G} = (p_S - p_L)/(K_C + K_A)$$

p_{1G}、p_{3G} 也可以利用附赠资源中的估算软件“液压系统设计估算 2016.xlsx”估算（见附录 A.8）。

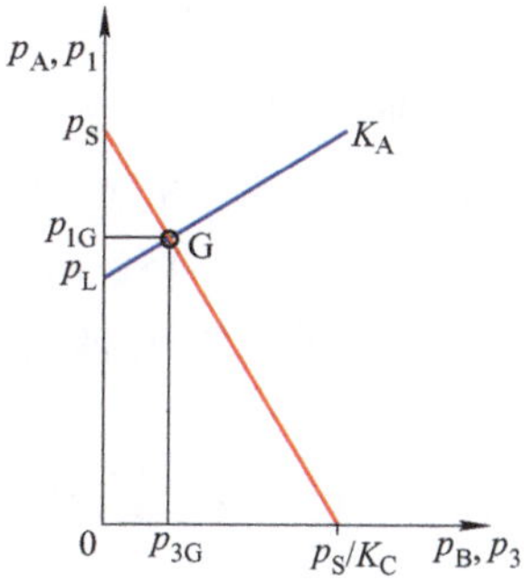

图 2-10　缸阀组合的工况

考虑到液压缸内摩擦力、测压点的影响（参见图 1-48、图 1-50）、通过阀的流量 q 的影响（参见图 2-6），则系统的实际工况点 G_S 应该大致如图 2-11 所示。p_1 不一定更低，但 p_3 肯定更高。

2. 工况点的变化

1）如果负载发生变化，系统工况会相应随着负载从一个工况点变到另一个工况点（见图 2-12）。由图 2-12 可以看出，在负载压力减小（从 p_{L2} 降到 p_{L1}）时，p_1 会降低，而 p_3 会升高。

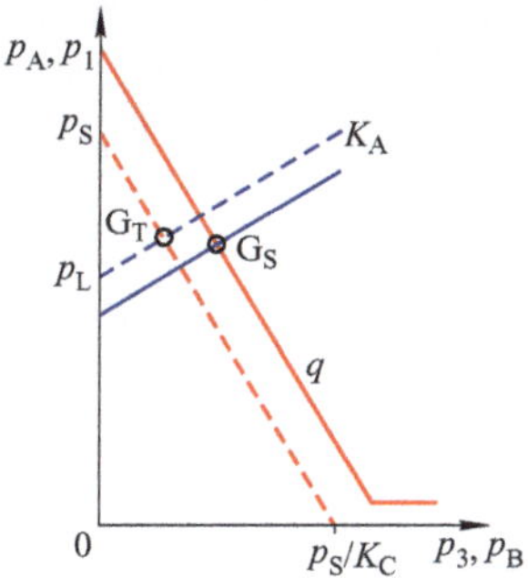

图 2-11　实际工况

G_T—临界工况点　G_S—实际工况点

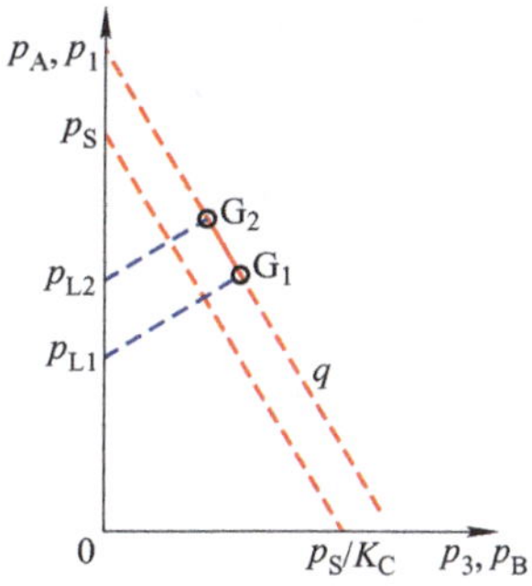

图 2-12　工况点随负载的变化情况

2）在负载压力不变，但通过改变平衡阀的流量 q 时，系统工况点也会相应改变，如图 2-13 所示。同时，在流量增加时，不仅 p_1，而且 p_3 也会升高。

3）把液压缸两腔的压力关系与不同控制比 K_C 的平衡阀的 p_3-p_1 特性（参见图 2-8）结合在一起，则得到图 2-14。从此可知，K_C 越低，开启通道所需要的 p_3 与 p_1 就越高。

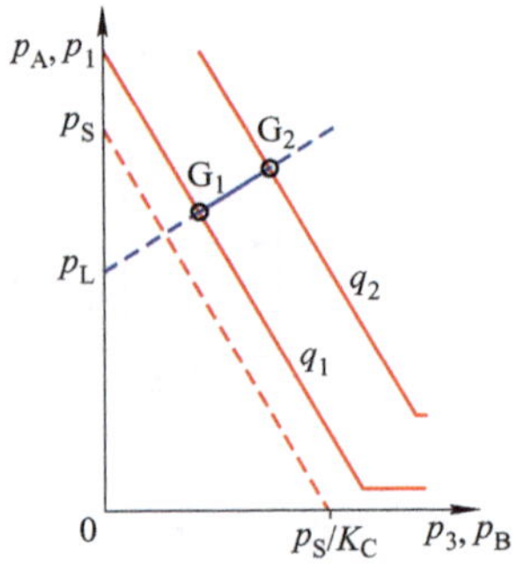

图 2-13　工况点随流量的变化情况
$q_1 < q_2$

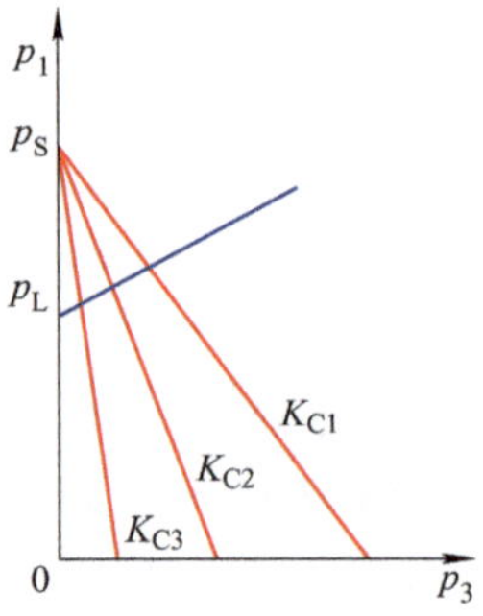

图 2-14　使用不同控制比的阀的工况
$K_{C1} < K_{C2} < K_{C3}$

4）把不同面积比 K_A 的液压缸的压力工况（参见图 1-47）与平衡阀的 p_3-p_1 特性（参见图 2-8）结合在一起，可得到图 2-15。从此图可以看出，K_A 越小，则开启通道所需要的 p_3 越高，p_1 越低。

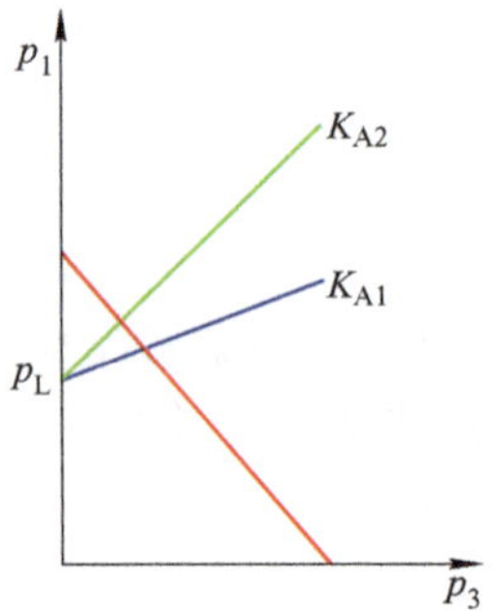

图 2-15　配合不同面积比的液压缸时的理论工况
$K_{A1} < K_{A2}$

2.3　升旭 CB 系列平衡阀

CB 系列平衡阀是升旭在 20 世纪 70 年代就已推出的非卸荷类经典产品，到 20 世纪 80 年代已有了各种控制比、适应各种流量的变型。此外还有外排气型、外排油型（见第 3 章）等。

1. 结构与工作原理（见图 2-16）

（1）单向功能

口②的压力油，通过主阀芯 1 上的孔，进入主阀芯内腔，推动单向阀芯 2 右移，克服单向阀弹簧 6 的预紧力，开启至口①的通道，流出。

（2）溢流功能

在口③无控制压力时，口①的压力油作用在单向阀芯 2 的端面和主阀芯 1 的环形面积 A_1（见图 2-17）上，克服主弹簧 4 的预紧力，推动单向阀芯 2 和主阀芯 1 左移。到单向阀芯 2 被止动杆 5 挡住后，主阀芯 1 继续左移，开启口①至口②的通道溢流。这样延迟开启，可以避免 p_1 偶然少量波动带来泄漏。

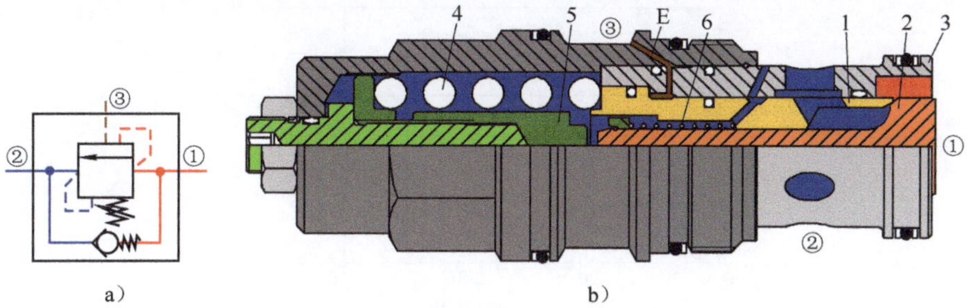

图 2-16　升旭非卸荷类平衡阀（CBIH）

a）图形符号　b）剖面图

1—主阀芯　2—单向阀芯　3—阀套　4—主弹簧　5—止动杆　6—单向弹簧　E—控制压力通道

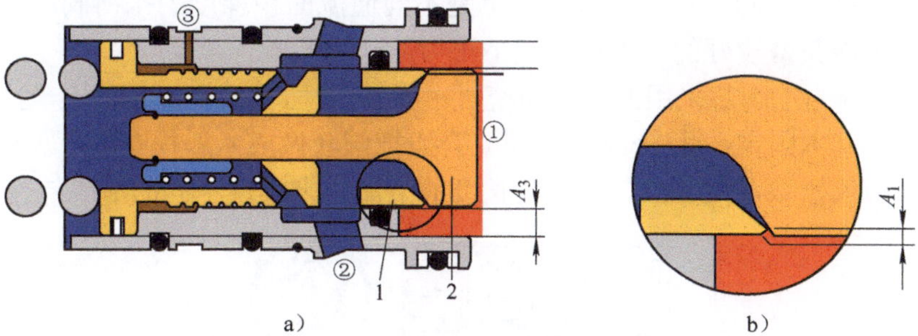

图 2-17　主阀芯受压力作用的面积

a）端部剖面图　b）局部放大图

1—主阀芯　2—单向阀芯

（3）液控节流功能

在口③有控制压力时，此压力经过通道 E，作用在主阀芯 1 的环形面积 A_3 上，克服主弹簧 4 的预紧力，推动主阀芯 1 左移。单向阀芯 2 由于单向弹簧 6 的作用，最初也跟着左移。到单向阀芯 2 被止动杆 5 挡住后，口①至②的通道开启。

口②、③间无密封圈，这有利于控制腔中空气的排出、阀芯的平稳运动，但从口③到口②可能会有少量泄漏。

2．控制比

决定此阀控制比的是两个环形面积 A_1、A_3。

由于 A_1 的内径是由主阀芯 1 的内外两个锥面决定的，因此，准确加工与检测相对麻烦些。优点是，其他元件都不需要改变，只要改变这两个锥面，即可改变 A_1，从而实现不同的控制比。

3．节流特性

平衡阀的名义流量（norminalflow）指的是，在约定压差，在单向功能时②→①能通过的流量，取决于阀的几何尺寸。约定压差升旭取 2MPa，如图 2-18 所示。

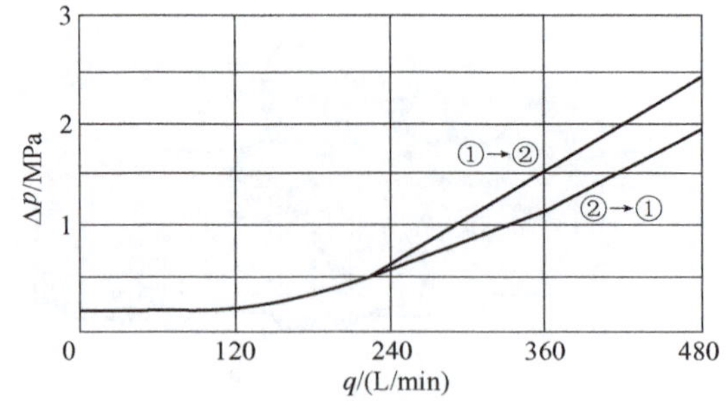

图 2-18　CBIH 型平衡阀全开时的压差-流量特性

有时，需要的最大节流流量比名义流量小得多。为了适应这种应用场合，升旭设计了一些带不同节流特性，实际上是不同通流面积梯度的平衡阀，以便在流量较小时也能获得较好的平稳性，减小压力波动的影响。

CB 系列的主阀芯采用的是锥面密封。如前所述，锥阀的开口-流量控制特性曲线的斜率基本固定，没法变动。因此，升旭把阀套做成六瓣梅花形（见图 2-19），这等于把节流槽做在阀套上。用不同长度的节流槽来实现不同的节流特性。

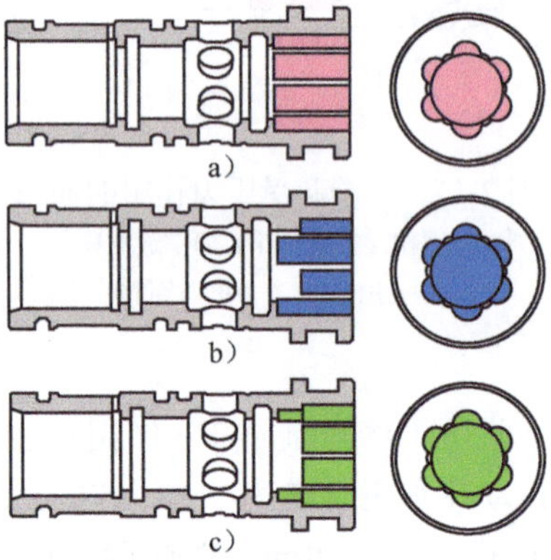

图 2-19　CB 系列可实现不同节流特性的阀套（升旭）

a）标准型　b）半节流型　c）节流型

图 2-20 为三种外形尺寸相同，节流特性不同的平衡阀的控制压力-流量特性实测曲线对比。它们的名义流量相同，控制比均为 3，设定压力均为 28MPa，负载口压力为 7MPa。

图 2-20 中的曲线越陡，意味着$\Delta q/\Delta p_3$越小，即流量对控制压力的变化越不敏感，负载运动速度就相对平稳。从曲线对比可以看出，在流量小于约 25L/min 时，节流型更平稳。

因此，在选用平衡阀时，既要根据在单向功能时需要通过的流量确定所需的名义流量，也要考虑实际需要的节流流量。

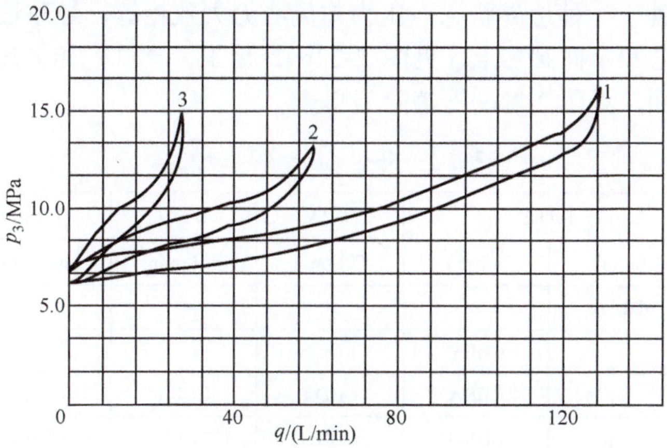

图 2-20　不同节流特性平衡阀的控制压力-流量特性

1—标准型　2—半节流型　3—节流型

在没有控制压力时，CBIH 型平衡阀的负载口压力-流量特性（见图 2-21）与普通溢流阀基本相似。

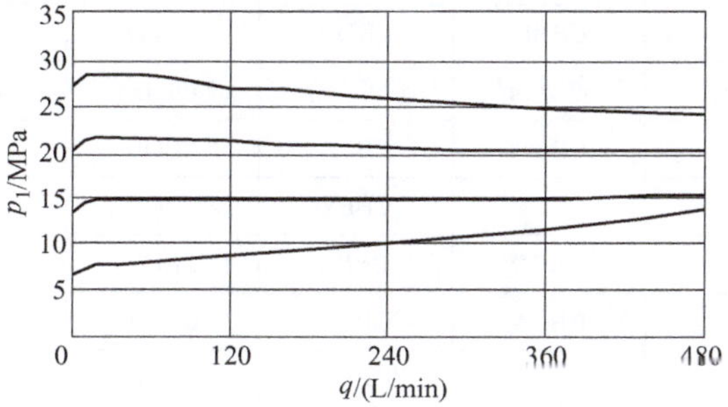

图 2-21　CBIH 型平衡阀的负载口压力-流量特性

4. 变型

CB 系列具有多种功能相似特性不同的变型（见表 2-1）。最高节流压力为 28MPa 孔型相同的可以互换，以寻找最合适的阀。

设定压力：7～35MPa，有 2 种不同的设定范围可选。

关闭压力：≥85%开启压力。内泄漏：在关闭压力时，≤0.25mL/min。

单向功能开启压力：常规 0.17MPa，也可提供开启压力为 0.03MPa 的阀种。

5. 改进

升旭在 1998 年报道[8]，发现 CB 系列在液控节流工况，当流量较小、出口压力为 0.2～0.5MPa、压差较大时，会有些噪声。之后通过多次试验，确定噪声发生在阀的端部节流口处（见图 2-22a）。通过流场分析发现，在这种工况时，节流口处的高速液流处于一种边界状态，压力与离心力大致相等，导致液流不稳定，交互贴靠在主阀芯和单向阀芯上（见图 2-22b）。后来，尝试把相关部位的形状从平锥面改为弧锥面（见图 2-22c），消除了噪声。

表 2-1　升旭 CB 系列平衡阀

孔型	T-11A		T-2A	T-17A	T-19A	
	10L/min	20L/min	20L/min	40L/min	80L/min	控制比
节流型	CBAB					1.5
		CBBY				2
		CBBA	CBDA	CBFA	CBHA	3
	CBAG	CBBG	CBDG	CBFG	CBHG	4.5
	CBAH	CBBH	CBDH			10
半节流型		40L/min	80L/min	160L/min		
		CBBB	CBDB	CBFB		1.5
		CBBL	CBDL	CBFL		2.3
		CBBC	CBDC	CBFC		3
		CBBD	CBDD	CBFD		4.5
标准型		60L/min	120L/min	240L/min	480L/min	
		CBCB	CBEB	CBGB	CBIB	1.5
		CBCY	CBEY	CBGY	CBIY	2
		CBCL	CBEL	CBGL	CBIL	2.3
		CBCA	CBEA	CBGA	CBIA	3
		CBCG	CBEG	CBGG	CBIG	4.5
		CBCH	CBEH	CBGH	CBIH	10

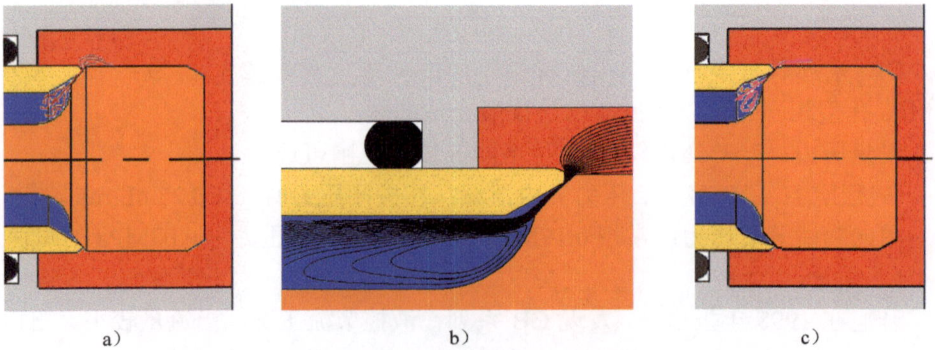

a）　b）　c）

图 2-22　CB 系列平衡阀降低噪声的措施

a）改进前　b）液流示意　c）改进后

2.4　伊顿 1CE 系列平衡阀

伊顿的 1CE 系列平衡阀是普通内排油型。主阀芯密封面为外锥形，如图 2-23 所示。

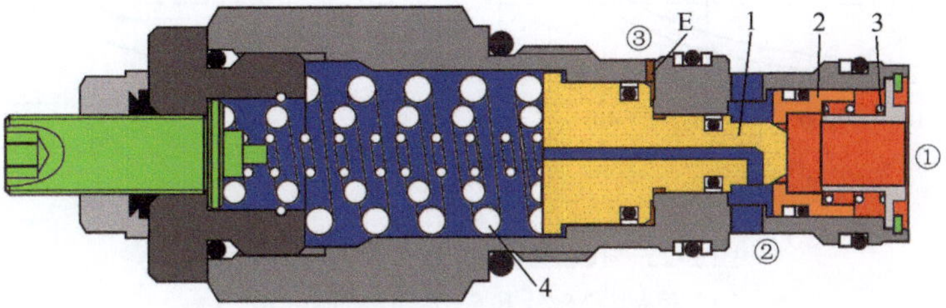

图 2-23　伊顿 1CE 系列平衡阀

1—主阀芯　2—单向阀芯　3—单向弹簧　4—主弹簧　E—控制压力通道

1. 工作原理

（1）单向功能

口②的压力油，作用于单向阀芯 2 上，推动单向阀芯 2 右移，克服单向弹簧 3 的预紧力，开启至口①的通道，流出。

（2）溢流功能

在口③无控制压力时，口①的压力油作用在主阀芯 1 的端面积 A_1（见图 2-24）上，推动主阀芯 1 左移，克服主弹簧 4 的预紧力，开启口①至口②的通道溢流。

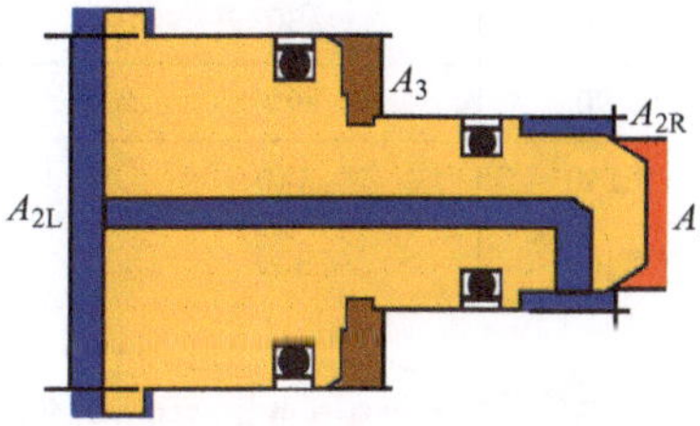

图 2-24　阀芯受压面积分析

（3）液控节流功能

口③的控制压力 p_3 经过通道 E，作用在主阀芯 A 的环形面积 A_3 上，推动主阀芯 1 左移，克服主弹簧 4 的预紧力，开启口①至②的通道。

$A_3:A_1$ 就是控制比。

因为 p_2 对阀芯的有效作用面积是 $A_{2L}-A_{2R}\neq 0$，所以，p_2 会影响通道开启。

采用了多根弹簧来建立设定压力，以获得更稳定的刚度。

口②、③间有密封圈，以防止从口③到②的泄漏。

2. 特性

从 1CE30 不同控制比平衡阀的压差-流量特性（见图 2-25）的对比可以看出，在小流量时，两者的压差值不大。但在大流量时，高控制比的压差就显著大于低控制比。这是因为，高控制比是通过缩小 A_1 来获得的，导致了压差大。

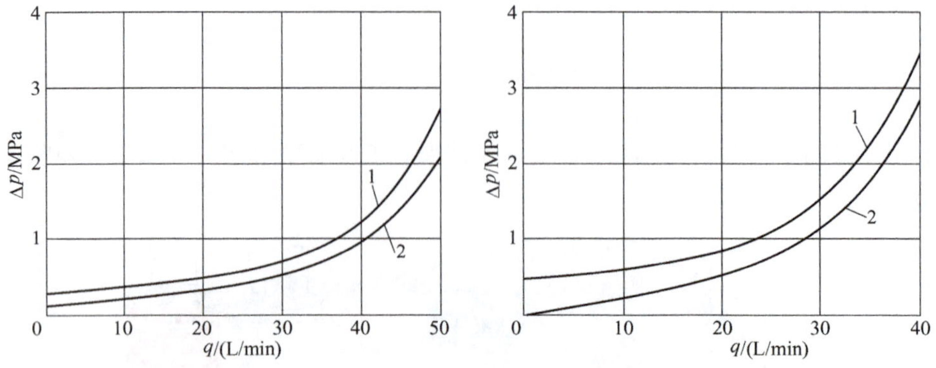

a）　　b）

图 2-25　1CE30 平衡阀的压差-流量特性

a）控制比 2.5∶1 和 5∶1　b）控制比 10∶1

1—单向功能　2—液控全开

3．变型

伊顿 1CE 系列平衡阀有多种变型（见表 2-2）。

表 2-2　伊顿 1CE 系列平衡阀

<table>
<tr><th>型号</th><th>名义流量/（L/min）</th><th>控制比</th><th>最高设定压力/MPa</th><th>最高节流压力/MPa</th></tr>
<tr><td>1CE30</td><td>30</td><td>2.5，5，10</td><td rowspan="2">35</td><td rowspan="2">27</td></tr>
<tr><td>1CE90</td><td>90</td><td>4</td></tr>
<tr><td>1CE140</td><td>140</td><td>4，6</td><td>42</td><td>34</td></tr>
<tr><td>1CE300</td><td>300</td><td>3，8</td><td>35</td><td>27</td></tr>
</table>

2.5　派克 E2*125 型平衡阀

派克 E2*125 型平衡阀（见图 2-26）的设定压力范围为 5～35MPa。名义流量为 200L/min。控制比为 8 或 3。

1．工作原理

（1）单向功能

口②的压力油，通过主阀芯 1 上的孔，进入主阀芯内腔，推动单向阀芯 2 右移，克服单向弹簧 3 的预紧力，开启至口①的通道，流出。

（2）溢流功能

在口③无控制压力时，压力油从口①进入，作用在主阀芯 1 的环形面积上，推动主阀芯 1 左移，克服主弹簧 4 的预紧力，开启密封锥面，进入主阀芯 1 的内腔，从口②流出。

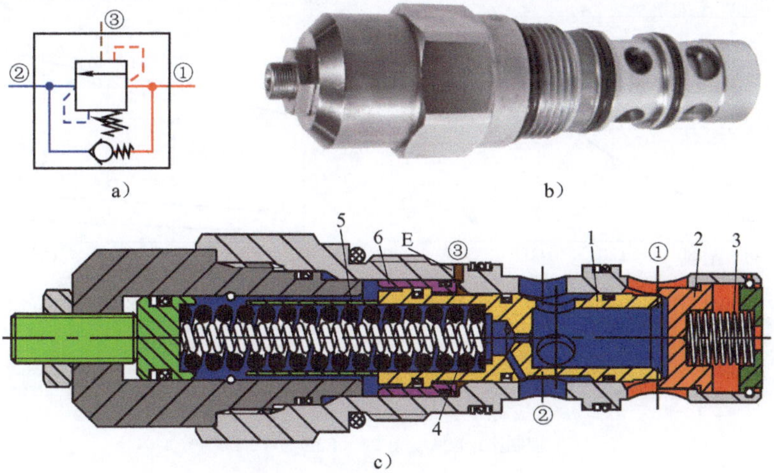

图 2-26 派克 E2*125 型平衡阀

a）图形符号 b）外形图 c）剖面图

1—主阀芯 2—单向阀芯 3—单向弹簧 4—主弹簧 5—弹簧套 6—辅助阀芯 E—控制压力通道

（3）液控节流功能

口③的控制压力 p_3 经过通道 E，作用在辅助阀芯 6 的环形面积上，通过辅助阀芯 6，与 p_1 一起推动主阀芯 1 左移，克服主弹簧 4 的预紧力，开启口①至②的通道。

2. 特点

1）口①不是设在端面，而是类似口②，安排在径向。

2）由主阀芯和单向阀芯的内锥面保证密封，提供节流。

3）用了双弹簧，而且弹簧较长。这样，在被压缩时，弹簧力增加较慢，从而可以增加阀芯行程，提高分辨率。

4）增加了弹簧套 5，以避免长弹簧在被压缩时弯曲。

3. 压差-流量特性（见图 2-27）

本节的 E2 型、2.7 节的 E2H 型及 2.9 节的 E3 型平衡阀均由原英国 Sterling hYdraulic 公司制造。

2.6 力士乐 VBSN 系列平衡阀

VBSN 系列平衡阀原为意大利 OilControl 集团 TarP 公司设计制造，在 OilControl 集团 2006 年被力士乐收购后成为力士乐的产品。

VBSN 系列平衡阀的主阀芯与单向阀芯形成外锥形密封。

VBSN-08AA 型平衡阀的弹簧腔通口②（见图 2-28）。

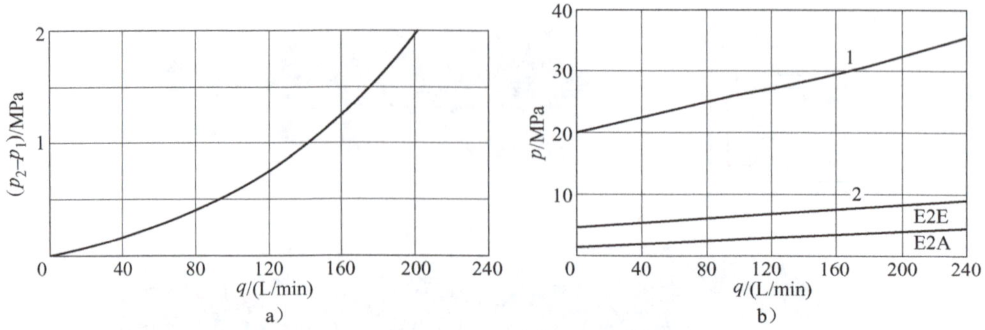

图 2-27　派克 E2*125 型平衡阀的压力-流量特性

a）单向功能　b）液控节流功能

1—溢流压力 p_1，无控制压力　2—液控开启压力 p_3，负载口压力 10MPa

控制比：E2A 为 8∶1，E2E 为 3∶1

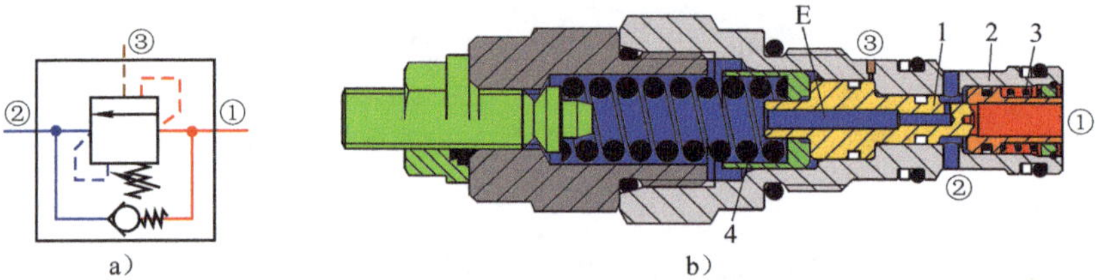

图 2-28　力士乐 VBSN-08AA 型平衡阀

a）图形符号　b）剖面图

1—主阀芯　2—单向阀芯　3—单向弹簧　4—主弹簧　E—弹簧腔通道

VBSN-10A 型平衡阀是差动型的，如图 2-29 所示。

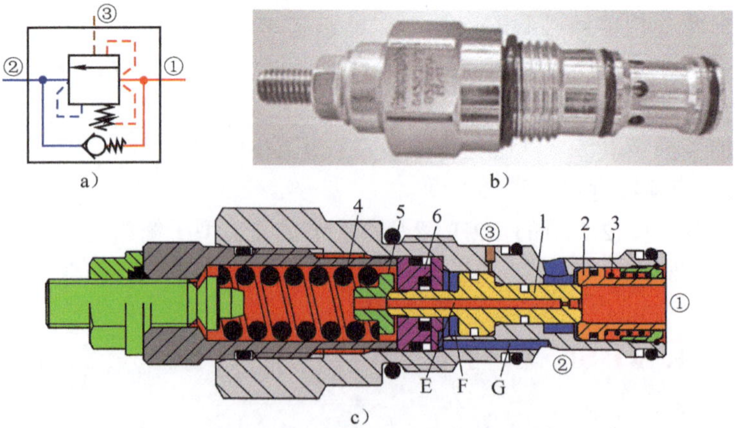

图 2-29　力士乐 VBSN-10A 型差动平衡阀

a）图形符号　b）外形　c）剖面图

1—主阀芯　2—单向阀芯　3—单向阀弹簧　4—主阀芯弹簧　5—弹簧座　6—隔离环

E—弹簧腔通道　F—背压腔　G—背压腔卸荷通道

差动型平衡阀的弹簧腔通过主阀芯 1 中的通道 E 与口①相连。这样，p_1 对主阀芯 1 的有效作用面积 A_1 为主阀芯两端直径之差（见图 2-30）形成的环形面积：$A_1 = A_{1R} - A_{1L}$。这有利于精准制造和检测控制比。

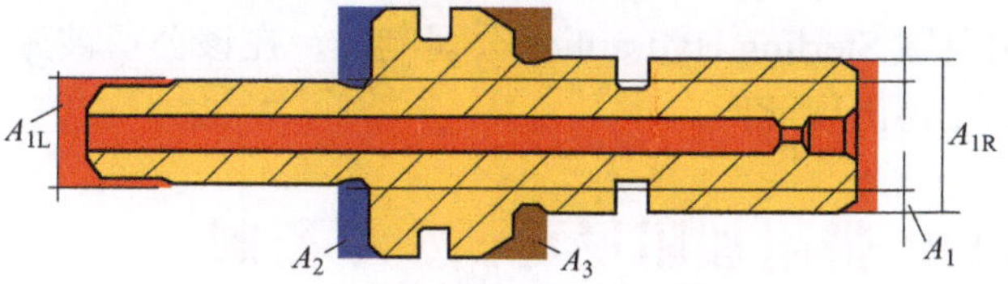

图 2-30 差动型平衡阀阀芯受压面积状况

通道 E 中有一段直径很小，可以在口①压力波动时，起阻尼作用，减缓阀芯的位置波动。

为了保证 p_1 的有效作用方向是开启通道，必须使 $A_{1R} > A_{1L}$，还要考虑到作用面积 A_3，为此设置了一个隔离环 6，用密封圈隔离弹簧腔。这样，就形成了主阀芯背压腔 F。F 经过通道 G 连通口②。所以，主阀芯的位置还是会受到 p_2 影响。

2.7 派克 E2H060*548 型带附加阻尼平衡阀

为了用于不易稳定的系统，派克 E2H060*548 型平衡阀在控制口通道附加了一个极小的阻尼孔 E（见图 2-31）。为避免阻尼孔 E 被杂质堵塞，附加了 250μm 的滤网 5。

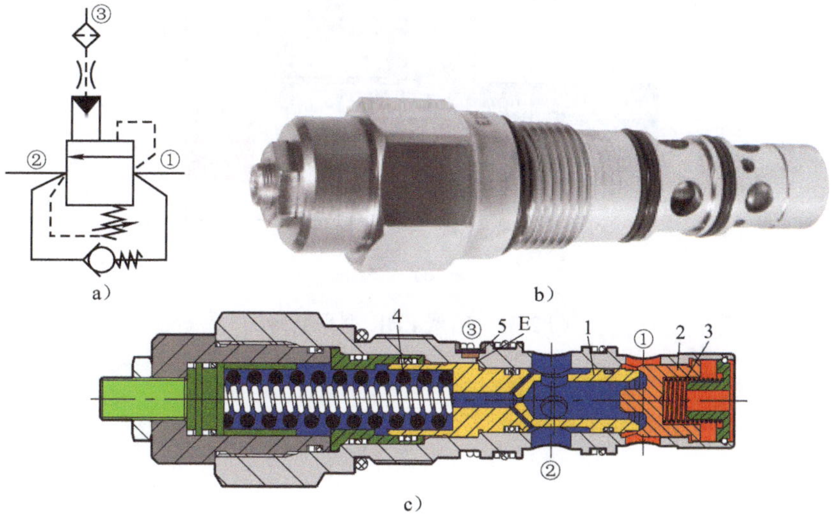

图 2-31 派克 E2H060*548 型平衡阀

a）图形符号 b）外形 c）剖面

1—主阀芯 2—单向阀芯 3—单向弹簧 4—主弹簧 5—滤网 E—阻尼孔

它的其他部分结构与工作原理都与 2.5 节所介绍的 E2*125 型相同，这里不再赘述。

设定压力范围：5～35MPa。名义流量：120L/min。控制比：1.75。

此产品原由英国 Sterling Hydraulics 公司制造，在该公司被派克收购后，2008 年的产品样本上不再出现此阀。

2.8 哈威 LHK 带附加阻尼可调型平衡阀

控制口附加了阻尼后，可用于振动比较剧烈的场合。哈威的 LHK 型平衡阀也属于这一类（见图 2-32）。

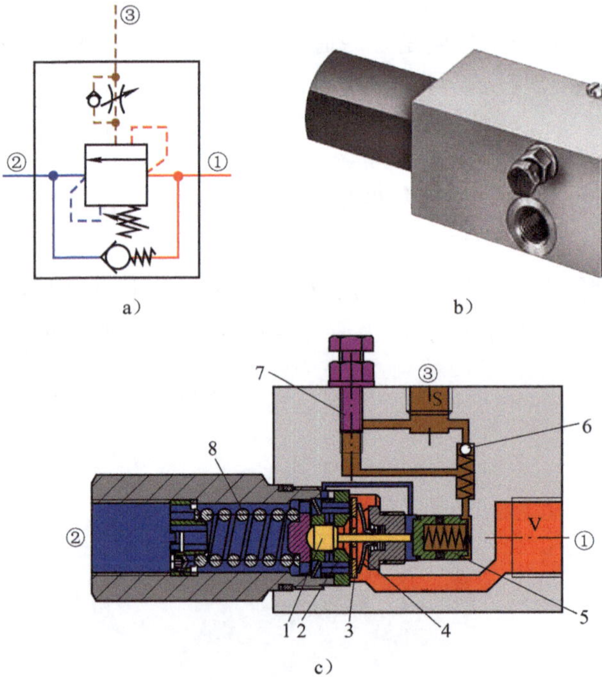

图 2-32 哈威 LHK 型平衡阀

a）图形符号 b）外形 c）剖面

1—主阀芯 2—主阀座 3—板形单向阀 4—过滤片

5—控制活塞 6—控制压力单向阀 7—阻尼调节螺钉 8—主弹簧

1. 工作原理

（1）负载保持与溢流功能

口③无压力，因此控制活塞 5 对主阀芯 1 无作用。

负载口压力 p_1 从口①经过过滤片 4、板形单向阀 3 中的孔作用于主阀芯 1。

在 p_1 低于弹簧 8 的预紧压力时，通道①→②关闭，保持负载不下沉。

在 p_1 高于弹簧 8 的预紧压力时，推动主阀芯 1 左移，开启通道①→②溢流。

（2）单向功能

口②的压力油，经过主阀座 2 上的孔，作用于板形单向阀芯 3，克服蝶形弹簧的预紧力，开启通道②→①，液流可以很低的压降通过。

（3）液控节流功能

控制口③的压力，经过控制压力单向阀 6，作用于控制活塞 5，推动主阀芯 1 左移，克服主弹簧 8 的预紧压力，开启通道①→②。

2. 特点

由于控制压力 p_3 对控制活塞 5 的作用面积较 p_1 对主阀芯的作用面积大得多[(3～7)∶1]，因此，较低的 p_3 就可以克服主弹簧 8 的预紧力。

在控制口③的压力下降时，控制腔里的液压油要经过阻尼调节螺钉 7 与阀体间的间隙才能流出。这就减缓了控制活塞 5 的振动。阻尼间隙可通过阻尼调节螺钉 7 调节。在控制压力上升时，液压油可以推开控制压力单向阀 6 迅速进入控制腔，保证控制腔始终充满液压油，阻尼可以发挥作用。

许用压力 40MPa。设定压力 5～35MPa。最大工作流量 100L/min。

控制比：3、4.4、4.6、7 等。

从 LHK21 型平衡阀的流量-压差特性（见图 2-33）可以看出，在通过同样流量时，①→②液控，即使全开，压差也高于②→①单向功能。

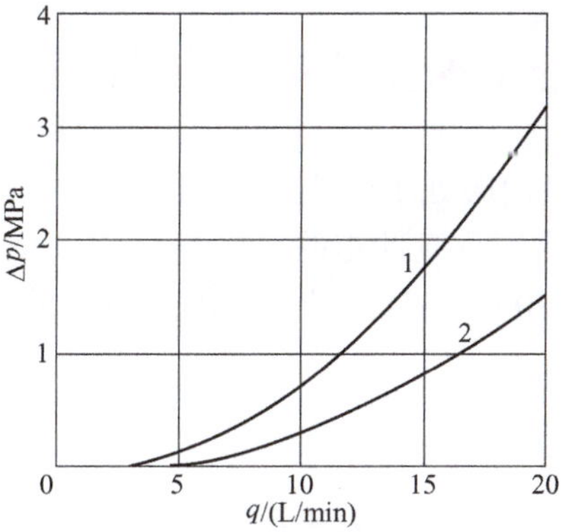

图 2-33 LHK21 型平衡阀的流量-压差特性

1—①→②液控全开 2—②→①单向

3. 变型

针对不同的应用场合，哈威还提供其他一些类型的平衡阀。例如，LHT 型（见图 2-34a）用于振动不太剧烈的场合，LHDV 型（见图 2-34b）用于振动比较剧烈的场合。

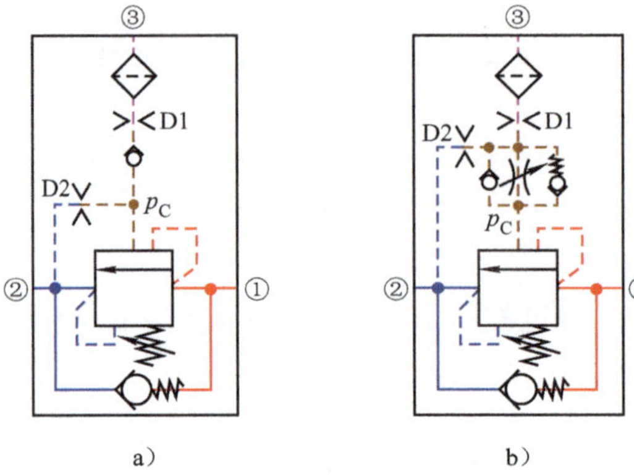

图 2-34 带减振措施的平衡阀

a）LHT 型，带分压减振措施 b）LHDV 型，带分压、阻尼减振措施

从图形符号可以看出，主要是在控制压力口增设滤网和旁路节流孔 D2。

节流孔 D1 和旁路节流孔 D2 组成一个液压半桥。由于实际作用于阀芯的控制压力 p_C 是 p_3 通过这个半桥分压后得到的，因此，节流孔 D1 和 D2 的节流面积比决定了实际控制压力 p_C。

通过这个半桥，可以减小实际控制压力 p_C 的波动。节流孔 D1 越小，D2 越大，则阻尼效果越明显，但分压得到的 p_C 也越低。因而，为了保证开启主通道，需要的 p_3 就越高，能耗也越高。

2.9 派克 E3*60 带附加溢流阀型平衡阀

该型平衡阀用于在换向阀处于中位时，液压缸两腔都必须被锁住，不能取 Y 或 H 型机能，以及可能会受到高冲击的系统。

此阀左部结构与 E2H060（见 2.7 节）相同，只是在右端附加了一个小溢流阀（见图 2-35）。

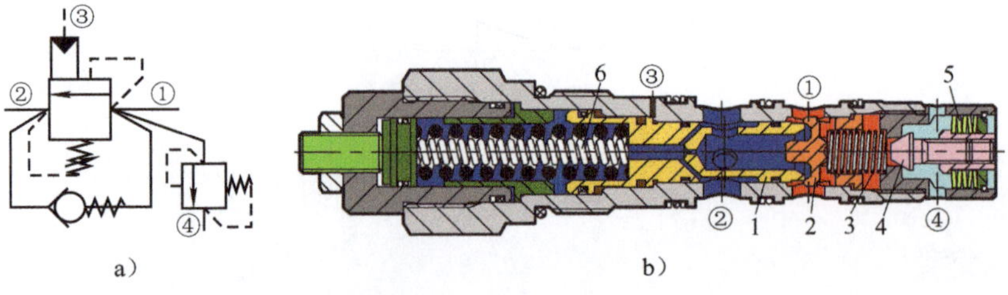

图 2-35 派克 E3*60 带附加溢流阀型平衡阀

a）图形符号 b）剖面图

1—主阀芯 2—单向阀芯 3—单向弹簧 4—附加溢流阀芯 5—溢流弹簧 6—主弹簧

1. 工作原理

（1）单向功能

压力油从口②进入，往右推动单向阀芯 2，克服单向弹簧 3 的预紧力，开启至口①的通道，流出。

（2）溢流功能

在口③无控制压力时，压力油从口①进入，作用在主阀芯 1 的环形面积上，推动主阀芯 1 左移，克服主弹簧 6 的预紧力，开启至口②的通道，溢流。

（3）液控节流功能

口③的控制压力作用在主阀芯 1 的环形面积上，与端口①的压力一起，推动主阀芯 1 左移，克服主弹簧 6 的预紧压力，开启口①至②的通道。

（4）附加溢流功能

口①的压力油，作用在附加溢流阀芯 4 上，推动其右移，克服溢流弹簧 5 的预紧力，开启至口④的通道溢流。

2. 特性

由于附加溢流阀仅为应急用，不需要很大的通流量（见图 2-36），所以，可以做得较小，从而响应较主阀芯灵敏，比较适合有高冲击负载的场合。

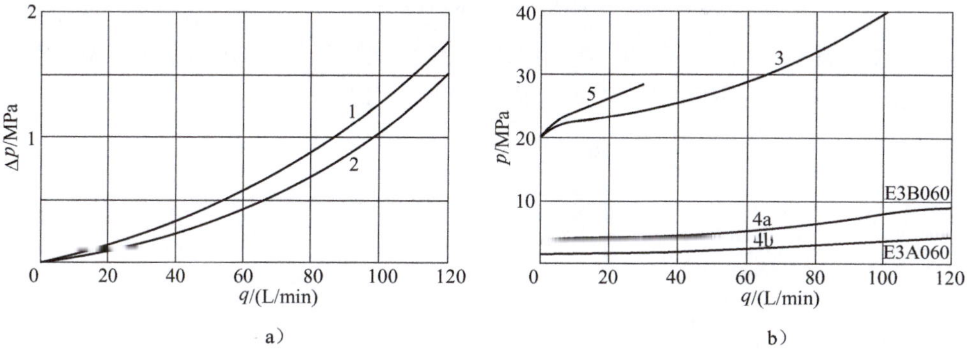

图 2-36　E3*60 带附加溢流阀型平衡阀的流量-压力特性

a）单向功能和液控全开　b）液控开启和应急溢流

1—液控全开①→②　2—单向功能②→①液控节流功能　3—①→②

4—液控开启压力 p_3，$p_1 = 10\text{MPa}$　5—应急溢流压力 p_1，①→④

设定压力范围：5～35MPa。

最高节流压力：20MPa。

名义流量：20L/min。

控制比：E3A060 为 8∶1，E3B060 为 3∶1。

第 3 章　同向型卸荷类平衡阀

3.1　出口压力的影响

第 2 章中所述各种同向型非卸荷类平衡阀的弹簧腔多是通阀出口②的。差动型的虽然通负载口①，但主阀芯的背压腔还是通出口②的。然而，实际系统中有很多因素可能影响出口②的压力 p_2。

在 p_2 较高或波动较大的场合，如果弹簧腔通口②的话，则因为弹簧腔压力 $p_T = p_2$，作用面积 $A_T = A_1 + A_2 + A_3$（参见图 2-3），可从式（2-2）导出，此时通道①→②的开启条件为

$$p_1 + p_3K_C > p_S + p_2(A_1 + A_3)/A_1$$

或

$$p_1 + p_3K_C > p_S + p_2(1 + K_C)$$

上式可表示为图 3-1，即，p_2 会以 $(1 + K_C)$ 倍增高开启通道所需的负载口压力 p_1，或以 $(1 + 1/K_C)$ 倍增高开启通道所需的控制压力 p_3。

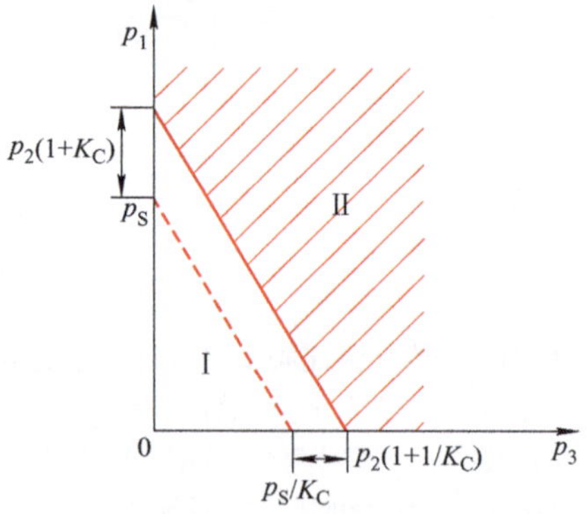

图 3-1　p_2 对非卸荷类平衡阀的开启区的影响

I—通道关闭区　II—通道开启区

比方说，阀的控制比 K_C 为 3，那么在 $p_2 = 6$MPa 时，为开启通道，p_1 需要增高 $(1 + 3)\times 6$MPa = 24MPa，或者 p_3 需要增高 $(1 + 1/3)\times 6 = 8$MPa。即，如果该阀原设定的开启压力为 30MPa 的话，现在，

——p_1 需要增高到 54MPa，才能开启通道，溢流保护功能完全丧失了。

——或者 p_3 从 30/3MPa = 10MPa 增高到(10 + 8)MPa = 18MPa，才能开启通道。这会对系统正常工况带来严重影响。

另外，p_2 的波动会影响通道开启状况，从而影响通过的流量，导致运动不平稳，引起振动。

为了减少以至消除 p_2 的影响，研发出了如下两类卸荷类平衡阀。

（1）部分卸荷型

弹簧腔还是与出口相连，但 p_2 对主阀芯的有效作用面积为零。因此，p_2 不影响开启通道需要的 p_1，但还是会影响开启通道需要的 p_3。

（2）完全卸荷型

弹簧腔与口①、②、③都不连通，完全卸荷，p_2 对主阀芯的有效作用面积为零。这样，溢流压力与控制压力都不受 p_2 影响。完全卸荷型又分如下两类。

1）外排气型，弹簧腔通大气。

优点：无需另外安排管道。

缺点：较难长期保持无外泄漏；用在有腐蚀性气体的环境，会导致部件锈蚀。

2）外排油型，弹簧腔有单独端口，经过阀块上的通道单独直接通油箱。

3.2　伊顿 1CER 系列部分卸荷型平衡阀

1CER 系列部分卸荷型平衡阀的弹簧腔与出口相连，增加了一个辅助阀芯 4。在静态时，辅助阀芯 4 与主阀芯 1 在轴向有一间距 *G*（见图 3-2）。主弹簧 5 由多根弹簧组合而成。

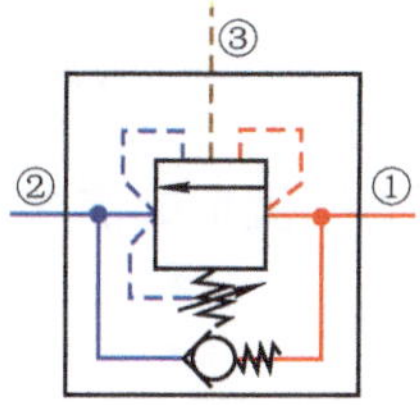

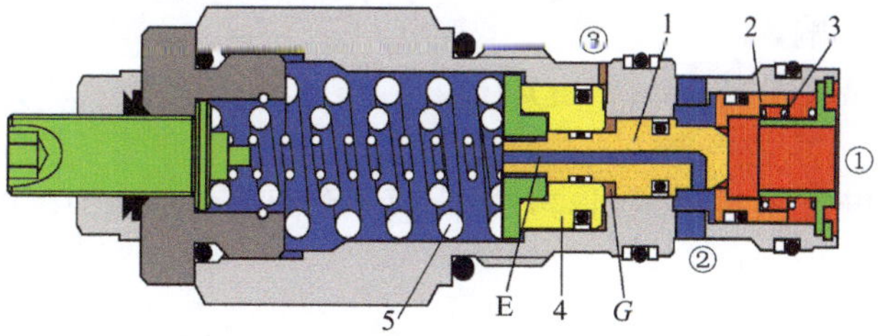

图 3-2　伊顿 1CER 系列部分卸荷型平衡阀

a）图形符号　b）剖面图

1—主阀芯　2—单向阀芯　3—单向弹簧　4—辅助阀芯　5—主弹簧

E—弹簧腔通道　*G*—阀芯间距

1. 工作原理

（1）单向功能

口②的压力油作用于单向阀芯 2，阀芯右移，克服单向阀弹簧 3 的预紧压力，开启通道②→①。

（2）溢流功能

因为出口压力 p_2 对主阀芯 1 的实际作用面积 $A_{2L}=A_{2R}$（见图 3-3），有效作用面积为零，因此，在 $p_3=0$ 时，p_1 推动主阀芯 1 左移，在主阀芯 1 接触到辅助阀芯 4 之前，开启通道溢流所需克服的压力就是主弹簧预紧压力（主弹簧预紧力/A_{1R}），不受 p_2 影响。

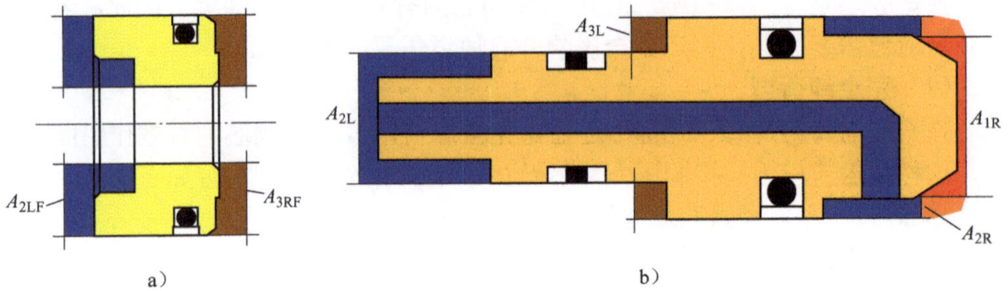

图 3-3 阀芯受压面积

a）辅助阀芯 b）主阀芯

（3）液控节流

在 $p_3>0$ 时，主阀芯 1 受到的液压力的合力（向左）为 $p_1A_{1R}-p_3A_{3L}$，辅助阀芯受到的液压力的合力（向左）为 $p_3A_{3RF}-p_2A_{2LF}$。因为 $A_{2LF}=A_{3RF}$，所以，主阀芯 1 和辅助阀芯 4 整体受到的总的合力（向左）为

$$p_1A_{1R}-p_3A_{3L}+p_3A_{3RF}-p_2A_{3RF}=p_1A_{1R}+p_3(A_{3RF}-A_{3L})-p_2A_{3RF}$$

受 p_2 影响。

控制比为 $(A_{3RF}-A_{3L})/A_{1R}$。

2. 变型

伊顿 1CER 系列部分卸荷型平衡阀的各种变型，以满足不同流量的需求（见表 3-1）。

表 3-1 伊顿 1CER 系列部分卸荷型平衡阀的几种变型

型号	名义流量/（L/min）	控制比	最高设定压力/MPa	最高节流压力/MPa
1CER30	30	4	35	27
1CER90	90	4		
1CER140	140	4、6	42	34

从 1CER30 系列部分卸荷型平衡阀的流量-压差特性（见图 3-4）可以看出，液控全开的压差小于单向功能。

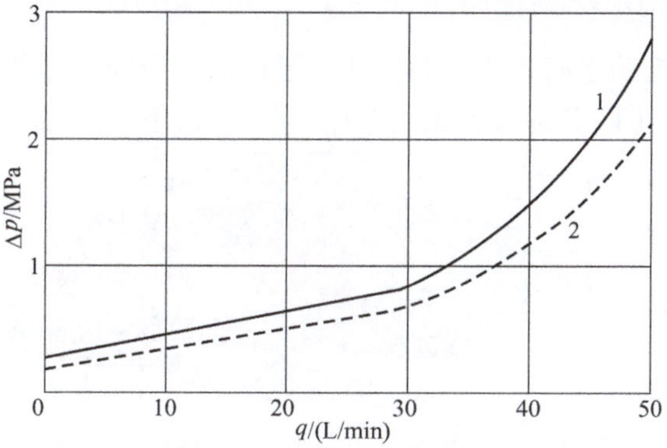

图 3-4　1CER30 系列部分卸荷型平衡阀的流量-压差特性

1—单向功能　2—液控全开

3.3　力士乐 VBSP 系列部分卸荷型平衡阀

力士乐的 VBSP 系列平衡阀是部分卸荷型。

1．VBSP-08AA 型

力士乐 VBSP-08AA 型部分卸荷型平衡阀（见图 3-5）的结构与伊顿 1CER 系列很相似，工作原理也相同。

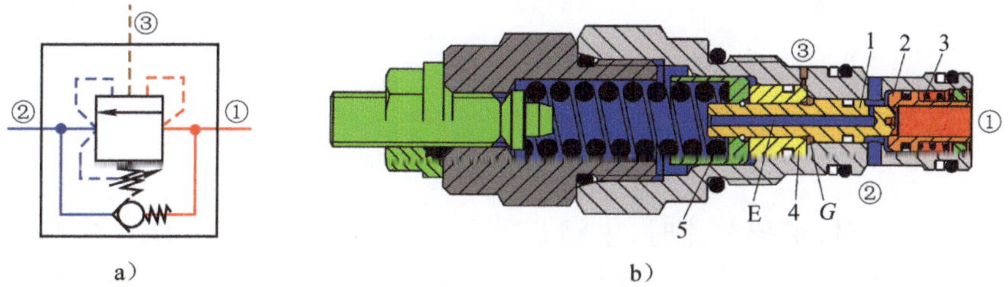

图 3-5　力士乐 VBSP-08AA 型部分卸荷型平衡阀

a）图形符号　b）剖面图

1—主阀芯　2—单向阀芯　3—单向弹簧　4—辅助阀芯　5—主弹簧

E—弹簧腔通道　G—阀芯间距

2．VBSP-12A 型

力士乐 VBSP-12A 型部分卸荷型平衡阀的弹簧腔通负载口①（见图 3-6），是差动型。

各阀芯的实际受压面积可见图 3-7。

1）负载口压力 p_1 对主阀芯的实际作用面积 $A_{1R}-A_{1L}$。

2）因为出口压力 p_2 对主阀芯的有效作用面积 $A_{2L}=A_{2R}$，所以，p_2 对主阀芯的有效作用面积为零。

当$p_3=0$，p_1推动主阀芯1左移，开启通道溢流所需克服的压力就是主阀芯弹簧4的预紧压力（主阀芯弹簧预紧力/$(A_{1R}-A_{1L})$），不受p_2影响。

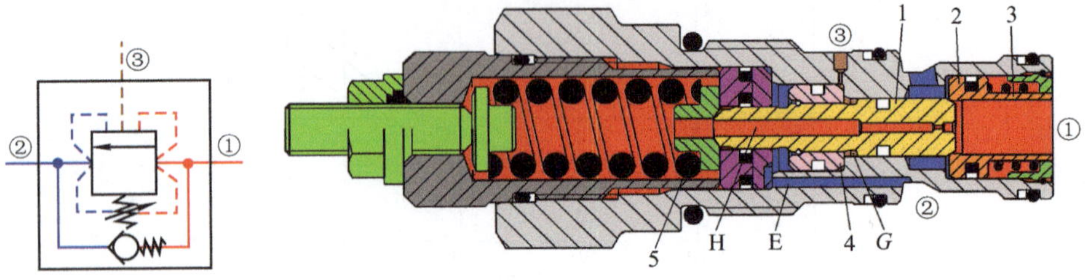

a）　　b）

图3-6　力士乐VBSP-12A型部分卸荷型平衡阀

a）图形符号　b）剖面图

1—主阀芯　2—单向阀芯　3—单向弹簧　4—主弹簧　5—辅助阀芯

E—口②压力平衡通道　G—阀芯间距　H—口①压力平衡通道

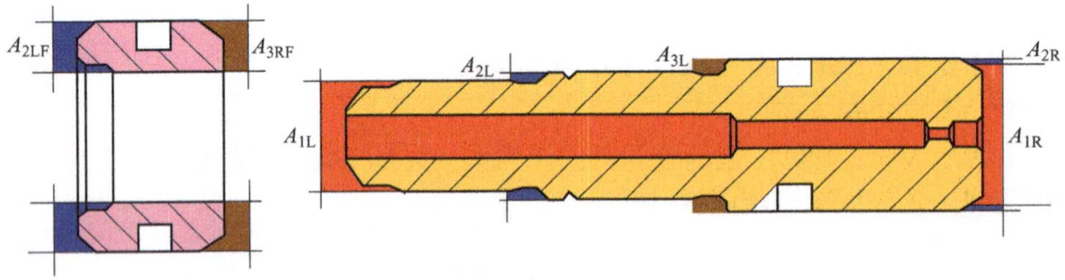

a）　　b）

图3-7　各阀芯的实际受压面积

a）辅助阀芯　b）主阀芯

3）当$p_3>0$时，液控节流时，主阀芯受到的合力（向左）为$p_1A_{1R}-p_3A_{3L}-p_1A_{1L}$，辅助阀芯5受到的合力（向左）为$p_3A_{3RF}-p_2A_{2LF}$。因为$A_{1L}+A_{3L}=A_{1R}$，$A_{2LF}=A_{3RF}$，所以，主阀芯1和辅助阀芯5作为整体，受到的总合力（向左）为

$$p_1A_{1R}-p_1A_{1L}-p_2A_{2LF}-p_3A_{3L}+p_3A_{3RF}=p_1A_{3L}+p_3(A_{3RF}-A_{3L})-p_2A_{3RF}$$

所以，p_2会影响开启通道需要的控制压力p_3。

控制比为$(A_{3RF}-A_{3L})/A_{3L}$。

3.4　升旭CA系列外排气型平衡阀

升旭CA系列外排气型平衡阀的弹簧腔通大气（见图3-8）。有弹性橡胶密封圈4保护，可一定程度阻挡外界杂物进入。

升旭CA系列外排型平衡阀的各种变型见表3-2。

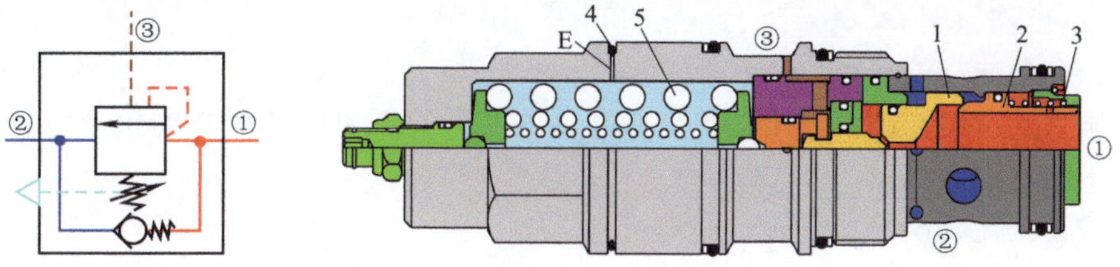

a）　　b）

图 3-8　升旭 CA 系列外排气型平衡阀

a）图形符号　b）剖面图

1—主阀芯　2—单向阀芯　3—单向弹簧　4—弹性胶圈　5—主弹簧　E—排气通道

表 3-2　升旭 CA 系列外排型平衡阀的各种变型

孔型	T-11A	T-2A	T-17A	T-19A	控制比
名义流量/（L/min）	60	120	240	480	
型号	CACK	CAEK	CAGK	CAIK	1
	CACL	CAEL	CAGL	CAIL	2
	CACA	CAEA	CAGA	CAIA	3
	CACG	CAEG	CAGG	CAIG	5
	CACH				10

3.5　派克 E6*060*409 外排气型平衡阀

派克 E6*060*409 型平衡阀为差动型（见图 3-9）。主阀芯上的孔连通口①与主阀芯左侧环形面积。负载口压力 p_1 对主阀芯右端的作用面积大于左端的环形面积，有效作用面积为两者之差。

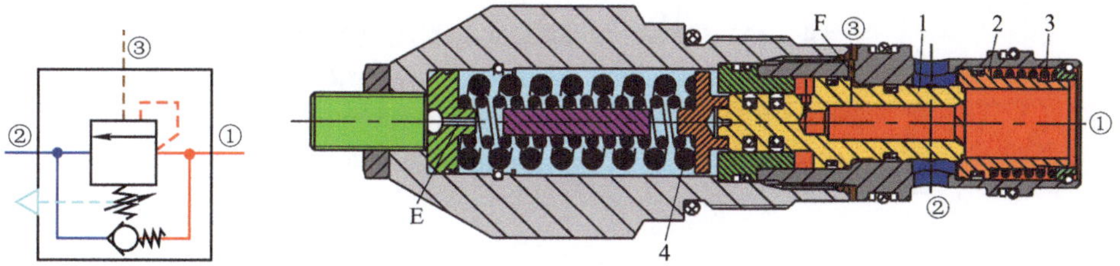

a）　　b）

图 3-9　派克 E6*060*409 型平衡阀

a）图形符号　b）剖面图

1—主阀芯　2—单向阀芯　3—单向弹簧　4—主弹簧

E—排气通道　F—控制压力通道

1. 工作原理

（1）单向功能

压力油从口②进入，推动单向阀芯 2 右移，克服单向弹簧 3 的预紧力，开启至口①的通道，流出。

（2）溢流功能

在口③无控制压力时，压力油从口①进入，作用在主阀芯 1 两侧，推动主阀芯 1 左移，克服主弹簧 4 的预紧力，开启至口②的通道溢流。

（3）液控节流功能

口③的控制压力经过通道 F，作用在主阀芯 1 的环形面积上，推动主阀芯 1 左移，克服主弹簧 4 的预紧力，开启口①至②的通道。

2. 特性

由于弹簧腔经过通道 E 与大气相连，而 p_2 对主阀芯的有效作用面积为零，因此，溢流压力和控制压力都不受 p_2 影响。

名义流量：180L/min（见图 3-10）。

设定压力范围：5～35MPa。

控制比：3∶1。

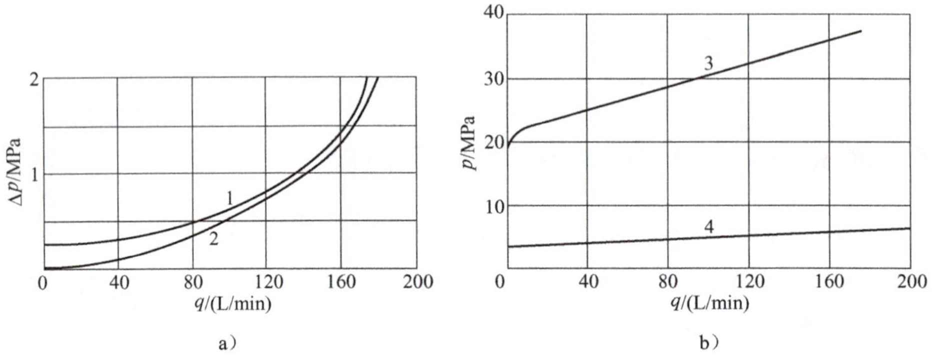

图 3-10　E6*060 型平衡阀的流量-压力特性

a）单向功能和液控全开　b）溢流和液控节流

1—液控全开　2—单向功能　3—溢流时的负载口压力

4—液控开启时的控制压力，负载口压力为 10MPa

3.6　力士乐 VBST 系列外排气型平衡阀

力士乐 VBST 系列外排气型平衡阀的弹簧腔通过阀体上的孔 E 通大气（见图 3-11）。主阀芯上有孔连通口②与主阀芯左右侧环形面积，两环形面积相等，因此口②的压力对主阀芯的作用力平衡。

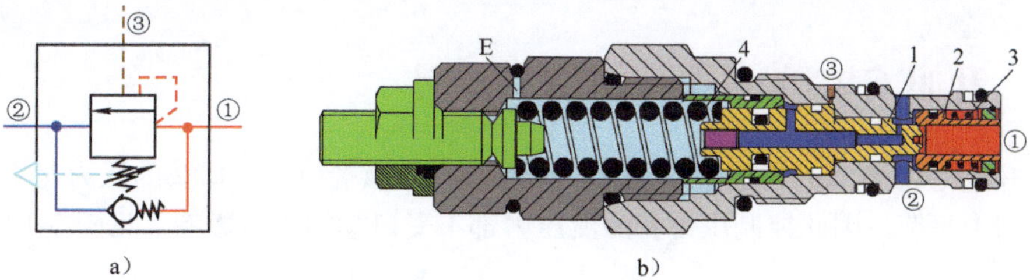

图 3-11　力士乐 VBST 系列外排气型平衡阀
a）图形符号　b）剖面图
1—主阀芯　2—单向阀芯　3—单向弹簧　4—主弹簧
E—排气通道

3.7　伊顿 1CEB 系列外排油型平衡阀

伊顿 1CEB 系列外排油型平衡阀的弹簧腔通过孔④可以与集成块（阀块）中的回油通道相连，卸荷（见图 3-12）。p_2 对主阀芯的作用面积几乎为零。因此，p_2 对开启压力的影响很小。

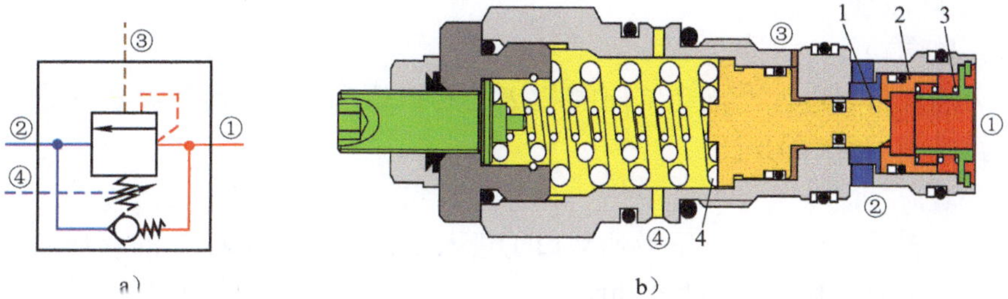

图 3-12　伊顿 1CEB 系列外排油型平衡阀
a）图形符号　b）剖面图
1—主阀芯　2—单向阀芯　3—单向弹簧　4—主弹簧

伊顿 1CEB 系列外排油型平衡阀的各种变型见表 3-3。

表 3-3　伊顿 1CEB 系列外排油型平衡阀的各种变型

型号	名义流量/（L/min）	控制比	许用溢流压力/MPa	最高节流压力/MPa
1CEB30	30	5	35	27
1CEB90	90	4		
1CEB120	120	3，8		
1CEB300	300	3，8		

3.8 升旭 CW 系列外排油型平衡阀

升旭 CW 系列外排油型平衡阀的弹簧腔有单独端口④，口②的压力对主阀芯的作用力平衡，因此控制压力和溢流压力都不受口②的压力影响（见图 3-13）。

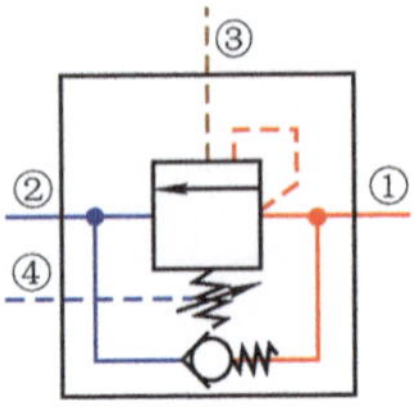

a）

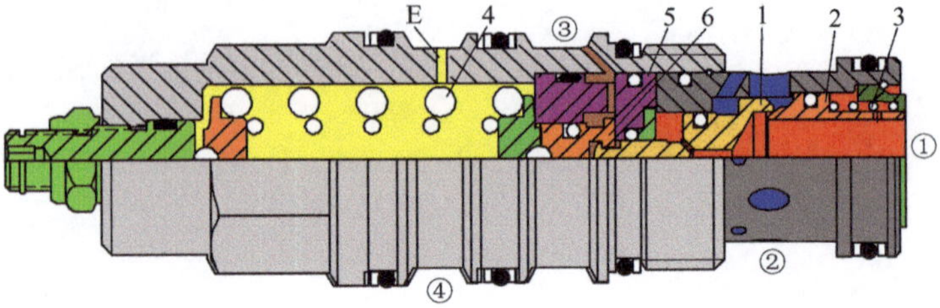

b）

图 3-13 升旭外排油型平衡阀（CWIG）

a）图形符号 b）剖面图

1—主阀芯 2—单向阀芯 3—单向弹簧 4—主弹簧 5—隔离环 6—辅助阀芯

E—外排油通道

1. 工作原理

（1）单向功能

压力油从口②进入，推动单向阀芯 2 向右移动，克服单向弹簧 2 的预紧力，开启密封锥面，从口①流出。

（2）溢流功能

在口③无控制压力时，压力油从口①进入，作用在主阀芯 1 的环形面积上，推动主阀芯 1 向左移动，推动辅助阀芯 6，克服主弹簧 4 的预紧力，开启密封锥面，从口②溢出。

（3）液控节流功能

口③的控制压力经过隔离环 5 上的通道，作用在辅助阀芯 6 的环形面积上，通过辅助阀芯 6 带动主阀芯 1 向左移动，克服主弹簧 4 的预紧力，开启口①至②的通道。

2. 特性

最高节流压力：32MPa。

CW 系列平衡阀的设定压力范围：14～42MPa。

关闭压：≥85%开启压力。

内泄漏：在阀关闭压时，最多 0.25mL/min。

单向功能开启压力：0.14MPa。

CWIG 的名义流量为 480L/min（见图 3-14）。

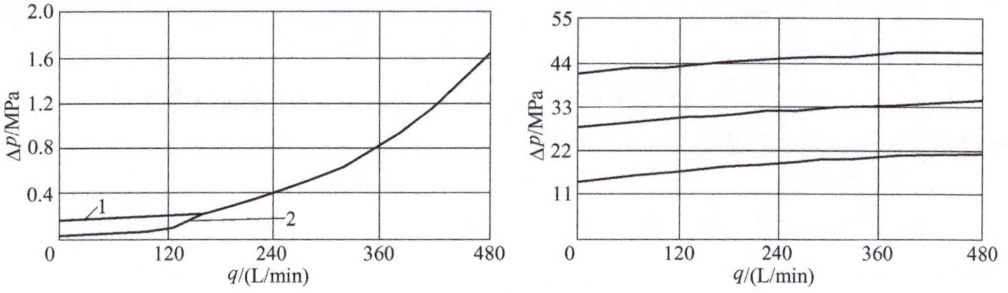

a）　b）

图 3-14　CWIG 型平衡阀的特性

a）单向功能和液控全开流量-压差特性　b）不同设定压力时的负载口压力-流量特性

1—单向功能　2—液控全开

3. 变型

升旭 CW 系列外排油型平衡阀有多个控制比与名义流量不同的变型供选用（见表 3-4）。

表 3-4　升旭 CW 系列外排油型平衡阀的各种变型

孔型	T-21A	T-22A	T-23A	T-24A	控制比
名义流量/（L/min）	60	120	240	480	
型号	CWCK	CWEK	CWGK	CWIK	1
	CWCL	CWEL	CWGL	CWIL	2
	CWCA	CWEA	CWGA	CWIA	3
	CWCG	CWEG	CWGG	CWIG	5

3.9　派克 E9*1 外排油型平衡阀

派克 E9*1 型外排油型平衡阀采用了升旭的 T-21A 型安装孔（见图 3-15）。

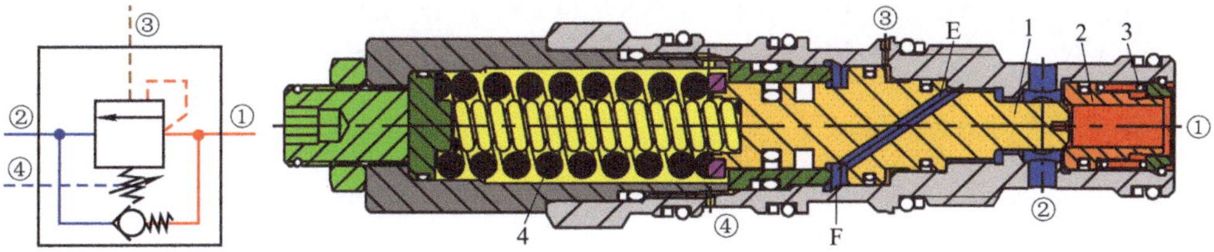

a）　b）

图 3-15　派克 E9*1 外排油型平衡阀

a）图形符号　b）剖面图

1—主阀芯　2—单向阀芯　3—单向弹簧　4—主弹簧　E—卸荷通道　F—主阀芯背压腔

1. 工作原理

(1) 单向功能

压力油从口②进入，推动单向阀芯 2 向右，克服单向弹簧 3 的预紧力，开启密封锥面，从口①流出。

(2) 溢流功能

在口③无控制压力时，压力油从口①进入，作用在主阀芯 1 的端面上，推动主阀芯 1 向左移动，克服主弹簧 4 的预紧力，开启密封锥面，从通口②溢出。

(3) 液控节流功能

口③的控制压力作用在主阀芯 1 的环形面积上，推动主阀芯 1 左移，克服主弹簧 4 的预紧力，开启口①至②的通道。

主弹簧腔与口④相通，与口②不通，而主阀芯的背压腔 F 经过通道 E 与口②相连，p_2 对主阀芯两侧的作用面积相同，作用力相互抵消，因此，溢流压力和控制压力都不受 p_2 影响。

2. 特性

设定压力范围：4～35MPa。

名义流量：60L/min（见图 3-16）。

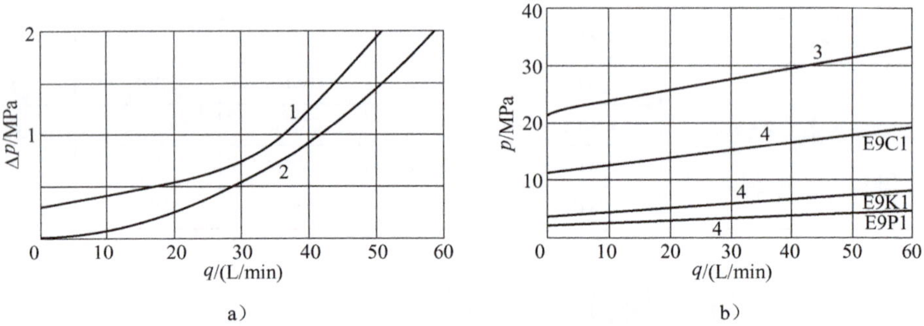

图 3-16 E9*1 型平衡阀的特性

a）单向功能和液控全开的流量-压差特性 b）压力-流量特性

1—单向功能 2—液控全开 3—溢流时的负载口压力 4—液控开启时的控制压力，负载口压力为 10MPa

控制比：E9C1 为 1∶1 E9K1 为 3∶1 E9P1 为 5∶1

第 4 章　同向型非经典类平衡阀

4.1　伊顿 1CEL 系列两级开启型平衡阀

液压缸在举升负载（见图 4-1）的过程中，下腔压力 p_A 最初保持在负载压力。在活塞升到行程终点时，p_A 会一下窜升到主溢流阀的开启压力 p_Y，而且由于溢流阀开启一般都有滞后，超出 p_Y 的 5%～10%也是常见的。这个高于 p_Y 的压力被平衡阀的负载保持功能禁锢在液压缸下腔中。

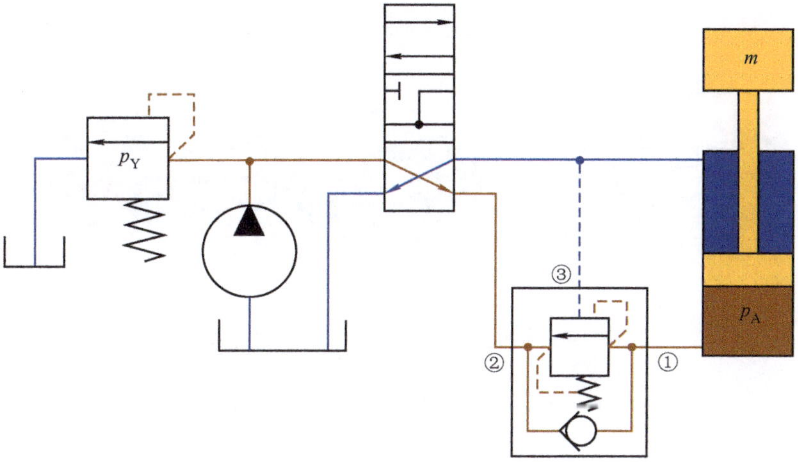

图 4-1　举升负载

当换向阀切换到下降位时，如果采用普通经典类平衡阀，刚开启时，由于负载口压力很高，很容易使平衡阀节流口开得很大，导致 p_A 迅速释放，降到很低，甚至接近于零，这又导致阀口关小，引起振荡。特别是在动臂较长、刚性不很高的工程机械的伸缩臂（见图 4-2）中，这种现象很容易遇见。

另外，在液压缸运动过程中，摩擦力也在变化。特别是在用了一段时间后，由于磨损，接触表面更光滑了，作为阻碍运动有减振作用的摩擦力下降之后，振荡可能更甚，可能持续整个下降过程。振荡幅度之大，甚至可能引起负载脱落，伤害操作者。

伊顿 1CEL 系列两级开启型平衡阀就是针对这种应用场合设计的。采用了双阀芯，如图 4-3 所示。

图 4-2 伸缩臂叉车

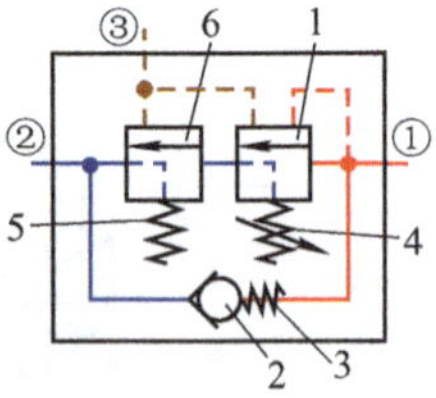

a)

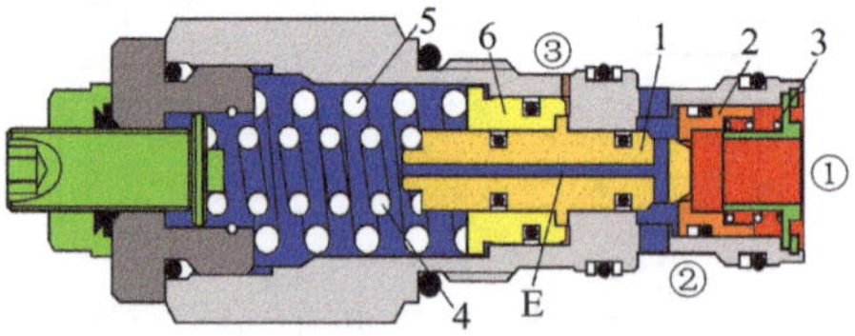

b)

图 4-3 伊顿 1CEL 系列两级开启型平衡阀

a）图形符号 b） 剖面图

1—主阀芯 2—单向阀芯 3—单向弹簧 4—主弹簧 5—辅助弹簧 6—辅助阀芯

E—弹簧腔通道

1. 工作原理

（1）负载保持与溢流功能

在 $p_3=0$ 时，辅助阀芯 6 在辅助弹簧 5 的作用下压住主阀芯 1，主阀芯 1 和单向阀芯 2 分别在主弹簧 4 和单向弹簧 3 的作用下，相互压住，口①到口②不通。

口①的压力油作用于主阀芯，如果作用力超过弹簧 4 和 5 的预紧压力，就推动主阀芯 1 和辅助阀芯 6 左移，开启至口②的通道，溢流。

（2）单向功能

压力油从口②进入，克服单向弹簧 3 的预紧力，推动单向阀芯 2 右移，开启至口①的通道。

（3）液控节流功能

换向阀切换到下降工位后，只有在

——p_3 作用在辅助阀芯 6 的环形面积 A_{3RF} 上（见图 4-4），克服辅助弹簧 5 的预紧压力，推动辅助阀芯 6 左移，为主阀芯 1 的移动创造条件后；

——p_1 高于主弹簧 4 的预紧压力，才能推动主阀芯 1 左移，开启口①→②的通道。

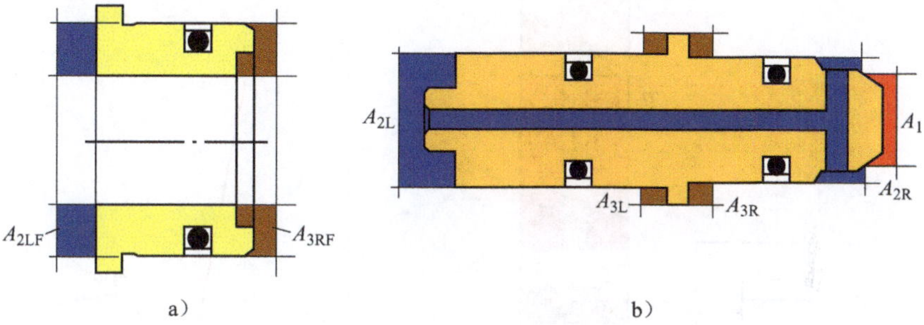

图 4-4　阀芯受力面积

a）辅助阀芯　b）主阀芯

一旦 p_1 低于主弹簧 4 的预紧压力，或者，p_3 低于辅助弹簧 5 的预紧压力，主阀芯 1 就会在弹簧力的作用下右移，关闭通道。所以，液压缸下腔不会完全失压。

2. 特性

此阀的控制比：主级 0.4，辅助级 4.3。这意味着：

1）p_3 对主阀芯 1 的环形作用面积之差 $A_{3R} - A_{3L} = 0.4A_1$。

2）p_3 对辅助阀芯 6 的环形作用面积 $A_{3RF} = 4.3A_1$。

因此，p_3 对主阀芯 1 开启的直接作用很小。

辅助弹簧 5 的预紧压力在出厂前根据顾客需要设定，范围可在 17～30MPa、24～37MPa、27～38MPa 之间任选。主弹簧 4 的预紧压力可以在现场根据需要在 2～12MPa 间调节。

1CEL 阀的 p_1-p_3 特性如图 4-5 中红线所示。

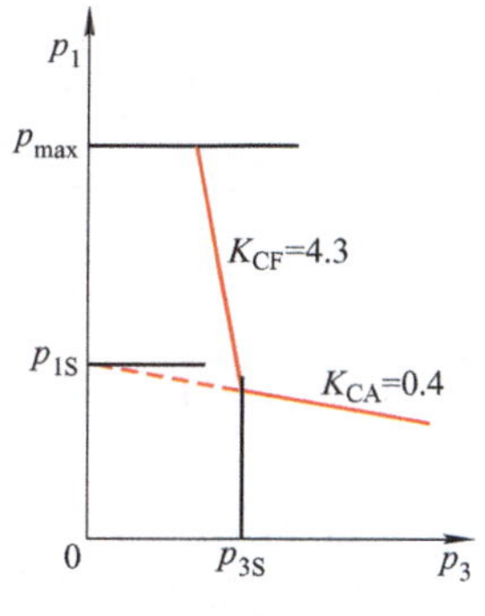

图 4-5　1CEL 阀的 p_1-p_3 特性

p_{1S}—主弹簧 4 预紧压力

p_{3S}—辅助阀芯弹簧 5 预紧压力

K_{CA}—主级控制比　K_{CF}—辅助级控制比

3. 局限性

1）主弹簧腔通过主阀芯中的通道与口②相连。因此，对于主阀芯，p_2 的有效作用面积为 $A_{2L} - A_{2R} = A_1$。所以，p_2 会 1∶1 地增加设定的溢流压力。而对于辅助阀芯，p_2 的实际作用面积 $A_{2LF} = A_{3RF}$，所以，p_2 也会 1∶1 地抵消控制压力 p_3。因此，此阀不宜用在 p_2 较高或有较大波动的场合。

2）由于p_3必须高于辅助弹簧5的预紧压力，才能开启通道①→②，因此，在有正负载时，驱动负载所耗费的能量较经典类平衡阀高，如图4-6所示。

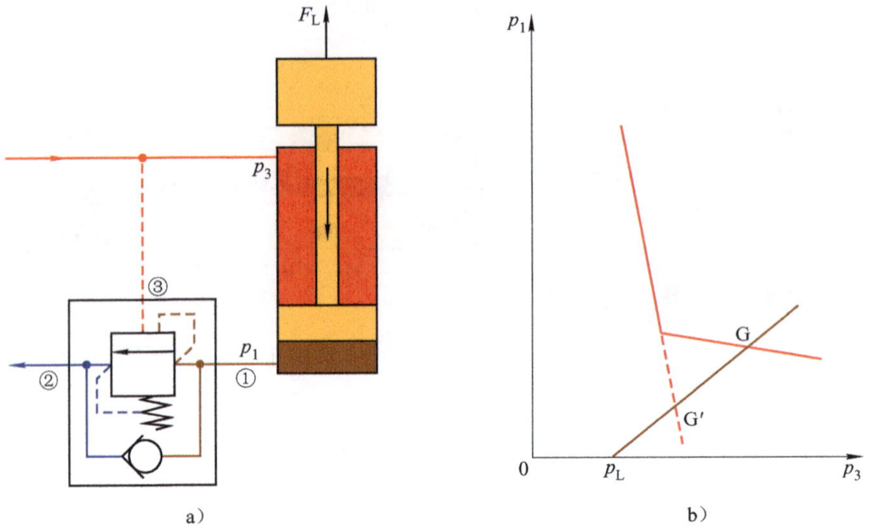

图4-6 正负载时的回路示意和p_1-p_3特性

a）回路示意 b）p_1-p_3特性

G—两级开启阀的工况点 G′—经典类阀的工况点

4. 变型

为满足不同工作流量，伊顿提供1CEL几向种变型，见表4-1。

表4-1 伊顿两级开启型平衡阀

名义流量	30L/min	90L/min	140L/min	说明
型号	1CEL30	1CEL90	1CEL140	
	1SEL30	1SEL90	1SEL140	使用SUN孔型

4.2 升旭负载作用型平衡阀

1. M型阀的结构与性能改进

针对经典类的局限之处，升旭在21世纪初推出了M型负载控制阀：改进了流量调节特性，改进了阻尼性能，因此，具备更好的动态性能。

与经典类（参见图2-16）相比，M型的结构有显著不同（见图4-7）。

主要的结构改进有以下三点。

（1）节流套

在①、②口间继续采用内锥面密封的同时，在主阀芯1之外增加了一个节流套 6。

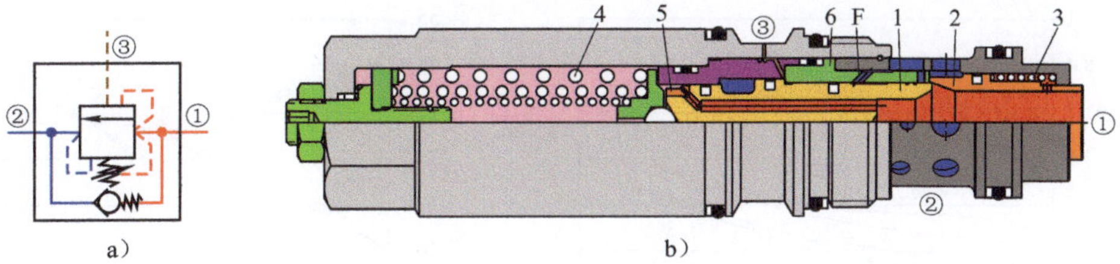

图 4-7　升旭 M 型阀（MBEA）

a）图形符号　b）剖面图

1—主阀芯　2—单向阀芯　3—单向弹簧　4—主弹簧　5—阻尼套　6—节流套　F—斜孔

经典类阀的通流孔都开在阀套的同一个轴向位置上。这样，通流面积对阀芯行程比较敏感。特别是在刚开启时，很容易出现，通流面积一下开得过大，然后又关闭得过小。

而节流套 6 上的通流孔，大小不同，轴向错开分布（见图 4-8a），还增加了斜孔 F。这样，既保持了与经典类相同的孔型，又延长了阀芯的有效行程（见图 4-8b），提高了分辨率，也即降低了通流面积对阀芯行程的敏感度（又称增益）。因此，节流特性更接近滑阀，流量调节性能更精准。

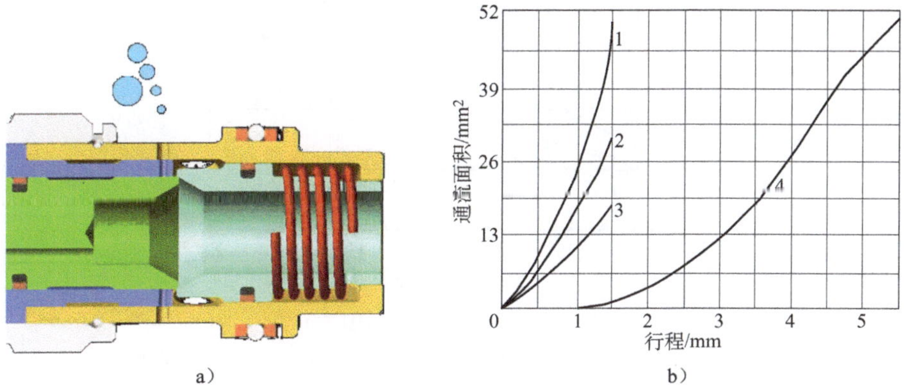

图 4-8　M 型的节流口

a）通流孔示意　b）行程-通流面积特性与经典类对比

1—CBEA 经典类　2—CBDC 半节流型　3—CBDA 节流型　4—MBE*型

从实测的负载口压力-流量特性对比（见图 4-9）可以看到，经典类阀，斜率小：压力变化不多，流量变化就会很大。因此，不易控制。而 M 型阀不仅斜率大，而且滞环小得多，压力与流量几乎是一一对应的，因此，控制性能更好。

在工作流量较小的场合，经典类阀如果没有选节流型的话，可能出现不稳定，而 M 型阀就没有此问题。所以，M 型阀不再需要节流型、半节流型。可以选较大规格的，从而在大流量时还是保持较低的压降。

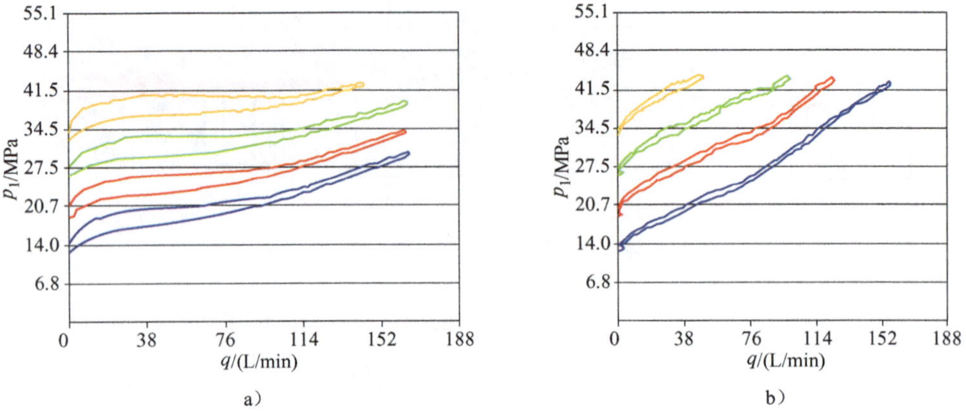

图 4-9　p_1-q 特性

a）经典类（CBEG）　b）M 型（MBEG）

p_3-q 特性也有明显改善，如图 4-10 所示。

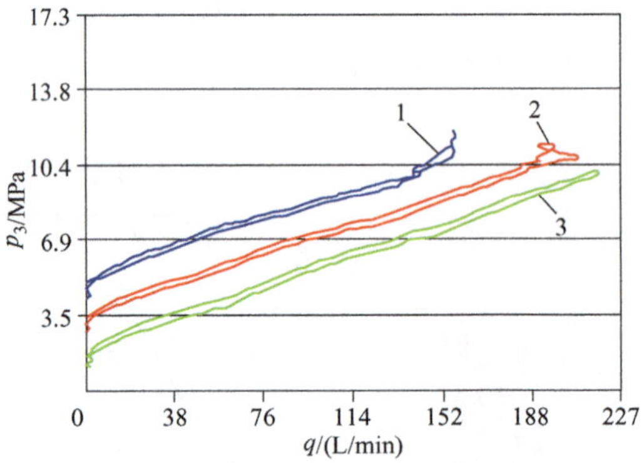

图 4-10　p_3-q 特性（MBEG）

设定压力 27.5MPa　1—p_1 为 7.0MPa　2—p_1 为 14.0MPa　3—p_1 为 21.0MPa

端部较经典类略长一些，但可以使用相同阀孔。单向阀芯可有较大的开口，从而较小的压降。

（2）差动型

改为差动型，弹簧腔经过主阀芯中的通孔与负载口相通。因此，决定溢流功能的负载口压力 p_1 的有效作用面积是 $A_{1R}-A_{1L}$（见图 4-11）。这样就能比经典类的更精准地制造检测了。控制比即为 $A_{3R}/(A_{1R}-A_{1L})$。

如果 $A_{1L}=A_{1R}$，负载口压力 p_1 对主阀芯的作用力平衡了，就可以用于运动控制阀。

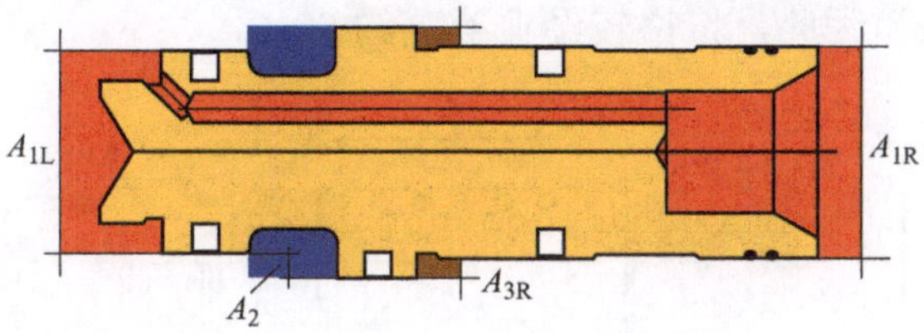

图 4-11　M 型的主阀芯受压面积

(3) 阻尼套

在主阀芯左端部增加了一个阻尼套 5。

在主阀芯复位关闭通道后，阻尼套 5 靠左，处于卸荷位置（见图 4-12a）。

在 p_3 推动主阀芯向左时，由于弹簧腔中的压力油需要排出，推动阻尼套 5 右移（见图 4-12b），封住了弹簧腔中油液通过主阀芯中通孔的流出通道，只留下一个很小的阻尼孔。这样就延缓了主阀芯的运动和通道的开启，从而改善了动态性能。

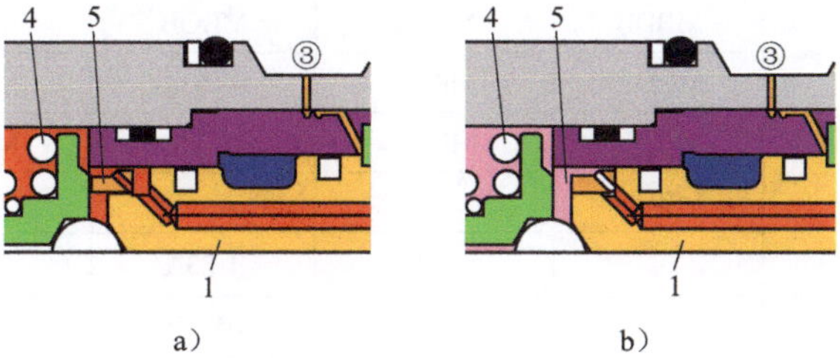

图 4-12　阻尼套的工作原理

a）主阀芯处于原位时　b）在控制压力推动主阀芯时

1—主阀芯　4—主弹簧　5—阻尼套

因为阻尼套在压力升高时有延缓作用，因此这类阀的溢流性能不很灵敏，不宜用作普通溢流阀。

这些改进措施除了用在 M**A、B、G 负载作用型阀外，还被用于 M**P 负载匹配型和 M**M 型运动控制阀。

2. 负载作用型平衡阀

图 4-13 展示了一个负载作用（LoadReactive）外排油型平衡阀（MWEA）的结构。

差动型。弹簧腔通过主阀芯中的孔与口①相连。

主阀芯 1 的背压腔 E 通过阀套 5 上的通道连通外排油口④卸荷。

升旭在 2004 年就推出了负载作用型平衡阀，目前可提供的变型如表 4-2 所示。

所有型号的最高溢流设定压力为 350MPa。

复位压力在 85%设定压力时，泄漏不超过 5 滴/min。

由于结构复杂，因此，价格较经典类高约 80%。

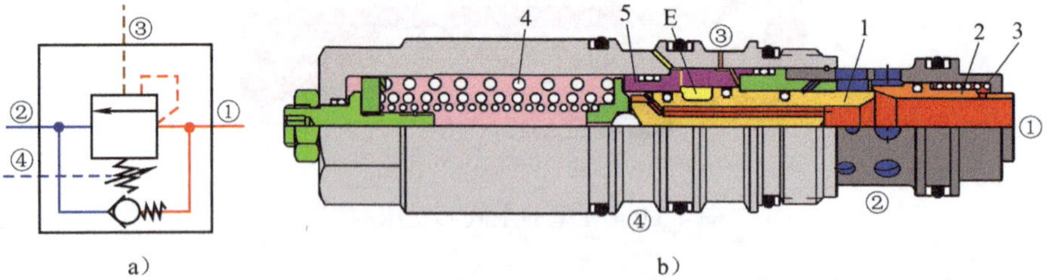

图 4-13　升旭负载作用外排油型平衡阀（MWEA）

a）图形符号　b）剖面图

1—主阀芯　2—单向阀芯　3—单向弹簧　4—主弹簧　5—阀套　E—背压腔

表 4-2　升旭负载作用型平衡阀

类型	名义流量	60L/min	120L/min	240L/min	480L/min	控制比
非卸荷型	孔型	T-11A	T-2A	T-17A	T-19A	
	型号	MBDB	MBEB	MBGB	MBIB	1.5
		MBDA	MBEA	MBGA	MBIA	3
		MBDG	MBEG	MBGG	MBIG	4.5
		MBDN				8
外排油型	孔型		T-22A	T-23A	T-24A	
	型号		MWEB	MWGB	MWIB	1.5
			MWEA	MWGA	MWIA	3
			MWEG	MWGG	MWIG	4.5

4.3　升旭负载匹配型平衡阀

1. 平衡阀工作时的耗能问题

经典类平衡阀的控制比 K_C 是固定的，此类阀有以下局限性。

为了系统稳定需要选择低 K_C。从图 4-14 可以看出，在相同的设定开启压力 p_S、相同的负载口压力 p_1 时，K_C 低的阀需要的控制压力 p_3 高。p_1 越低，不同 K_C 的 p_3 之差 D 越大。

而在采用液压缸上腔压力控制平衡阀的回路中，在负载下降过程中，不但负载已有的势能和动能未利用，还需输入能量：输入功率 = 输入流量×p_3。输入能量，即耗能，完全由 p_3 决定：p_3 越高，耗能越多。所以，为了稳定而选择低 K_C 是一个耗能的不得已的措施。

但这里有潜力可挖。因为，在 p_1 不同的区域，对 K_C 的要求不同（见图 4-15）。

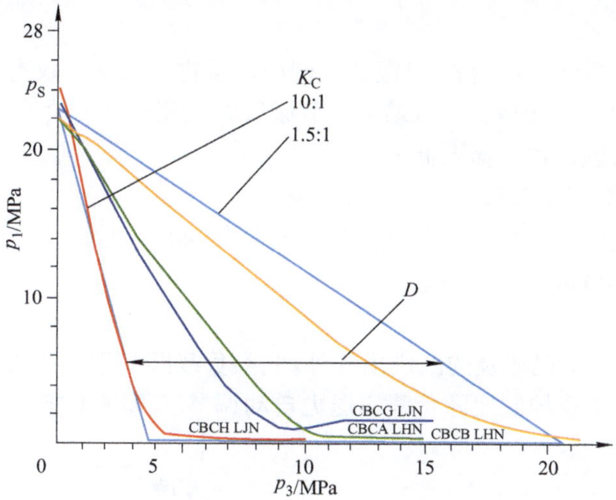

图 4-14　经典类平衡阀的 p_3-p_1 特性（升旭）

q = 20L/min　D—不同 K_C 的控制压力 p_3 之差

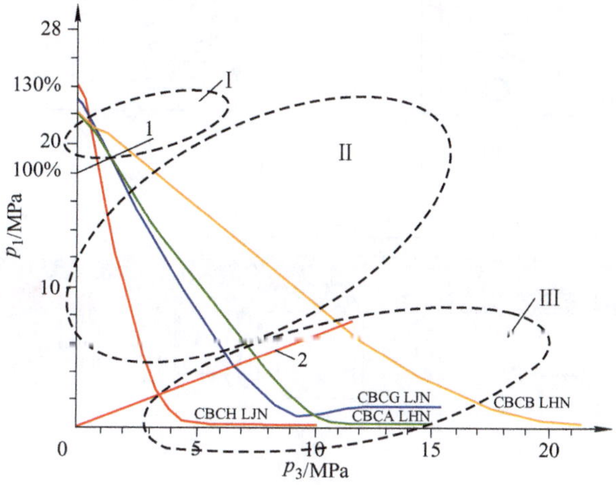

图 4-15　固定控制比的工作区域

q = 20L/min

I—负载尚未运动　II—负载运动　III—无负载或正负载

1—高负载压力工况线　2—无负载压力工况线

区域 I：p_1 很高，因为设定压力 p_S 通常是最高负载压力的 1.3 倍，此时负载还未运动（工况线 1），所以没有稳定性问题，不需要低 K_C。

区域 II：负载压力 p_L 还较高，负载在运动。节流口较小，通过节流口的压力油流速很高，液动力很大，方向趋于关闭节流口。此时，阀芯在 p_3 的作用下，不断地在过大和过小之间来回调整节流口，以适应 p_1 的变化。这时最容易出现不稳定现象，需要低 K_C。

区域Ⅲ：p_1 很低，说明 p_L 已很低，例如，重物已着地，仅有吊钩重量（工况线 2）。节流口已经开得较大，或最大。节流口处流速较低，液动力也很小。此时，不会有稳定性问题，也不需要低 K_C。

2. 负载匹配型平衡阀

为了降低耗能，升旭经过长期研发，在近年推出了控制比一定程度可变的负载匹配型（LoadMatch）平衡阀。

（1）结构

除了在 4.2 节中已述及的改进措施外，此类负载匹配型平衡阀增加了一个可移动弹簧座 E，以实现控制比随负载口压力自动调节（见图 4-16）。

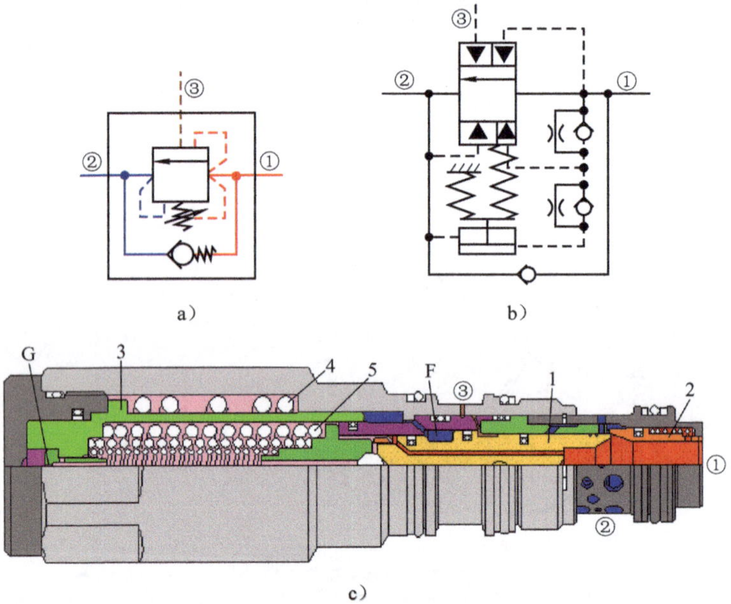

图 4-16 升旭负载匹配型平衡阀（MBEP）

a）简化图形符号 b）详细图形符号 c）剖面图

1—主阀芯 2—单向阀芯 3—可移动弹簧座 4—负载匹配弹簧 5—主弹簧

F—背压腔 G—阻尼孔

可移动弹簧座 3 的右端连通与口②相连的背压腔 F。负载口压力 p_1 通过主阀芯 1 中的孔连通弹簧腔，再通过阻尼孔 G 到达可移动弹簧座 3 的左端。

在 p_1 较高时，可移动弹簧座 3 在 p_1 的作用下，克服负载匹配弹簧 4 的预紧力右移，压紧主弹簧 5。此时，要开启通道①→②，p_3 必须较大。因此，控制比较低。

在 p_1 低于一定值之后，可移动弹簧座 3 在负载匹配弹簧 4 的作用下左移，使主弹簧 5 部分卸荷，p_3 只要少量增高就可以增大通道。因此，控制比较高。

在负载口压力动态变化时，可移动弹簧座 3 也会随之移动，从而自动调整开口。

（2）特性

从实测的特性曲线（见图 4-17）可以看出，当 p_1 低于约 22MPa 时，K_C 就会上升到 10∶1，就不需要很高的 p_3，从而可以降低能耗，但并未完全实现图 4-15 的分析结果。

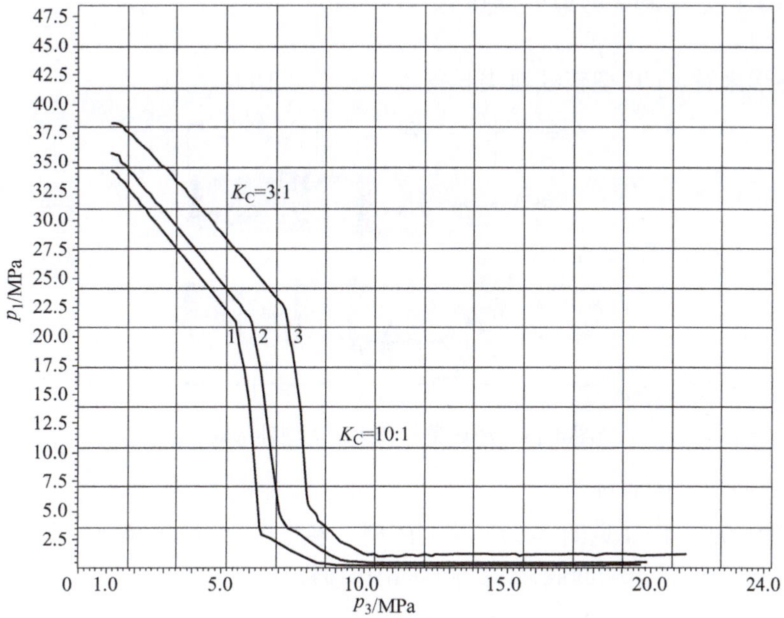

图 4-17　负载匹配型的 p_1-p_3 特性（MBEP）[3]

设定压力 28MPa　1—20L/min　2—40L/min　3—80L/min

（3）变型

由于能够自动调节控制比，可以适应较大的流量范围，不需要多种控制比，也不需要节流、半节流型，因此，较少的变型就可满足应用（见表 4-3）。

表 4-3　升旭负载匹配型平衡阀

类型	名义流量	60L/min	120L/min	240L/min
非卸荷类	孔型	T-11A	T-2A	T-17A
	型号	MBDP	MBEP	MBGP
外排气类	型号	—	MAEP	MAGP
外排油类	孔型	T-21A	T-22A	T-23A
	型号	MWDP	MWEP	MWGP

所有系列的最高设定压力为 35MPa。

由于结构比较复杂，制造成本高，售价也较经典类高得多。

4.4 升旭负载适应型平衡阀

CE 负载适应（LoadAdaptive）型平衡阀是升旭为了进一步降低耗能而在近年推出的阀型，其控制比的适应性较负载匹配型更强。

1. 外形

从外形来看，CE 型较经典类长得多（见图 4-18）。

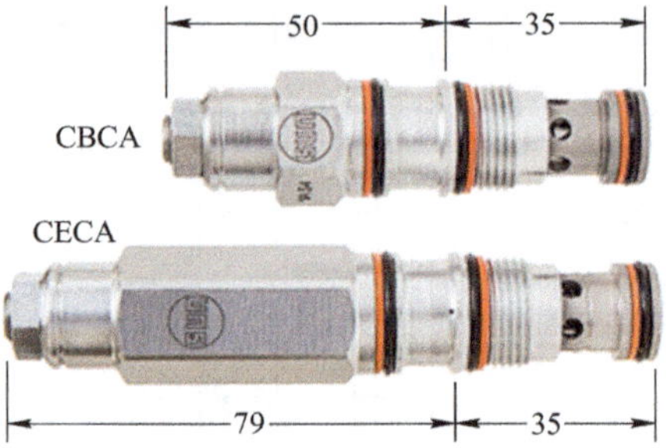

图 4-18 经典类与负载适应型外形对比

2. 结构与工作原理

CE 的内部结构（见图 4-19）比 CB 型（参见图 2-16b）增加了可移动弹簧座负载适应弹簧 5、8、辅助阀芯 7、阀环 6 和顶杆 9。

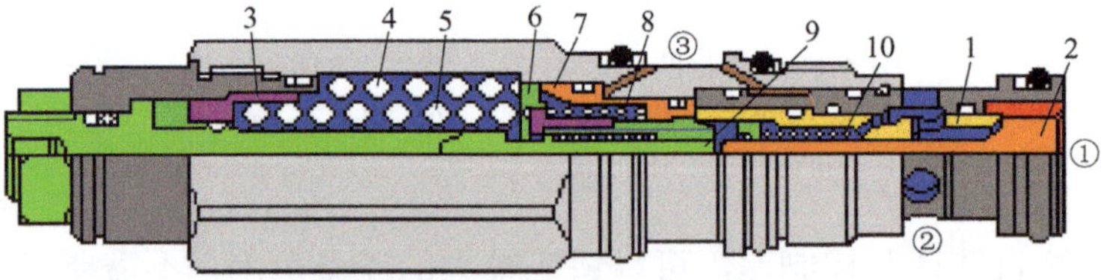

图 4-19 负载适应型内部结构

1—主阀芯 2—单向阀芯 3—可移动弹簧座 4—主弹簧 5—负载适应弹簧 1 6—阀环 7—辅助阀芯 8—负载适应弹簧 2 9—顶杆 10—单向弹簧

在 p_1 较高时，主阀芯 1 和单向阀芯 2 在 p_1 的作用下，克服单向弹簧 10 的预紧力，推动辅助阀芯 7，一起向左移动。此时，只要很小的 p_3 就可开启通道。因此，控制比较高。

单向阀芯 2 顶到顶杆 9 之后，不再移动。这时 p_1 作用于主阀芯的面积很小，p_3 需要增加很多，才能进一步开大通道。因此，控制比较低。

在节流口达到较大后，p_3 不需要增加很多，就能继续增大节流口，因此，控制比再度升高。

3. 特性

通过这些措施，CE 负载适应型平衡阀实现了在负载有不稳定倾向的区域Ⅱ（见图 4-20）有低的控制比（约为 3∶1），从而获得了较好的稳定性。而在负载不动（区域Ⅰ），以及低负载区（区域Ⅲ），没有不稳定倾向时，控制比提高到约为 7∶1，这样，就降低了需要的控制压力 p_3。在一个典型应用中，能耗降低约 30%。

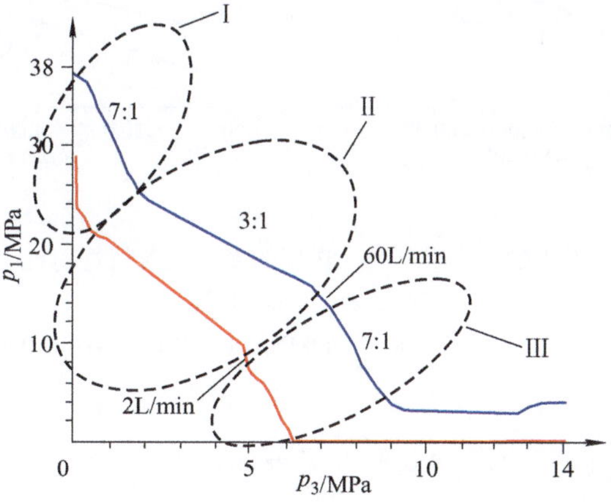

图 4-20　CE 型阀的 p_3-p_1 特性

Ⅰ—负载不动区　Ⅱ—易不稳区　Ⅲ—低负载区

4. 实测

为了对比性能的改进，模拟了平衡阀用于马达的一个工况（见图 4-21a）。假定负载为零，忽略摩擦力和其他损失，则马达进出口压力相同，即 $p_3=p_1$。这样，在试验台上就可以直接把口③和口①相连（见图 4-21b），而不需要实际安装一个马达。

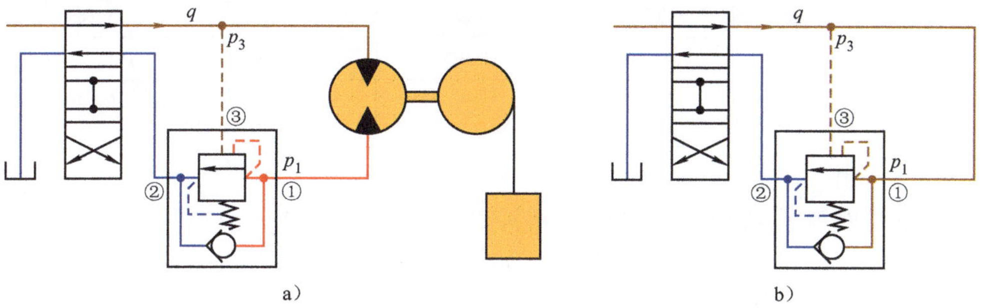

图 4-21　q-p_1、p_3 特性实测回路

a）驱动马达回路　b）实际测试回路

用此回路测试经典类和 CE 型的流量-压力特性（见图 4-22）。可以看出，比如，

在设定开启压力为 28MPa（特性曲线 4）时，在要通过流量 65L/min 时，经典类需要约 11.8MPa（见图 4-22a），而 CE 型只需要约 9MPa（见图 4-22b）。

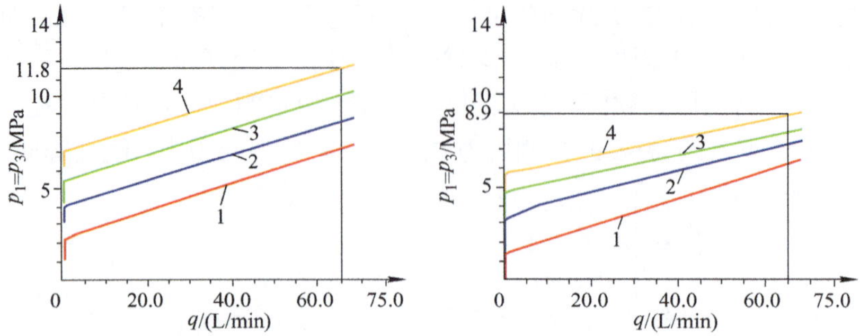

a）　　b）

图 4-22　经典类与 CE 型的 q-p_1、p_3 特性对比

a）经典类　b）CE 型

设定压力：1—7MPa　2—14MPa　3—21MPa　4—28MPa

5. 变型

负载适应型平衡阀已有多种变型（见表 4-4）。

表 4-4　升旭负载适应型平衡阀

	孔型 T-11A			
	节流型	半节流型	普通型	控制比
名义流量	20L/min	40L/min	60L/min	
型号	—	CEBB	CECB	1.5～5
	CEBY	—	CECY	2～6
	—	CEBL	CECL	2.3～7
	CEBA	CEBC	CECA	3～8
	CEBG	CEBD	CECG	4.5～10
	—	—	CECH	10～20

6. 应用

CE 型阀为了实现可变控制比，结构较经典类复杂，因此成本也高，售价约为经典类的 2 倍。因此，只有用在以下场合才能体现出其价值否则节能有限，不划算。

1）系统中只有一组执行器，或者，在此执行器下降时，其控制压力是系统中最高的。

2）$p_3 < 14$MPa。

3）p_L 多变，而非持续很高，并且不是正负载。

4）3.5MPa< p_1 <28Pa。

5）上升下降频率较高，且较规律。

6）对于该系统，能效较重要，稳定性也很重要。

4.5　同向型平衡阀的压力设定

同向型平衡阀的设定压力也就是溢流压力。通常需要在试验台上设定，原因如下。

1）平衡阀的设定压力通常必须是系统的最高驱动压力的 130%左右，在实际系统中很难实现。

2）也不能认为，调节螺钉拧到最紧或最松，就一定能得到产品说明书上给出的调节范围的最大最小值。

1. 在试验台上设定

（1）设定回路

利用图 4-23 所示的回路，只需要一个小定量泵，而且该泵只需短时间在高压下工作。

由于能测量到的实际进口压力会高于设定压力，且实际进口压力随通过流量而变，因此，泵的流量应很小，比如 1L/min，或更少，或和客户约定。如果没有小流量泵的话，则需在泵出口再设置流量阀。

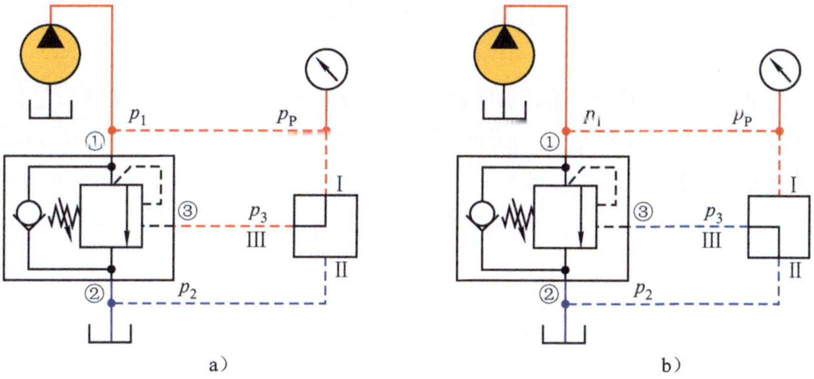

图 4-23　一个简单而有效的平衡阀压力设定回路原理图

a）设定　b）检验

（2）设定

二位三通手动换向阀应在图 4-23a 所示位置，使被设定阀的口①和③连通，则

$$p_1 = p_3 = p_P$$

根据一般固定控制比的平衡阀开启条件，可以导出这时的待设定压力

$$p_S = p_1 + p_3K_C = p_P + p_PK_C = p_P(1 + K_C)$$

所以，在此工况中，应该

$$p_P = p_S/(1 + K_C)$$

调节被设定阀，使 p_P 达到计算出的值。

（3）检验与修正

切换换向阀，使被设定阀的口③和②通（见图 4-23b）。因为此时 p_3 基本为零，所以，此时的 p_P 即为实际的设定压力。如果需要，略作修正。

之后，锁紧调节螺钉。反复切换换向阀 2、3 次，检验设定值是否稳定在需要的压力值。

在需要批量设定时，应再切换到回路图 4-23a，记录此时的值，作为其他阀设定的依据。

对于控制比可变的平衡阀，则应先按回路图 4-23b 设定，再切换到回路图 4-23a，记录此时的值，作为设定其他阀的依据。

2．现场应急设定

如果实在万不得已，必须在现场设定，则必须特别注意安全！

1）必须确认设备肯定不会出现预料之外的危险动作。

2）确定系统需要的最高驱动压力。据此计算出平衡阀需要的设定压力（详见 8.10 节）。

3）给系统加载，测定平衡阀的当前设定压力。必要时，要降低平衡阀目前的设定压力。

4）因为产品说明书中提供的调节圈数与设定压力的关系一般是线性的，所以，可以据此计算出该平衡阀应该强调调节的圈数。一定要小心调节，因为调得是否正确，是无法校验的。

第5章 反向型平衡阀

反向型平衡阀指的是，作用于主阀芯的负载口压力与控制压力是反方向的。因此，一般都要通过控制活塞开启，结构大致如图 5-1 所示。

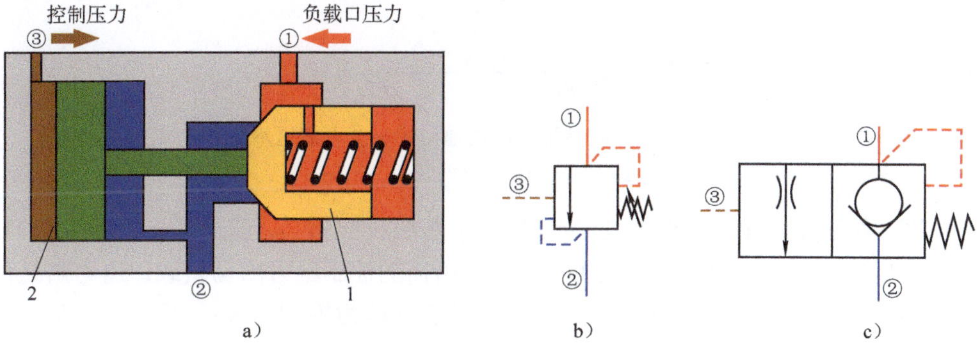

图 5-1　反向型平衡阀

a）结构示意　b）原理图形符号　c）常见图形符号

1—主阀芯　2—控制活塞

5.1　反向型平衡阀的工况概述

1. 开启区域

如果称作用于主阀芯的弹簧预紧力为 F_S，则根据作用在主阀芯与控制活塞上的力（见图 5-2），可以得到通道①→②开启的基本条件

$$p_3A_3 - p_2(A_3 - A_1) > F_S + p_1A_1$$

如果 p_2 可以忽略不计的话，则通道①→②开启的条件为

$$p_3A_3 > F_S + p_1A_1$$

或

$$p_3 > p_1A_1/A_3 + F_S/A_3$$

或

$$p_3 > p_1/K_C + p_S \qquad (5\text{-}1)$$

式中　K_C——该阀的控制比（$K_C = A_3/A_1$）；

p_S——弹簧预紧压力（$p_S = F_S/A_3$）。

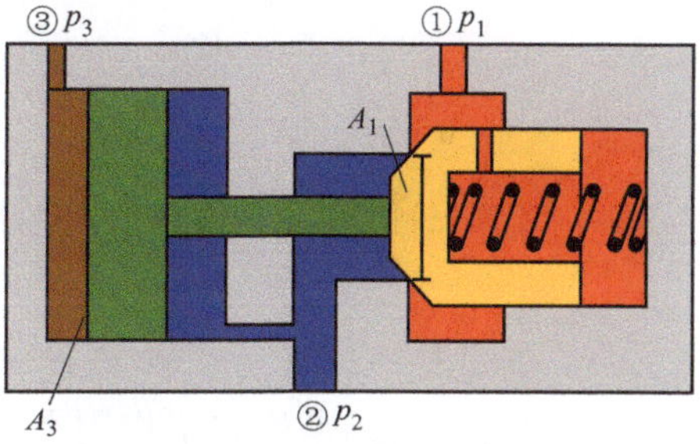

图 5-2　反向型平衡阀受力状况

式（5-1）表示为图形即如图 5-3 所示：只有 p_1、p_3 落在区Ⅱ，通道①→②才会开启。

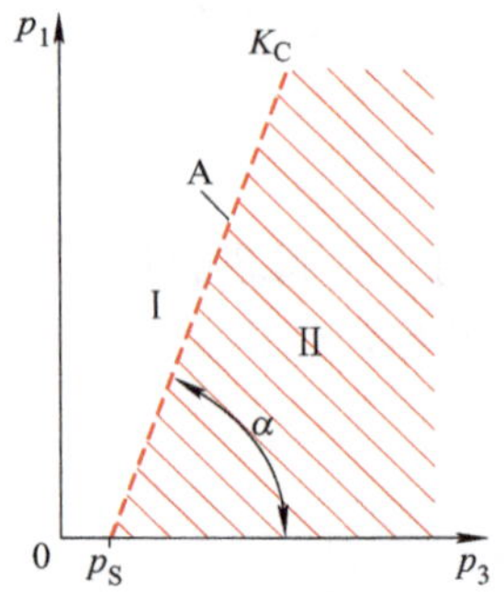

图 5-3　反向型平衡阀的通道①→②开启区域

Ⅰ—通道关闭区　Ⅱ—通道开启区　A—p_1-p_3 特性

图 5-3 还反映了，如果 p_1 较高，则 p_3 也需要相应增高，通道①→②才会开启。

开启边界线 A 反映了一个阀①→②开启所需的控制压力 p_3 与负载口压力 p_1 之间的关系，所以也简称为该阀的 p_1-p_3 特性。其斜率即为控制比 K_C，即 $\tan\alpha = K_C$。

2．不同工况的 p_1-p_3 特性

1）不同控制比 K_C 的平衡阀的 p_1-p_3 特性不同（见图 5-4）。反向型平衡阀的控制比 K_C 一般都远远大于 1，有些甚至高于 50，远远超过普通同向型平衡阀。

2）图 5-5 为不同设定压力 p_S 时的 p_3-p_1 特性。p_S 越高，开启通道需要的 p_3 也越高。

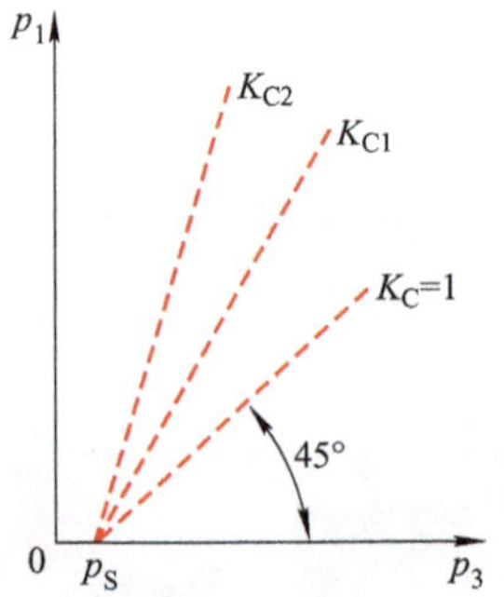

图 5-4　不同控制比 K_C 的平衡阀的 p_1-p_3 特性

$1 < K_{C1} < K_{C2}$

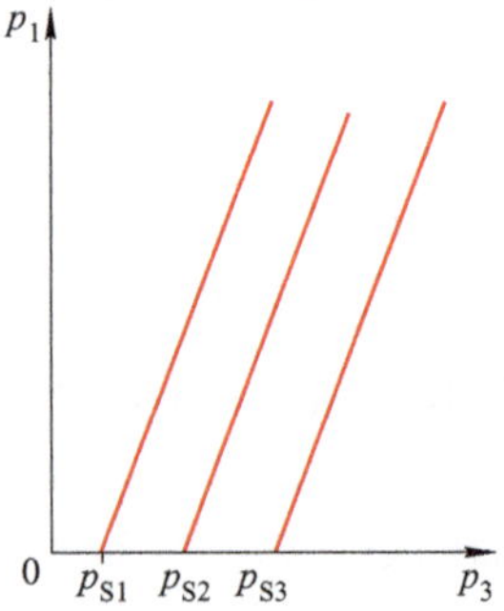

图 5-5　不同设定压力 p_S 时的 p_3-p_1 特性

$p_{S1} < p_{S2} < p_{S3}$

3）通过某一流量的 p_1-p_3 特性

开启边界线只是反映了作用在阀芯上的力平衡状况，通道①→②处于将开未开状态，还没有流量通过。所以，如果按图 5-6a 的回路，泵 1 输出一恒定流量 q，调节节流阀以改变 p_3，同时测量记录 p_1、p_3，就可得到在出口压力为零，流量 q

时的 p_1-p_3 特性，大致如图 5-6b 所示。

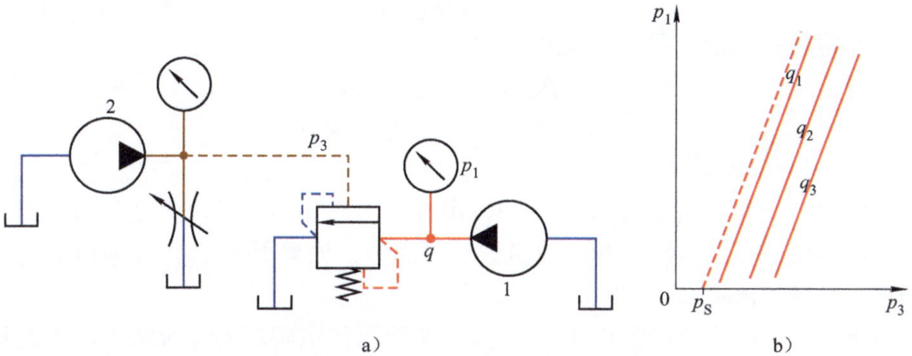

图 5-6　通过某一流量 q 时的 p_1-p_3 特性

a）测试回路　b）测试曲线

$q_1 < q_2 < q_3$

3．与液压缸组合的工况点

一般普遍把液压缸与平衡阀连接成图 5-7a 所示，即利用液压缸驱动腔的压力控制安装在背压腔出口的平衡阀。

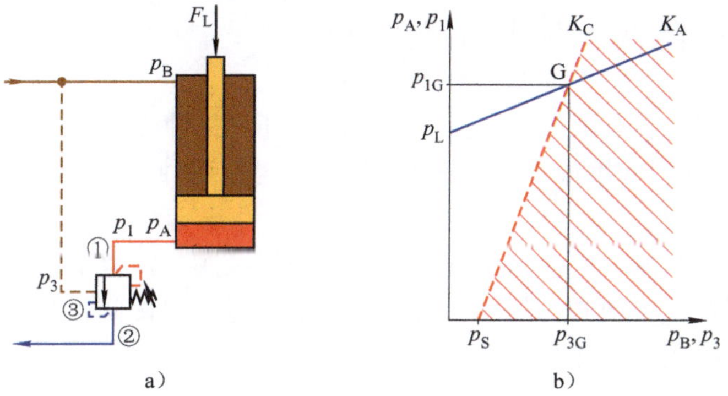

图 5-7　平衡阀与液压缸组合

a）回路　b）工况

则大致有

$$p_1 = p_A$$

$$p_3 = p_B$$

从而可以把液压缸的压力工况（参见图 1-45）与反向型平衡阀的 p_3-p_1 特性（参见图 5-3）结合在一起，如图 5-7b 所示。图中两特性线的交点 G_T 即为系统的理论工况点。

根据式（1-1）和式（5-1）可写出

$$p_{1G} = p_{3G} K_A + p_L$$
$$p_{3G} = p_{1G}/K_C + p_S$$

从而得到在理论工况点 G 处的压力

$$p_{1G} = (p_S K_A + p_L) K_C/(K_C - K_A)$$
$$p_{3G} = (p_S K_C + p_L)/(K_C - K_A)$$

4. 工况点的变化

反向型平衡阀，负载口压力 p_1 的作用方向不是开启通道，而是关闭通道。这有利于减少负载压力波动引起的流量波动。因为，如果 p_1 增高，而通道节流口不变的话，会导致流量增大。

由于 p_1 作用于通道关闭方向，所以，即使压住主阀芯的弹簧断了，液流通道也能关闭，从这点而言，安全度较前述的同向型平衡阀更高些。

由于 p_1 升高，只会导致通道关得更小，而不会开启。因此，反向型的液控节流部分不具备溢流功能，必须另配溢流阀。

由于 p_2 作用于通道开启方向，因此原则上 p_2 可以开启通道，不需要另配单向阀芯。

但很多反向型平衡阀（见 5.3～5.5 节）都有双阀芯，开启工况要复杂得多。

5.2 液控单向阀的应用工况分析

液控单向阀其实有液控开、液控关和液控开关三种类型，详见参考文献[3]第 8 章。其中液控开型应用最普遍，平时一般所指也是这种。下文中，如无特别说明，指的也是这种。

总体上来说，液控单向阀是开关阀，而非连续阀，没有节流功能，所以，一般不应该被归类于平衡阀，但因为其部分功能接近于平衡阀，是反向型平衡阀的原始形式，所以在此一并介绍。

1. 结构与工作原理

图 5-8 为一种液控单向阀的图形符号和剖面图。

在 p_1 大于 p_2，p_3 低于弹簧预紧压力 p_S 时，p_1 把球阀芯 2 和球阀芯保持架 3 向左压住阀座，①→②不通。

在 $p_3 > p_S$ 时，控制活塞 1 把球阀芯 2 和球阀芯保持架 3 推离阀座，①→②通。有效作用面积比 A_3/A_1 即控制比 K_C。

2. 与液压缸组合

液控单向阀与液压缸组合后的回路与工况见图 5-9。

从图中可以看出：

——p_L 越高，K_C 越小，液压缸面积比 K_A 越大，则开启通道所需的 p_3 越高。

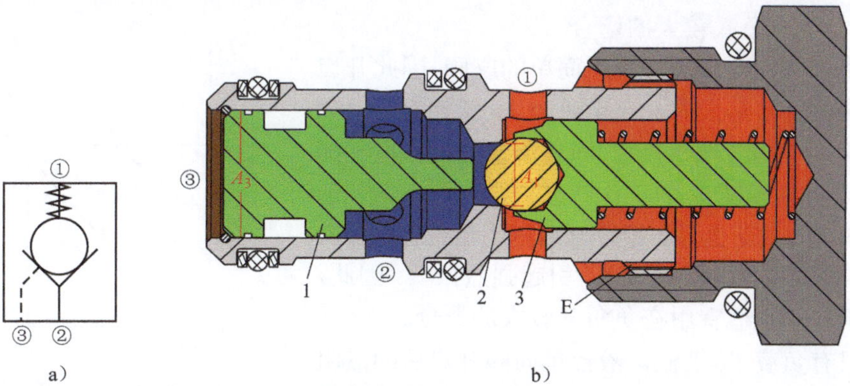

图 5-8　液控单向阀

a）图形符号　b）剖面图（海德福斯 PC10-30）

1—控制活塞　2—球阀芯　3—球阀芯保持架　E—弹簧腔卸荷通道

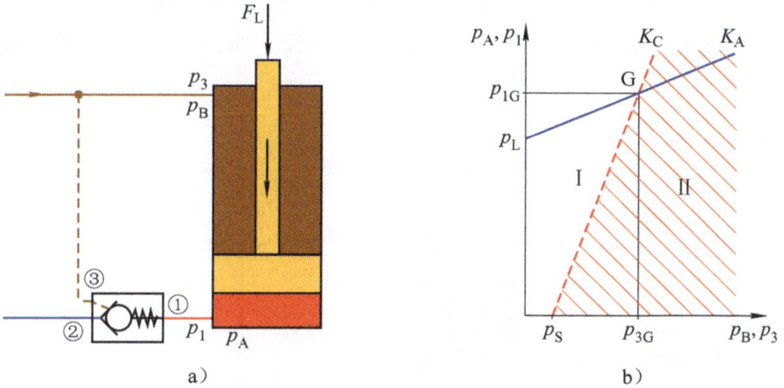

图 5-9　液控单向阀与液压缸组合

a）回路　b）工况

G—理论开启点　Ⅰ—通道关闭区　Ⅱ—通道开启区　p_L—负载压力　p_S—单向阀开启压力

——如果 $K_C = K_A$，两特性线平行无交点，则液控单向阀不可能开启。

而实际上，即使 $K_C > K_A$，虽然理论上两特性线有交点，但如果 K_C 较小，K_A 较大，完全可能出现，p_3 已达到系统许用最高工作压力时，还不能开启通道，如图 5-10 所示。

而在负载上升到上终点时，下腔压力常达到或超过系统主溢流阀的开启压力。此压力被单向功能禁锢在下腔。下降时，为了开启液控单向阀，需要特别高的 p_3。

市场上可购的液控单向阀的控制比 K_C 一般为 1～4，只有个别可达到 6。因此，在设计时必须细致核算，留有余地。

理论开启点的压力也可以利用附赠资源中的估算软件“液压系统设计估算 2016.xlsx”表 9 估算。

3. 在负负载较大的场合

由于液控单向阀常采用简单的座阀，因此开启面积的梯度常常很大，一开则全开，液阻很小。如果负载 p_L 很大，开启后，即使流量很大，也不能把 p_1 维持在超过 p_L 的工作状态。导致 p_3 下降，通道关闭。p_3 重新上升，超过开启压力后，通道再次开启。周而复始，反复开闭，引起强烈振动。因此，液控单向阀不适宜用在负负载较大的场合。

只有负载 p_L 很低，液控单向阀开启后的液阻足够大，可以维持 p_3 在开启压力时，才不会出现反复开闭的现象。

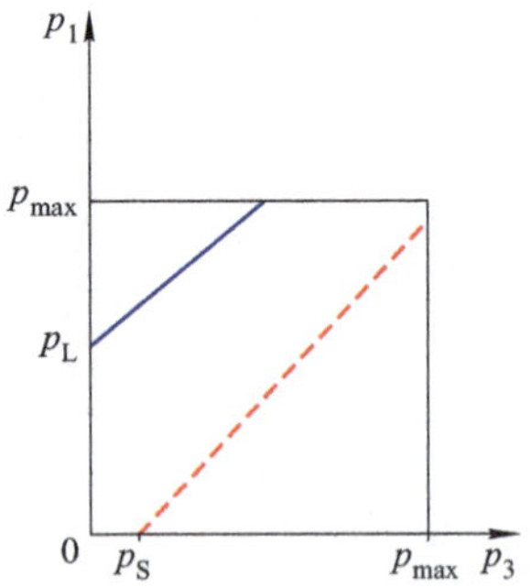

图 5-10　液控单向阀与液压缸结合后的压力情况

p_{max}—系统许用最高工作压力

4. 结合节流阀

如果结合一个节流阀（见图 5-11a），虽然液控单向阀前压力 p_C（见图 5-11b）很低，但节流阀的液阻可以维持 p_1 在 p_{1G} 以上水平的话，就可以避免反复开闭的现象。

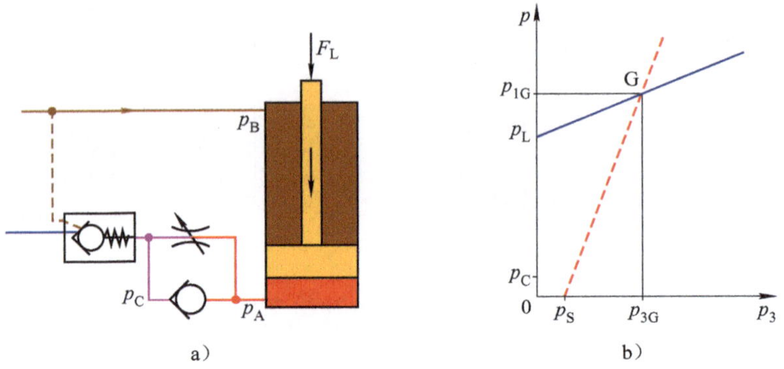

图 5-11　液控单向阀结合节流阀

a）回路　b）工况

但也还可能出现开启突跳。因为，在负载保持，液控单向阀尚未开启时，由于没有液流，液控单向阀前压力 p_C 等于液压缸下腔压力 p_A。开启后，p_C 迅速降到几乎为零。

5.3　力士乐 FD 系列平衡阀

力士乐 FD 系列平衡阀外形如图 5-12 所示，也被称为单向节流式平衡阀、单向截止型平衡阀。

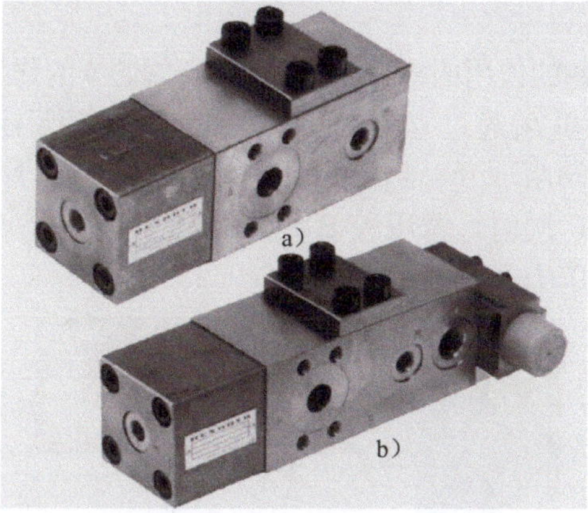

图 5-12 力士乐 FD 系列平衡阀外形

a）基型，不带溢流阀 b）带溢流阀

1．基型的工作原理（见图 5-13）

（1）单向功能

在（p_2-p_1）超过弹簧 3、2 的预紧压力时，主阀芯 5 右移，背压腔 B 中的液体通过小孔 M 流出，开启通道②→①。

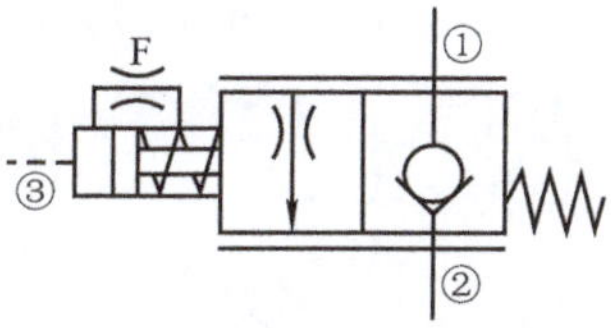

a）

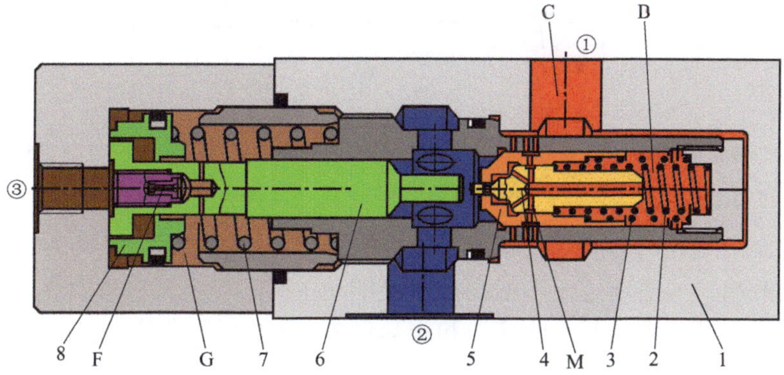

b）

图 5-13 FD 型平衡阀基型

a）图形符号 b）剖面图

1—阀体 2—主弹簧 3—先开阀芯弹簧 4—先开阀芯 5—主阀芯 6—控制活塞（顶杆） 7—阻尼活塞弹簧 8—阻尼活塞 B—主阀芯背压腔 C—负载口腔 F—阻尼孔 G—控制腔 M—卸荷孔

（2）液控节流

由于p_3对控制活塞的作用面积A_3与p_1对先开阀芯4的作用面积A_1之比是20∶1（见图5-14），所以，在p_3超过p_1的1/20加弹簧3的预紧压力后，控制活塞6就会把先开阀芯4从锥阀座顶开。随着先开阀芯4的右移，原先连通背压腔B与口①的孔M、O被阻断，同时，背压腔B经阻尼孔N与口②连接卸压。因此，主阀芯5不再受到负载口压力p_1作用。

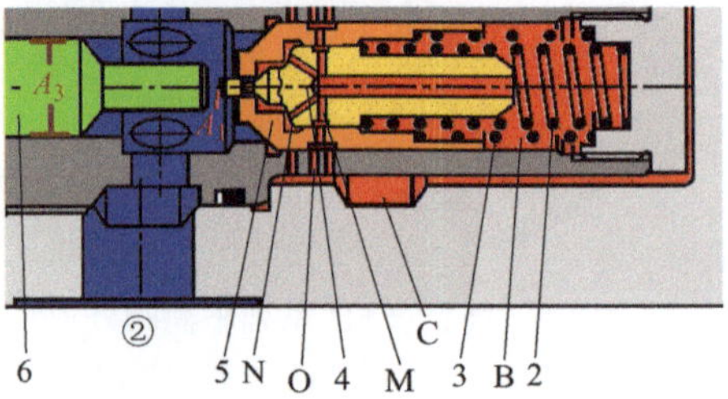

图5-14 液控节流

2—主弹簧 3—先开阀芯弹簧 4—先开阀芯 5—主阀芯 6—控制活塞（顶杆）
B—主阀芯背压腔 C—负载口腔 M—卸荷孔 O—卸荷节流孔

在控制活塞7的端面顶到主阀芯2后（见图5-15），推动主阀芯5所需的控制压力p_3，仅取决于主弹簧2（见图2-14）的预紧力，达到2MPa时开启。

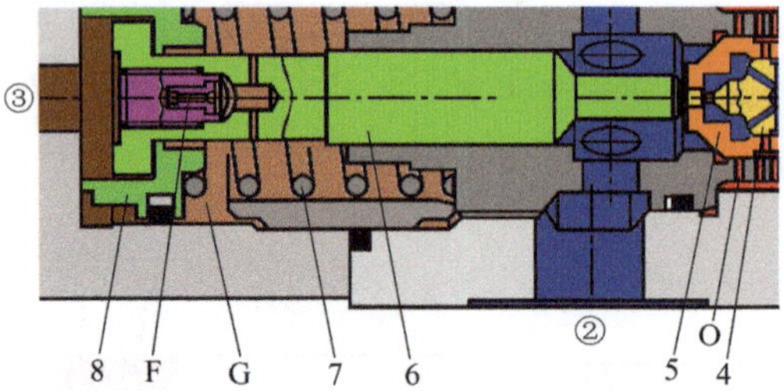

图5-15 控制活塞推动主阀芯开

4—先开阀芯 5—主阀芯 6—控制活塞（顶杆） 7—阻尼活塞弹簧 8—阻尼活塞
F—阻尼孔 G—控制腔 O—卸荷节流孔

在控制活塞6的后肩靠到阻尼活塞8的孔肩后，阻尼活塞弹簧7，也开始阻碍主通道的开启。p_3需要进一步增高，才能推动主阀芯5继续右移。

节流口主要由主阀芯5的棱边和阀套形成，其面积逐渐增大，在p_3达到5MPa时达到最大。

2. 控制特性

1）FD型平衡阀的p_1-p_3特性有4个工况区域（见图5-16），取决于p_3。

区域Ⅰ：不通。

区域Ⅱ：先开通道通。

区域III：主通道渐开。

区域IV：主通道全开。

2）通道①→②开启和关闭的速度如下。

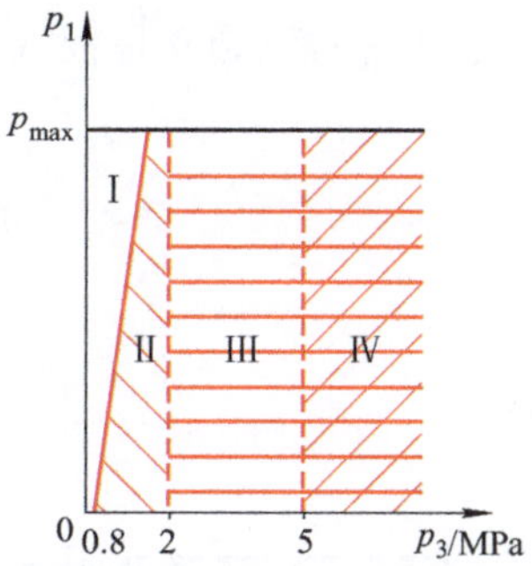

图 5-16　FD 型平衡阀的 p_1-p_3 特性

在控制活塞 6 的后肩靠到阻尼活塞 8 的孔肩后，控制腔 G 中的液体必须通过控制活塞 6 中的阻尼孔 F 才能排出，这就减缓了阻尼活塞 8 的移动速度，从而实现了主通道开启过程的缓冲。

阻尼孔 F 一般为 0.3～0.6mm。为降低被污染物阻塞的几率，在阻尼孔前设置了保护滤网。

如果控制压力 p_3 消失，控制活塞 6 的左移几乎不受节流影响，因此通道会迅速关闭。

力士乐建议，在用于控制液压缸时，为避免万一平衡阀失效，节流通道不能关闭，可采用闭中心换向阀（见图 5-17）。如果希望延缓关闭过程，可以在接口③的管路中加一个单向节流阀（回油节流）。

FD 型平衡阀用于控制马达时（见图 5-18），一旦控制压力较低时，驻车制动器会立即起制动作用。如果在口③的管路中安装了单向节流阀，延缓节流通道的关闭，就会导致马达至负载口间容腔失压，在再度开启时就会失控。力士乐建议，此时不要用单向节流阀，而是改变换向阀的切换时间。

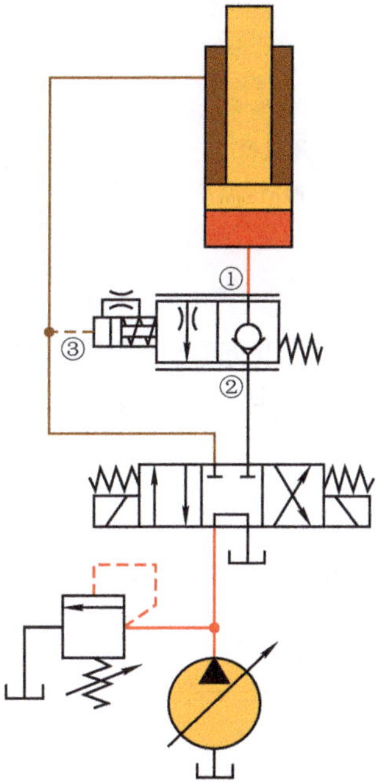

图 5-17　FD 型平衡阀用于控制液压缸

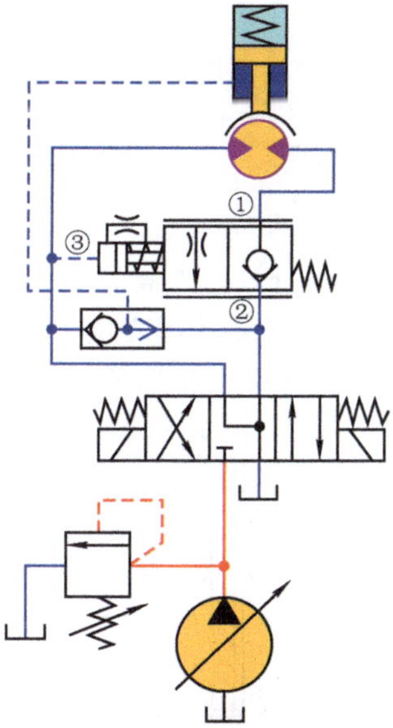

图 5-18　FD 型平衡阀用于控制马达

3. 带溢流阀型

附加的溢流阀 9 是板式连接的（见图 5-19），有单独的回油口④。

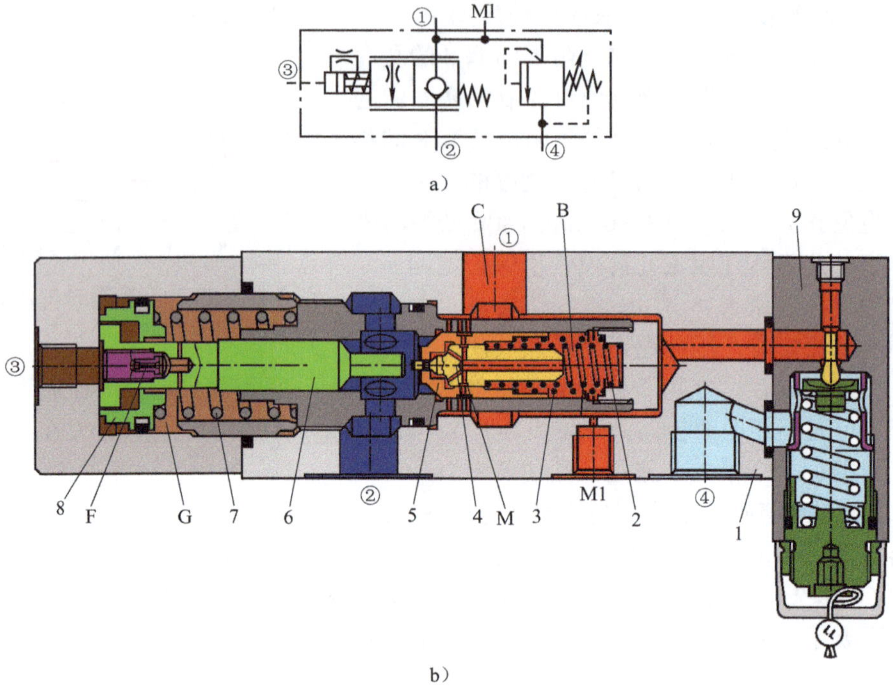

图 5-19 带溢流阀型平衡阀

a）图形符号 b）剖面图

1—阀体 2—主弹簧 3—先开阀芯弹簧 4—先开阀芯 5—主阀芯

6—控制活塞（顶杆） 7—阻尼活塞弹簧 8—阻尼活塞 9—溢流阀

B—主阀芯背压腔 C—负载口腔 F—阻尼孔 G—控制腔 M—卸荷孔 M1—p_1 测量点

4. 变型

力士乐提供 FD 型平衡阀的多种变型，如，可用在集成块中的螺纹插装式（KA 型，图 5-20）、安装在集成块上的板式（PA）以及可用于管式连接的法兰式（FA 型不带溢流阀、FB 型带溢流阀）。

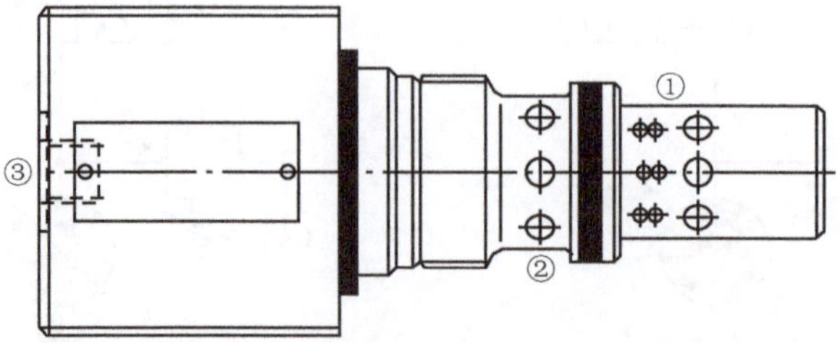

图 5-20 螺纹插装式平衡阀

通径从 NG12～NG32，最高工作流量 560L/min（见图 5-21）。

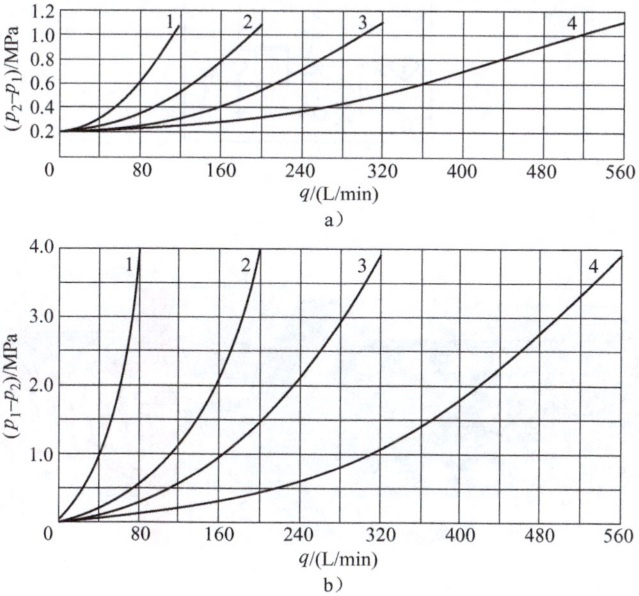

图 5-21　FD 型平衡阀的压差-流量特性

a）②→①　b）①→②全开（P_3 = 5MPa）

1—NG12　2—NG16　3—NG25　4—NG32

最高溢流开启压力为 40MPa。最高节流压力为 35MPa。

5.4　布赫 BBV 型平衡阀

布赫 BBV 型平衡阀有多种形式。其中，BBV6C 型是插入式的，不带溢流功能；BBV6 型带溢流阀，可通过法兰连接（见图 5-22）。它们的液控节流部分相似，都采用两级开启。

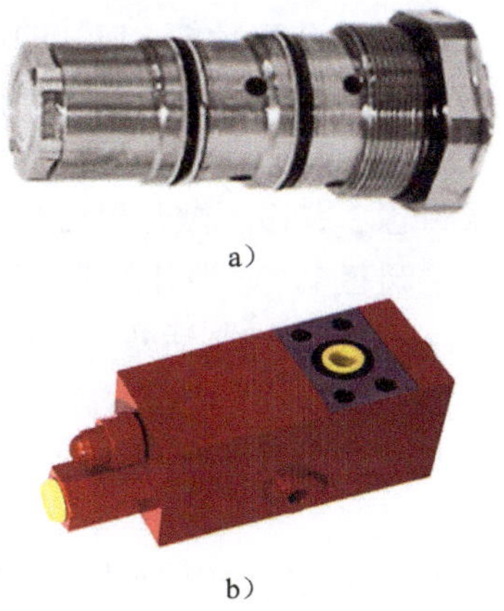

图 5-22　布赫 BBV 型平衡阀

a）BBV6C 型　b）BBV6 型

1. BBV6C 型

（1）工作原理（见图 5-23）

1）负载保持功能： 口②与口③无压力，p_1 与弹簧 3、5 共同作用，把球阀芯 2 和锥形主阀芯 1 向左压在阀座 4 上，①→②不通。

2）单向功能： 口②的压力油，推动球阀芯 2 和主阀芯 1 右移，克服单向弹簧 3 的预紧压力和口①的压力，开启通道②→①。

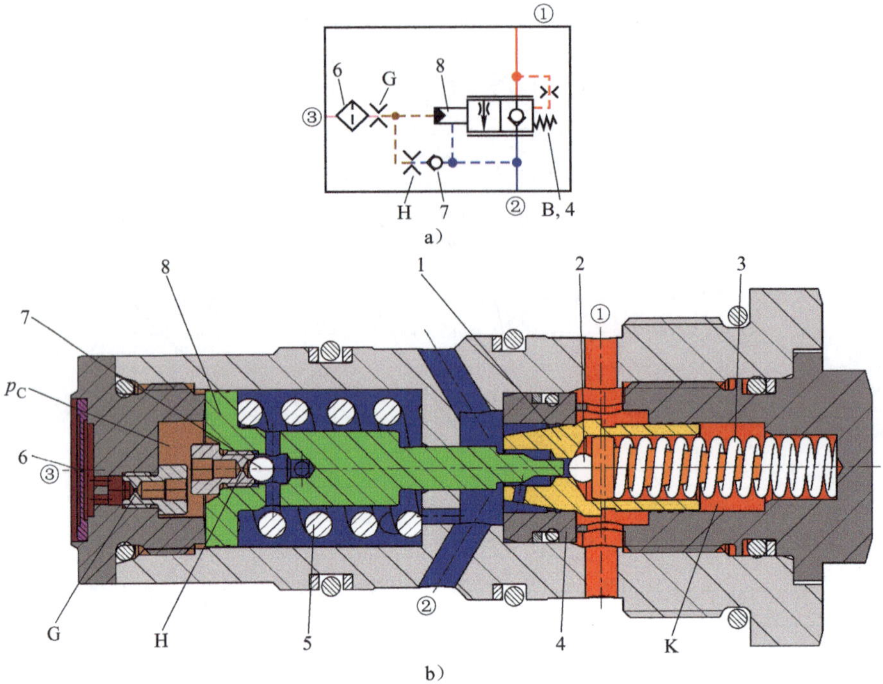

图 5-23 布赫 BBV6C 型平衡阀

a）图形符号 b）剖面图

1—主阀芯 2—球阀芯 3—单向弹簧 4—阀座 5—控制活塞弹簧 6—过滤片 7—旁路单向阀 8—控制活塞 G—节流孔 H—旁路节流孔 K—背压腔

这时，通过平衡阀的压力损失主要由单向阀弹簧 3 的预紧压力和刚度决定，因此，单向弹簧 3 不太硬。

3）液控节流功能： 口③的压力 p_3 经过节流孔 G 和旁路节流孔 H 的半桥分配，得到实际控制压力 p_C，作用于控制活塞 8 左端的大面积上。在 p_C 超过控制活塞弹簧 5 的预紧压力后，推动控制活塞 8 右移。先克服单向阀弹簧 8 的预紧压力，推动球阀芯 2 右移，微开启通道①→②，使主阀芯 1 的背压腔 K 卸荷。进一步，再推动主阀芯 1，适当开大通道①→②。

由于 p_C 对控制活塞 8 左端的作用面积远大于 p_1 的作用面积（66∶1），因此，p_1 对控制活塞 8 的作用力几乎可以忽略不计。由于单向阀弹簧 3 也较弱，所以，基本上就是 p_C 和控制活塞弹簧 5 决定了控制活塞 8 的位置。从而决定了通道①→②的开度。

由于通道①→②分两步开启，可以避免液压冲击。

（2）控制压力

节流孔 G 和旁路节流孔 H 组成一个液压半桥。由于控制压力 p_C 是 p_3 通过这个半桥分压后得到的，因此，节流孔 G 和 H 的节流面积比决定了 p_3 与 p_C 之比。如果没有节流孔 H，则 p_C 就是 p_3。

通过这个半桥，可以减小口③的压力波动对控制活塞 8 和通道开启状况的影响。节流孔 G 越小，节流孔 H 越大，则阻尼效果越明显，但实际分压得到的 p_C 也越低。从而，为了开启主阀需要的 p_3 就越高，能耗也越高。

另外，旁路节流孔 H 还决定了控制活塞 8 的返回速度。

这两个节流孔只可更换不可调节，可以避免调乱，保证安全。

为降低污染颗粒堵塞节流孔的几率，节流孔前设置了过滤片 6。

（3）关于应用

由于 p_2 作用于控制活塞 8 的有效面积基本等同于控制压力 p_C 的作用面积，p_2 会 1∶1 地增高开启压力，所以，p_2 应尽可能地低。

BBV6C 型的许用压力：口①为 60MPa，口③为 42MPa。

BBV6C 型名义流量为 50L/min。

有 4 种变型：2FL、4FL、4FS 和 4SL，以适应不同的节流流量，在液控节流时获得精细的流量调节（见图 5-24）。

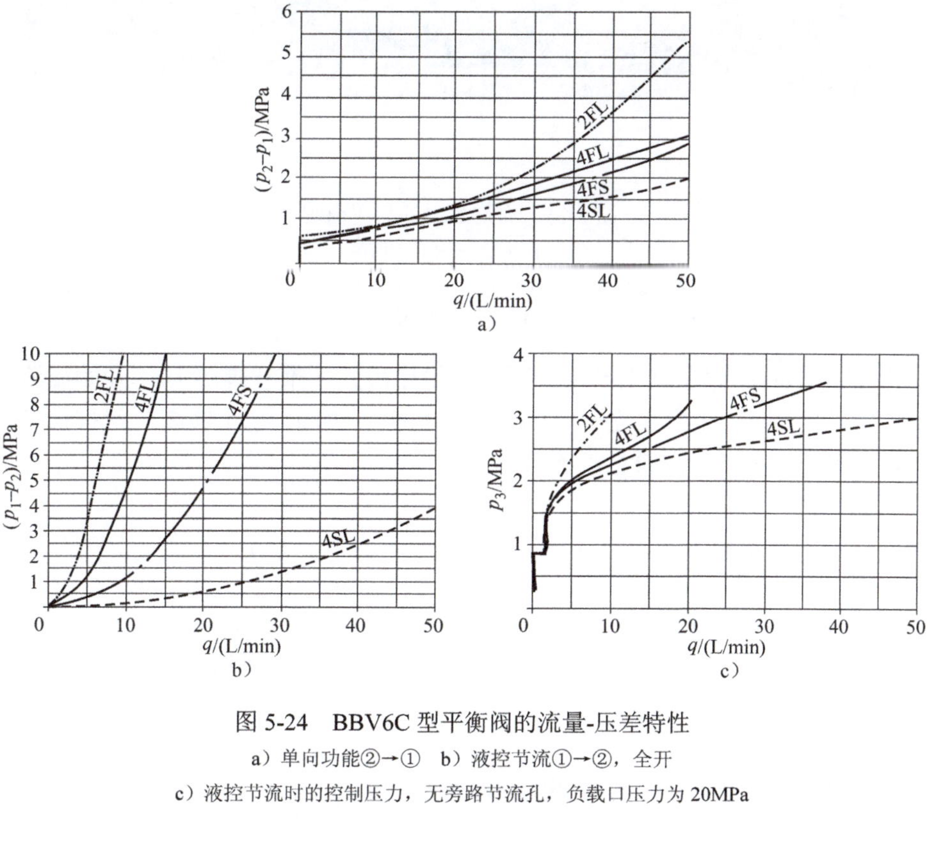

图 5-24　BBV6C 型平衡阀的流量-压差特性

a）单向功能②→①　b）液控节流①→②，全开

c）液控节流时的控制压力，无旁路节流孔，负载口压力为 20MPa

2．BBV6 型

BBV6 型带溢流阀，结构和工作原理与 BBV6C 型基本相同，只是多了先导溢流阀 9（见图 5-25）。

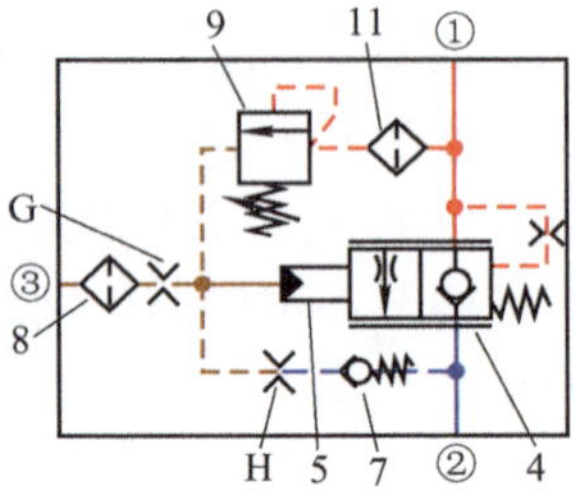

a）

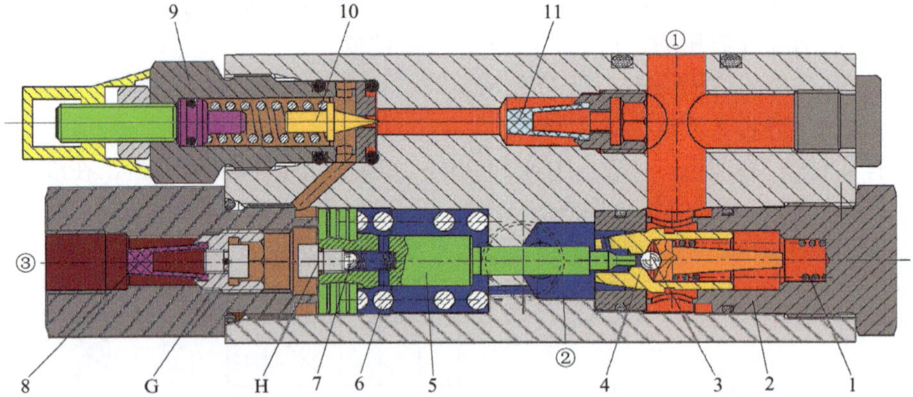

b）

图 5-25 布赫 BBV6 型平衡阀

a）图形符号 b）剖面图

1—单向弹簧 2—主阀座 3—预开球阀芯 4—主阀芯 5—控制活塞 6—控制活塞弹簧 7—旁路单向阀 8，11—滤网 9—先导溢流阀 10—先导溢流阀阀芯 G—节流孔 H—旁路节流孔

如果口①的压力超过先导溢流阀 9 的设定压力，推开阀芯 10，开始溢流。液流通过旁路节流孔 H 时建立一定的控制压力 p_C。如果 p_C 足够高，就推动控制活塞 5，顶开主阀芯 4，大流量溢流。

5.5 布赫 Cindy 系列平衡阀

布赫 Cindy 平衡阀有法兰连接（管式）、板式、插装式等多种安装连接形式（见图 5-26）。此系列平衡阀用于起重机、挖掘机等多种工程机械的动臂、绞车、多级缸等的控制。

1．主阀

图 5-27 所示为 Cindy 不带溢流功能平衡阀的基型。

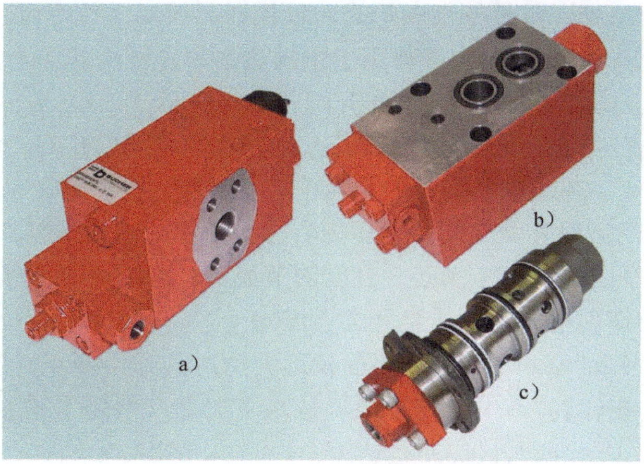

图 5-26　Cindy 系列平衡阀的安装连接形式

a）法兰连接（管式）　b）板式　c）插装式

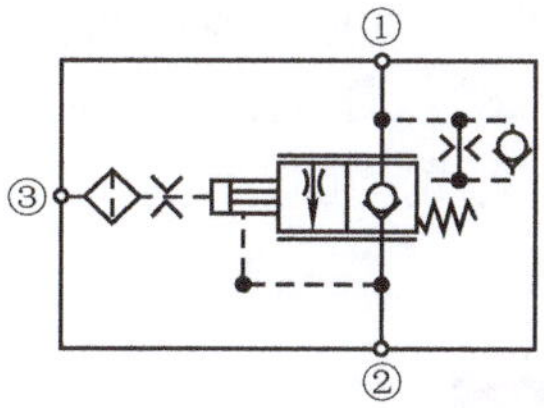

a）

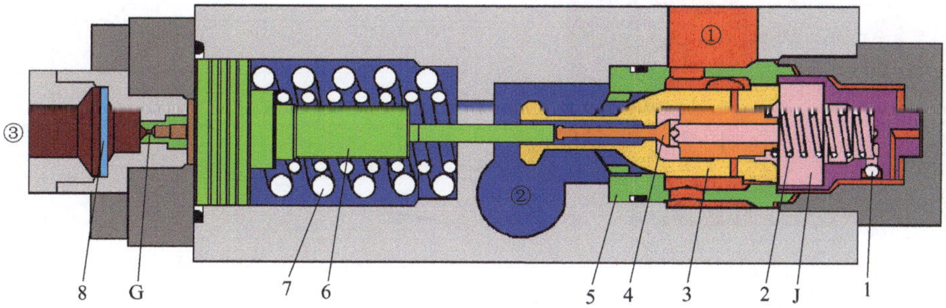

b）

图 5-27　Cindy 不带溢流功能平衡阀的基型

a）图形符号　b）剖面图

1—阻尼用单向阀　2—先开阀芯弹簧　3—主阀芯　4—先开阀芯　5—阀座　6—控制活塞
7—控制活塞弹簧　8—过滤片　G—阻尼孔　J—主阀芯背压腔

（1）工作原理

1）负载保持功能。口②与口③无压力。口①的压力油进入主阀芯 3 的背压腔 J，先开阀芯 4 和主阀芯 3 左移并压在阀座 5 上。①→②不通。

采用了硬化磨光，重叠的锥阀形式，以保证无泄漏、长寿命。

2）单向功能。口②的压力油作用于主阀芯3和先开阀芯4上，克服先开阀芯弹簧2的预紧压力，推动主阀芯3和先开阀芯4右移，离开阀座5，开启通道②→①。

3）液控节流功能。口③的压力油经过过滤片8和阻尼孔G，作用于控制活塞6左端的大面积上。在超过弹簧7的预紧压力后，推动控制活塞6右移。推动先开阀芯4，克服控制活塞弹簧2的预紧压力右移。使主阀芯背压腔J，经过先开阀芯4中的小孔、先开阀芯4与主阀芯3之间的节流口，连通回油，因此压力下降。主阀芯3在压差的作用下右移，适当开大通道①→②。

由于p_3对控制活塞6左端的作用面积远大于p_1的作用面积，控制比为113∶1，控制活塞弹簧2也较弱，所以，基本上就是p_3和弹簧7决定了控制活塞6的位置。从而决定了通道①→②的开度。

4）抵消模式。

即使节流口面积不变，负载口压力p_1增大也会导致流量增大。针对这种情况，Cindy可以工作在所谓抵消模式（compensated model）。在先开阀芯的背压腔卸荷通道中设置节流孔K（见图5-28）。通过限制背压腔J的出流，来增高背压腔的压力，从而减小主阀芯节流口。这样，可以做到，当p_1达到一定值以后，节流口开始减小，以抵消p_1增大的影响。

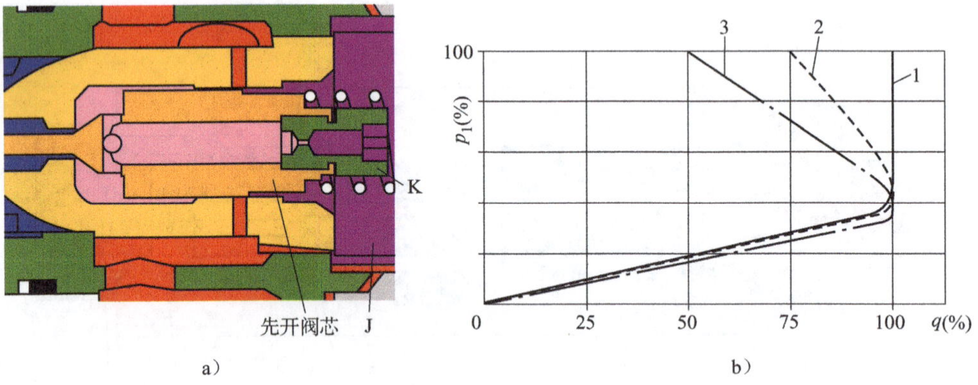

图5-28 Cindy抵消模式

a）剖面放大 b）特性

1—标准抵消模式 2—25%抵消模式 3—50%抵消模式 K—抵消节流孔 J—主阀芯背压腔

此种模式可以做到，在负载口压力超过10MPa时，特性如同带定压差阀的二通流量阀，流量不受压差影响。

（2）特点

由于通道两步开启，比较柔和，所以可以避免液压冲击。

最高节流压力：42MPa。

阀芯的控制行程较长，从而具有较高的分辨率。

通过优化主阀芯圆柱导向部分的槽形可以精细地控制小流量。

通过多级特殊形状的阀杆槽口实现了低噪声。

Cindy 有多种规格。通径有 12、16、20 和 25，名义流量为 150～500L/min。

2．控制端盖

因为控制压力对系统稳定性的影响很大，布赫根据多年的经验为 Cindy 系列平衡阀准备了多种控制端盖，只需更换控制端盖即可改变压力控制的模式。

（1）G 型（标准型）

G 型在控制活塞中加入了旁路节流孔 By 和单向阀 DF（见图 5-29）。

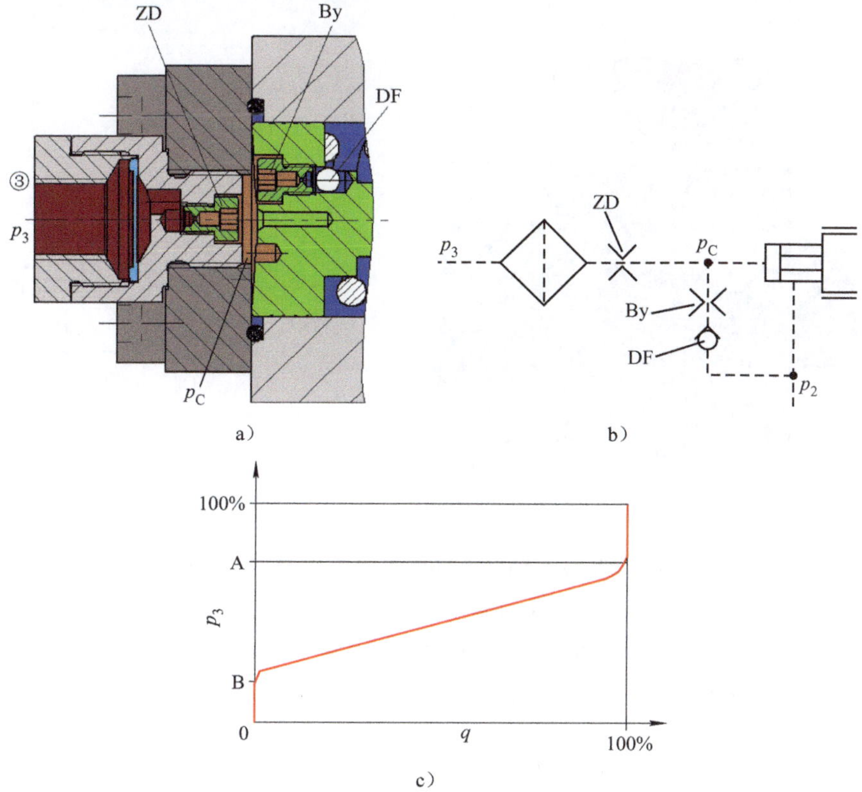

图 5-29　Cindy 的 G 型控制

a）剖面图　b）图形符号　c）p_3-q 特性

ZD—入口节流孔　By—旁路节流孔　DF—单向阀　p_C—实际作用于控制活塞的压力

A—达到最大流量时的控制压力　B—开启压力

由于实际作用于控制活塞的压力 p_C 是口③的压力 p_3，通过入口节流孔 ZD 和旁路节流孔 By 的半桥分压后得到的，因此，孔 ZD 和 By 的节流面积比决定了 p_C

与 p_3 之比。

这样，G 型的 p_3-q 特性（见图 5-29c）可以做到，在 p_3 达到 B 点（约 0.6MPa）时，p_C 推动控制活塞，推开先开阀芯，开启通道①→②，开始有流量。在 p_3 达到 A 点（约 2MPa）时，流量达到最大。这两个工况点的压力可以利用节流孔 ZD 和 By 改变。

由于 p_C 可以通过节流孔 By 和单向阀 DF 卸荷，因此，通道关闭较快。

（2）D 型（阻尼型）

与 G 型相比，D 型端盖的结构复杂些，增加了两个节流孔 D1、D2、顶杆 D、球阀 E 和应急操作螺杆 F（见图 5-30）。

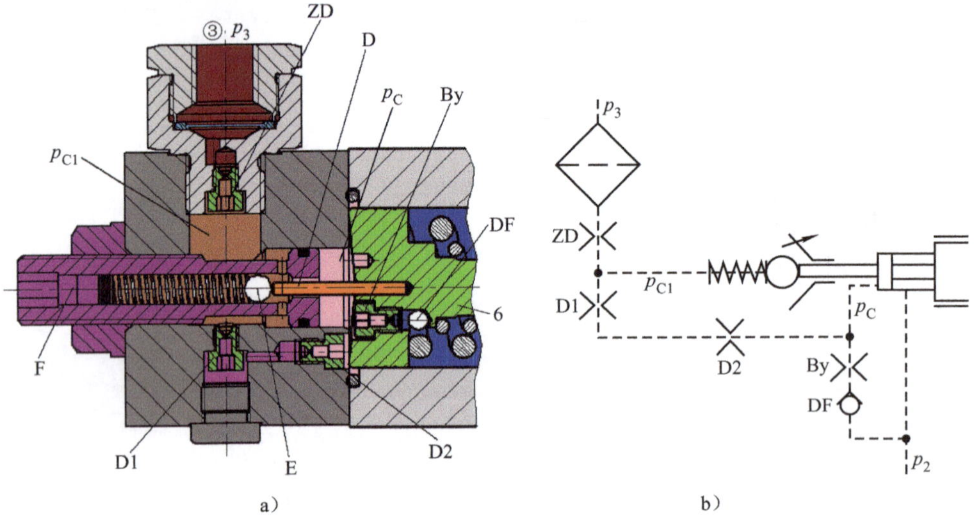

图 5-30　Cindy 系列平衡阀的 D 型（阻尼型）控制端盖

a）剖面图　b）图形符号

6—控制活塞　ZD—入口节流孔　By—旁路节流孔　DF—单向阀　D—顶杆　D1、D2—节流孔　E—球阀　F—应急操作螺杆　p_C—实际作用于控制活塞的压力　p_{C1}—在初始段作用于控制活塞的压力

当控制活塞停在初始位置时，顶杆 D 顶开球阀 E，p_C 就等于 p_{C1}。

在 p_3 达到 B 点（见图 5-31）时，控制活塞 6（见图 5-30）被推开，开始开启通道。但随着控制活塞 6 的移动，固定在控制活塞上的顶杆 D 也向右移动。直至 C 点，p_{C1}、p_C 间直接连通的通道被球阀 E 关闭，开始阻尼段 D。p_{C1} 要经过节流孔 D1、D2 和 By 的分压才是 p_C。因此，在阻尼段 D，p_3 必须更高，才能继续开启通道。

通过操作螺杆 F，

——可以限制球阀 E 的行程，从而限制流量。

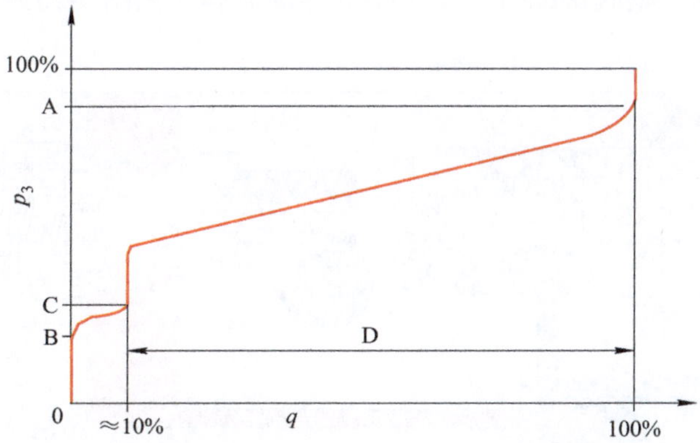

图 5-31　Cindy 系列平衡阀 D 型的 p_3-q 特性

A—达到最大流量时的控制压力　B—开启压力　C—阻尼开始压力　D—阻尼段

——还可以在特殊情况下，人工强制推动控制活塞，完全开启通道①→②。

Cindy 系列平衡阀还可配带减压阀的 R 型控制端盖、带电比例减压阀的 E 型控制端盖，这样，即使在很敏感的场合，还可以保证系统的稳定性。

3. Cindy 阀块

Cindy 主阀无溢流功能，溢流阀附加在阀块中。溢流阀最高开启压力为 46MPa。

Cindy 阀块有几种形式。

1）SVA 型，②口就作为回油口，也是溢流阀的出口（见图 5-32a）。由于 p_2 作用于控制活塞 6（参见图 5-27）的面积等同于控制压力 p_C 的作用面积，p_2 会 1∶1 地增高液控节流压力和溢流开启压力。

2）SVT 型，控制活塞的背压腔和溢流阀有单独的回油口④（T）（见图 5-32b）。因此，溢流压力和液控节流都不受口②压力影响。

所以，在 p_2 较高或多变的场合应使用 SVT 型，口④应直接回油箱。

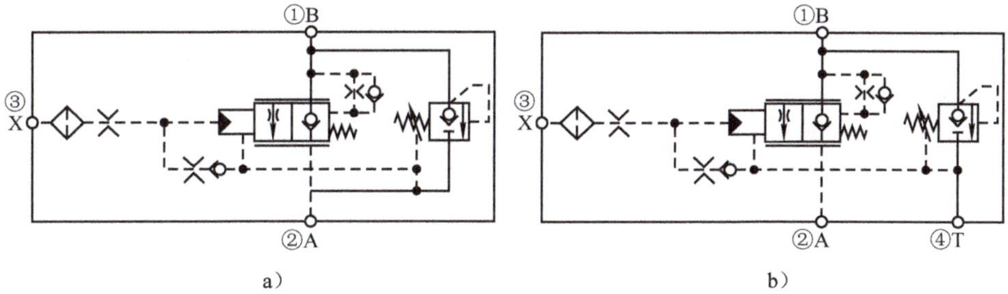

图 5-32　Cindy 阀块的图形符号

a）SVA 型　b）SVT 型

Cindy 的 SVZ 型阀块配有一个很小的热溢流阀（见图 5-33）。

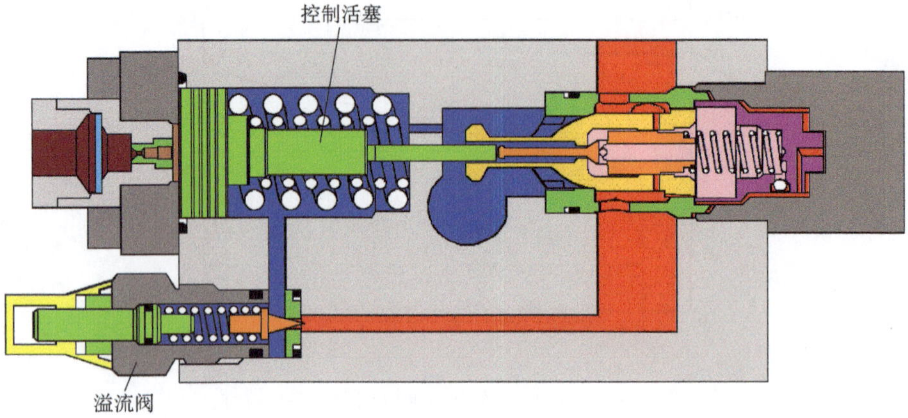

图 5-33　Cindy 的 SVZ 阀块结构

第 6 章　运动控制阀

6.1 概　　述

运动控制阀，是纯液控节流阀。虽然结构与同向型平衡阀相近，有负载保持功能，但因为 p_1 对阀芯的作用力平衡，等于没作用，节流口大小完全由控制压力 p_3 决定，所以，具有以下特性。

1）没有溢流功能。

2）没有同向型、反向型之分。

3）没有控制比的概念。

常见运动控制阀的图形符号有两种（见图 6-1），看似不同，但所表达的含义是相同的。

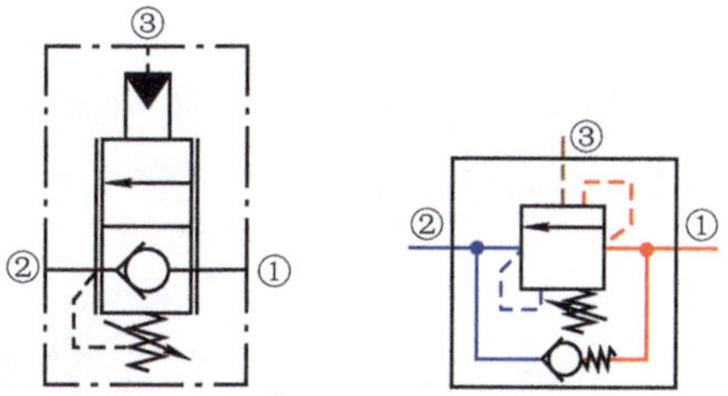

图 6-1　常见运动控制阀的图形符号

运动控制阀可用于负载压力波动较大，而希望开启状况能精确控制，不受负载口压力影响的场合。运动控制阀也有非卸荷与卸荷两大类。与换节阀（多路阀、电比例阀）配套要使用卸荷型，如图 6-2 所示。

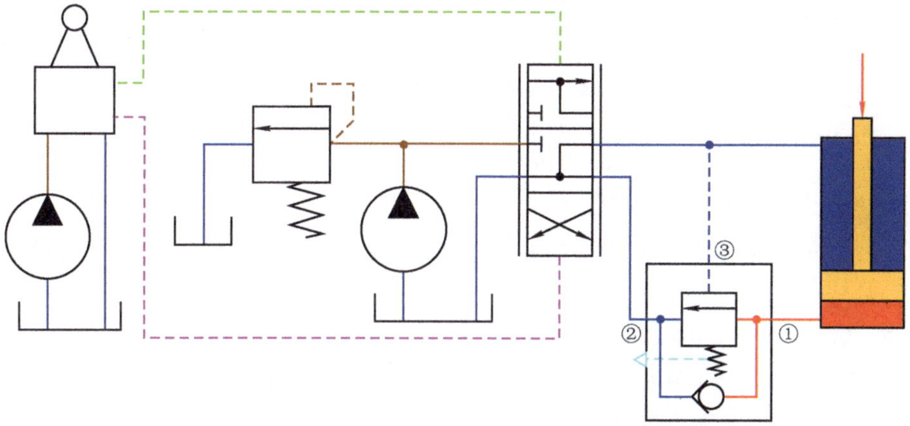

图 6-2　运动控制阀的应用场合

也可利用控制液控换节阀（多路阀）的控制压力来控制运动控制阀（见图 6-3）。

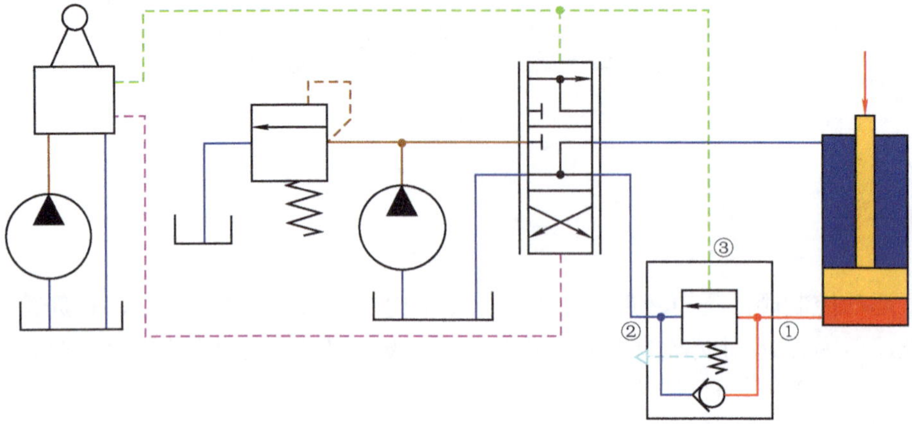

图 6-3 利用控制液控换节阀的控制压力来控制运动控制阀

6.2 派克运动控制阀

派克 P6N060 型是运动控制阀。

1. 结构与工作原理（见图 6-4）

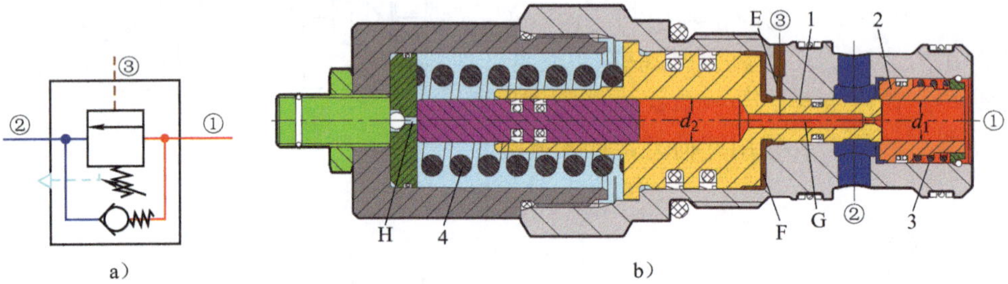

图 6-4 派克 P6N060 型运动控制阀

a）图形符号 b）剖面图

1—主阀芯 2—单向阀芯 3—单向弹簧 4—主弹簧

E—控制压力通道 F—控制压力作用面积 G—口①压力平衡通道 H—弹簧腔卸荷通道

1）单向功能：压力油从口②进入，推动单向阀芯 2 右移，克服单向弹簧 3 的预紧力，开启至口①的通道。

2）液控节流功能：口③的控制压力 p_3 经过通道 E，作用在主阀芯的环形面积 F 上，推动主阀芯 1 左移，克服主弹簧 4 的预紧力，开启口①至②的通道。

由于口①的压力 p_1 经过通道 G，作用于主阀芯的另一端，$d_1 = d_2$，因此，作用力相互抵消。

由于主阀芯弹簧腔通过通道 H 与大气相连卸荷，口②的压力 p_2 对主阀芯的作用面积也相同。因此，控制压力不受口①和口②的压力影响。

2. 特性

控制压力调节范围：0.6～1.6MPa。

名义流量：120L/min。压差-流量特性见图 6-5。

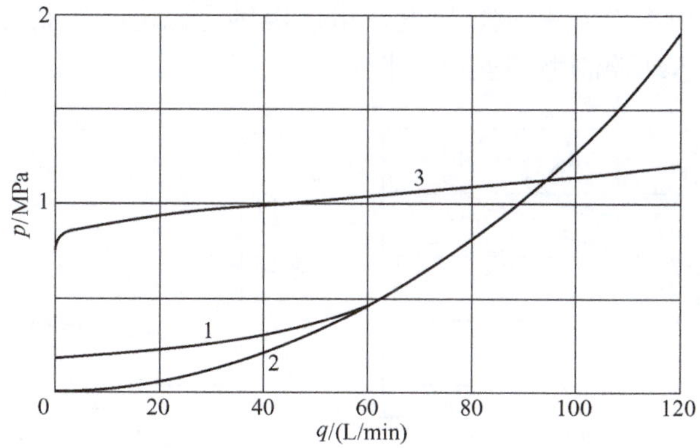

图 6-5　P6N060 型平衡阀的压差-流量特性

1—单向功能　2—液控全开　3—液控开启时的控制压力，负载口压力 10MPa

6.3　升旭运动控制阀

升旭 M**M 系列运动控制阀，自称为 Load Control Valve（负载控制阀）。

1. 结构与工作原理

MBEM 型为非卸荷类，主弹簧 4 腔经过主阀芯 1 中通道 E 与负载口①相连，因此，负载口①的压力同时作用于阀芯两端，相互抵消（见图 6-6）。

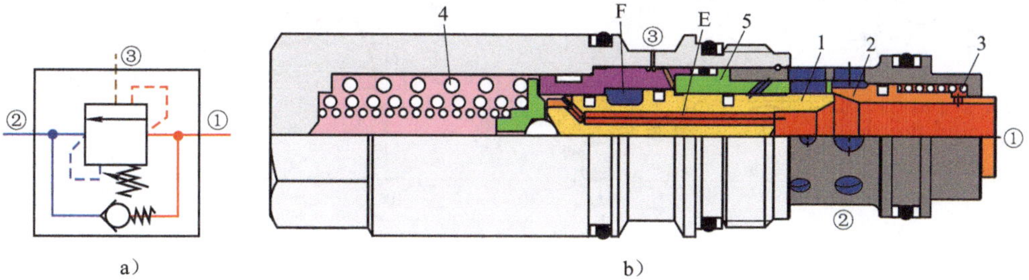

图 6-6　升旭非卸荷型运动控制阀（MBEM）

a）图形符号　b）剖面图

1—主阀芯　2—单向阀芯　3—单向弹簧　4—主弹簧　5—节流套

E—负载口压力平衡通道　F—主阀芯背压腔

主阀芯背压腔 F 与口②相通，因此，通道开启状况受口②压力的影响。

2. 特性

主阀芯上采用了动密封，因此较灵敏。

通过节流套 6（参见 4.2 节）上多个轴向错开分布的大小孔和斜孔，扩大了有效行程，提高了分辨率。

主阀芯 1 行程不受 p_1 影响，因此，可以提供更稳定的控制流量，图 6-7 为普通负载作用型与运动控制型的 p_3-q 特性对比。

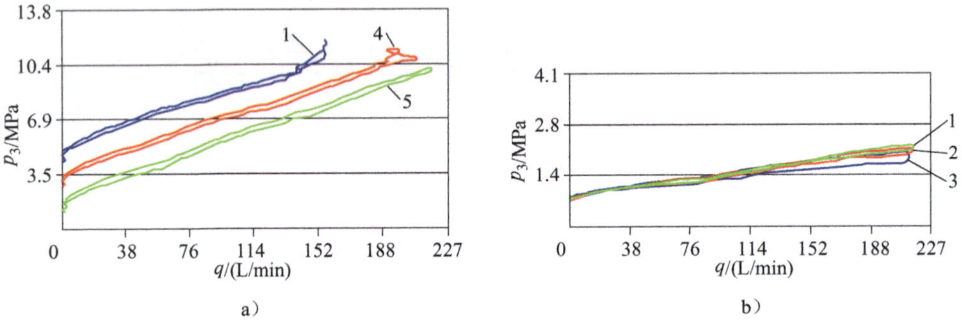

图 6-7 升旭阀 p_3-q 特性对比

a）负载作用型（MBEG，设定压力 p_S = 27.5MPa） b）运动控制阀（MBGM，设定压力 p_S = 21MPa）

p_1：1—3.5MPa 2—7MPa 3—10.5MPa 4—14MPa 5—21MPa

MWGM-XI*型为外排油卸荷型，其流量几乎完全由 p_3 决定。从它实测的压差-流量特性（见图 6-8b）来看，受（p_1-p_2）影响较小。所以，甚至可以用作一个液控二通流量阀。

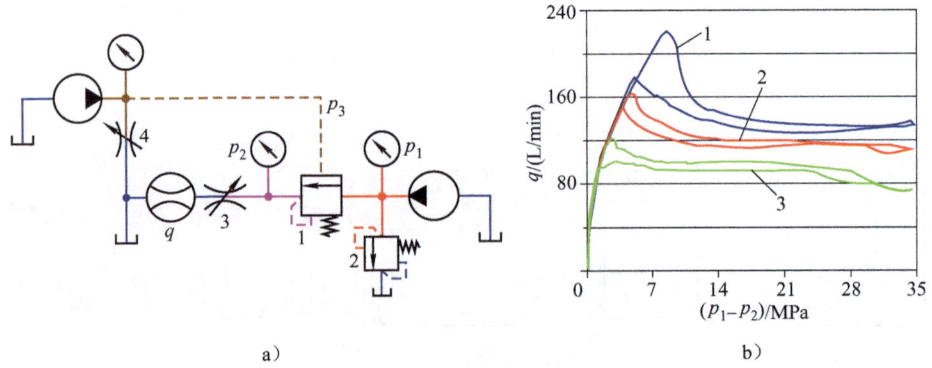

图 6-8 升旭外排油卸荷型运动控制阀的压差-流量特性（MWGM-XI*型）

a）测试回路 b）测试结果

1—运动控制阀 2—p_1 调节阀 3—p_2 调节阀 4—p_3 调节阀

控制压力 p_3：1—4.5MPa 2—4.2MPa 3—3.9MPa

3. 变型

升旭运动控制阀有多种变型（见表 6-1）。

表 6-1　升旭运动控制阀

类型	名义流量	120L/min	240L/min	480L/min
非卸荷	孔型	T-2A	T-17A	T-19A
	代号	MBEM	MBGM	MBIM
外排油卸荷型	孔型	T-22A	T-23A	T-24A
	代号	MWEM	MWGM	MWIM

6.4　伊顿运动控制阀

运动控制阀在伊顿被归属于 Overcenter Valve 过中心阀。因为负载口压力 p_1 对主阀芯两侧的作用面积相同，作用力平衡，因此也被称为 Zero Differential 零差动型。

1CPB 系列是外排气型，1CPBD 系列是外排油型。

1. 结构

仅由控制压力 p_3 和主弹簧力的平衡决定主阀芯 1 的轴向位置，从而决定节流口大小，如图 6-9 所示。

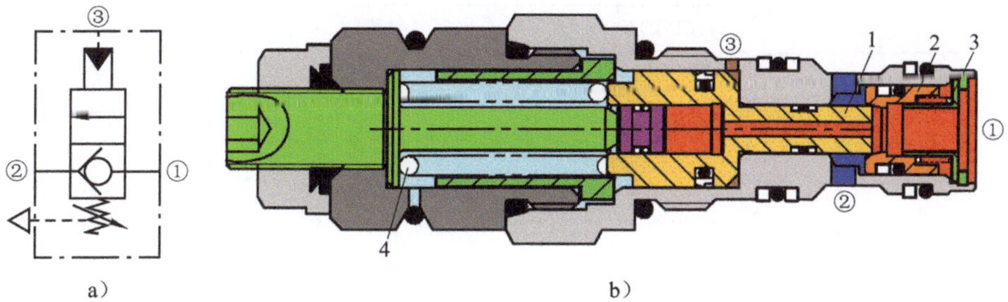

图 6-9　伊顿外排气型运动控制阀 1CPB30

a）图形符号　b）剖面图

1—主阀芯　2—单向阀芯　3—单向弹簧　4—主弹簧

主阀芯与单向阀芯形成的密封带具有较长的开启段，可以逐渐开启。

2. 特性

开启压力 0.5～2MPa，可调。出厂设置 1MPa。

伊顿运动控制阀 1CPB 的 Δp-q 特性（见图 6-10）可以看出，伊顿称其名义流量为 30L/min，是把约定压差取为 1MPa，实际上，通过流量到 50L/min 也是可以的。

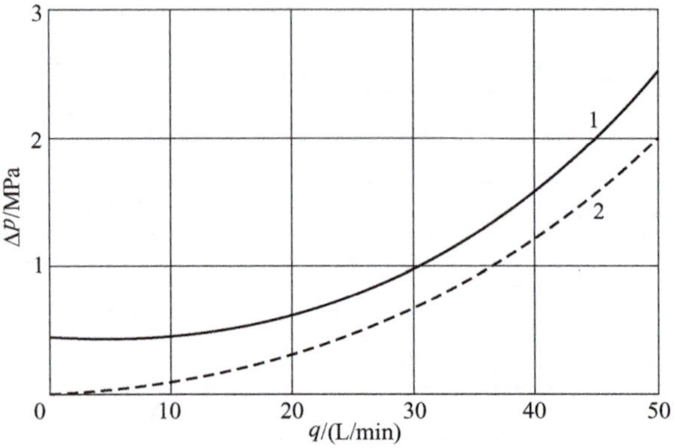

图 6-10　伊顿运动控制阀 1CPB30 的Δp-q 特性

1—②→①　2—①→②全开

3．变型

伊顿还提供其他功能类似的阀（见表 6-2）。

表 6-2　伊顿的运动控制阀

类型	型号	名义流量/（L/min）	许用最大工作压力/MPa
外排气	1CPB30	30	35
外排油	1CPBD30	30	35
	1CPBD90	90	
	1CPBD120	180	40
	1CPBD300	300	

第 7 章　含平衡阀回路的稳定性问题与应对措施

7.1　系统稳定性问题

1. 含平衡阀系统的稳定性问题

在平衡阀执行单向功能时，液流从平衡阀的口②流到口①，单向阀完全开启，且很容易维持在开启位置，因此，一般不太会发生由于平衡阀引起的不稳定现象。

比较复杂的是，在受到负负载，平衡阀进入、处于和结束液控节流功能时，如何才能使系统保持稳定，不出现振动。这是经常会遇到，又不那么容易解决的问题。

图 7-1a 所示为一系统工作不稳定，振动越来越严重的工况。直到换用了恰当的平衡阀后，系统才能在受到干扰后，仍保持稳定工况，如图 7-1b 所示。

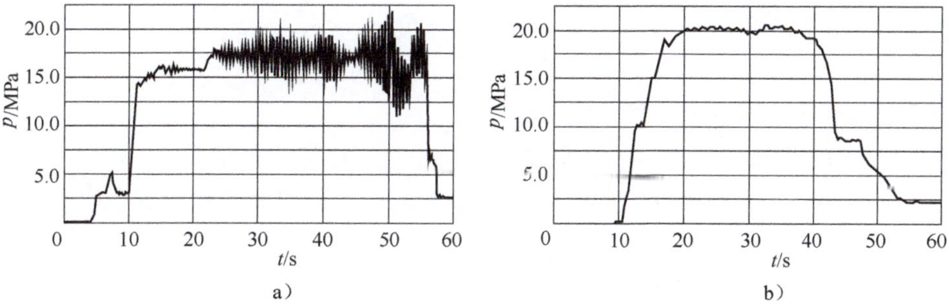

图 7-1　在一台挖掘机上实测的液压缸压力随工作时间的变化情况（伊顿）
a）不稳定工况　b）稳定工况

2. 含平衡阀系统的信号流图分析

平衡阀由于应用方式特殊——跨接在液压缸两腔，工况由两个相互影响的压力共同决定，所以，要分析平衡阀的工况，就不能仅仅对其本身就事论事，而是必须把它与液压缸结合在一起来分析。

图 7-2 用信息流图分析了一个含同向型平衡阀的子系统在承受负负载液控节流时各种因素的相互影响。

信息流图中

1—比较环节，输入流量 q_B 与活塞移动带走的流量 vA_B 比较。

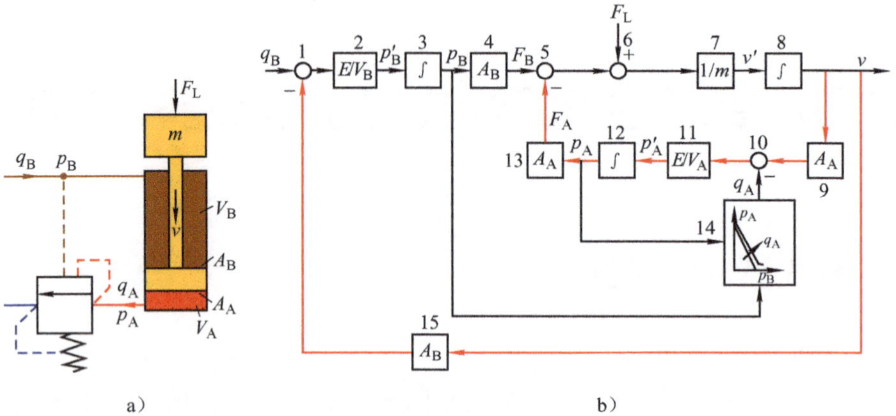

图 7-2　含同向型平衡阀的子系统

a）液压回路　b）简化信息流图

2—流量差对压力变化率 p'_B 的作用，受该腔油液的弹性模量 E 与体积 V_B 影响。

3—积分环节，压力变化率 p'_B 对压力 p_B 的影响。

4—压力 p_B 对活塞的作用力 F_B。

5—活塞受到两方面油液的作用力：F_A 和 F_B。

6—负载力 F_L 作用于活塞。

7—作用于活塞的合力决定了活塞的加速度 v'。

8—积分环节，加速度 v' 影响了活塞的运动速度 v。

9—活塞移动速度 v 带来了流量 vA_B。

10—比较环节，流量 vA_B 与通过平衡阀的节流口流出的流量 q_A 比较。

11—流量差对压力变化率 p'_A 的作用，受该腔油液的弹性模量 E 与体积 V_A 影响。

12—积分环节，压力变化率 p'_A 对压力 p_A 的影响。

13—压力 p_A 对活塞的作用力 F_A。

14—负载口压力 p_A 与控制压力 p_B 共同决定平衡阀节流口，从而通过流量 q_A。

15—活塞运动速度 v 带走流量 vA_B。

所以，系统的特性不仅仅取决于平衡阀，还受系统中其他很多因素的影响。

1）输入流量 q_B 受泵输出流量的脉动、恒压阀等的影响，肯定是波动的，而非恒定的。

2）该信息流图还未包括控制方向的换向阀或换节阀。而尤其是换节阀，如果节流口大小不稳定，也会引起平衡阀出口压力的波动。

3）可以看到，该子系统中含有至少两个反馈（红色）。根据系统动力学，有反馈，就可能不稳定。

7.2　含平衡阀系统的分析

影响平衡阀回路稳定性的因素很多，本节做一些理论分析，以获得定性的了解。这些较繁复的数学推导对引出结论是必要的，对此不感兴趣的读者可先跳到结尾看结论。

将平衡阀系统简化为图 7-3 所示的液压回路进行分析研究。研究负载运动速度 v 随输入流量 q_B 变化的动态过程。

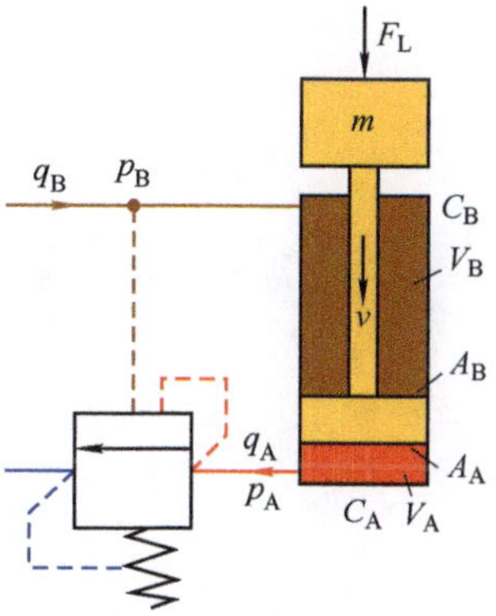

图 7-3　含平衡阀的子系统

要从理论上分析一个系统的动态过程，可以写出系统中随时间变化的物理量与关联因素的微分方程。

1. 系统微分方程

（1）活塞运动状况

假定 $F_L=0$，分析作用在活塞上的力，参照牛顿第二定律 $a=F/m$，可以写出

$$\begin{aligned} v' &= a \\ &= (A_B p_B - A_A p_A)/m \end{aligned} \tag{7-1}$$

式中　v'——活塞运动速度 v 的导数，即加速度。

（2）液容

液压油可压缩，向体积 V 的液压油中再压入体积 ΔV 的液压油后，增加的压力

$$\Delta p = \Delta VE/V = \Delta V/C \tag{7-2}$$

式中　E——液压油的弹性模量，不仅随温度与压力而变，约为 1000～3200MPa（见图 7-4），而且还受液压油中的未溶解空气量、系统所使用的管道影响，详见参考文献[1]2.1.4 节；

C——该体积液压油的液容（$C=V/E$），反映了该体积液压油的弹性。

对式（7-2）两边求导可得该体积油液压力的变化率

$$p' = \Delta q/C \tag{7-3}$$

式中　Δq——液压油进出该体积的流量差。

（3）B 腔压力变化状况

参照式（7-3）可写出 B 腔压力的变化率

$$p'_B = (q_B - vA_B)/C_B \tag{7-4}$$

式中　C_B——B 腔中液压油的液容（$C=V_B/E_B$）；

E_B——B 腔中液压油的弹性模量。

（4）A 腔压力变化状况

参照式（7-3）可写出 A 腔压力的变化率

$$p'_A = (vA_A - q_A)/C_A \qquad (7\text{-}5)$$

式中　C_A——A 腔中液压油的液容（$C = V_A/E_A$）；

E_A——A 腔中液压油的弹性模量，因为 A 腔中压力可能不同于 B 腔，所以弹性模量也完全可能不同。

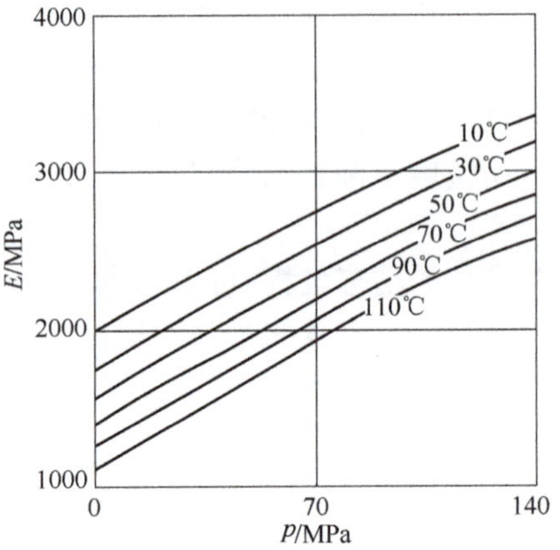

图 7-4　HLP46 矿物油实测的弹性模量[16]

p—压力　E—弹性模量

因为式（7-5）中的 q_A 是通过平衡阀的流量，随 p_A、p_B 而变，可以写作

$$q_A = q(p_A, p_B) \qquad (7\text{-}6)$$

所以，式（7-5）可以写作

$$p'_A = (vA_A - q(p_A, p_B))/C_A \qquad (7\text{-}7)$$

这样就可以得到式（7-1）、式（7-4）、式（7-7）的三个关于变量 v、p_B、p_A 的微分方程组。但从这样的微分方程组无法得到解析解。

因为只是希望分析了解影响稳定性的因素，所以，以下采用另一途径，即通过拉氏变换，把时变函数的微分方程转化为复变量的代数方程。根据控制理论，可从此代数方程中获得传递函数，从而得到系统的特征方程，如果特征方程的根的实部都为负，则系统是稳定的。由此可以来分析了解系统各参数对稳定性的影响。

2．线性化

拉氏变换的前提是，函数必须是线性的，而式（7-6）关于变量 p_B、p_A 是非线性的，所以还要线性化。

因为多变量函数

$$y = f(x_1, x_2)$$

在点(x_{10}，x_{20})附近的线性化为

$$y = y_0 + f'_{x10}(x_1 - x_{10}) + f'_{x20}(x_2 - x_{20})$$

式中　f'_{x10}、f'_{x20}——f 的偏导数$\partial f/\partial x_1$、$\partial f/\partial x_2$ 在(x_{10}，x_{20})的值。

所以，类似地，式（7-6）在工况点（p_{A0}，p_{B0}）的线性化可写作

$$q_A = q_0 + h_A(\boldsymbol{p_A} - p_{A0}) + h_B(\boldsymbol{p_B} - p_{B0}) \tag{7-8}$$

式中　h_A、h_B——$q(\boldsymbol{p_A}, \boldsymbol{p_B})$的偏导数在工况点（$p_{A0}$，$p_{B0}$）的值，即

$$h_A = \partial q/\partial p_A \,|\, p_A = p_{A0},\ p_B = p_{B0}$$

$$h_B = \partial q/\partial p_B \,|\, p_A = p_{A0},\ p_B = p_{B0}$$

也即通过平衡阀的流量 q_A 相对负载口压力 p_A 和控制压力 p_B 变化的变化率（见图 7-5），可以从实测特性曲线中获得。

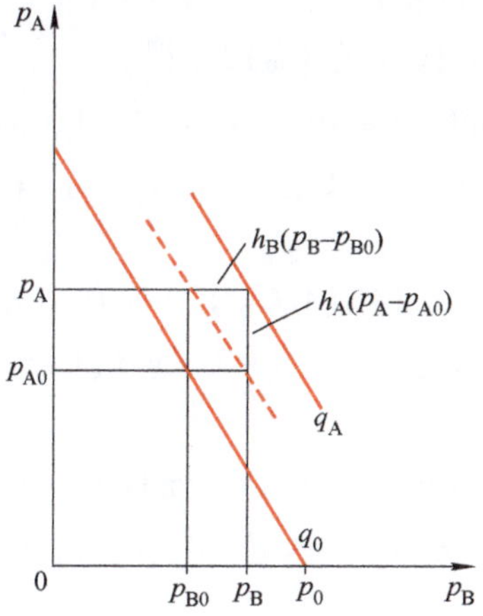

图 7-5　流量 q_A 相对负载口压力 p_A 和控制压力 p_B 变化的变化率

所以，式（7-7）的线性化可写作

$$\boldsymbol{p'_A} = \boldsymbol{v}A_A/C_A - [q_0 + h_A(\boldsymbol{p_A} - p_{A0}) + h_B(\boldsymbol{p_B} - p_{B0})]/C_A$$

整理可得

$$\boldsymbol{p'_A} = (-q_0 + h_A p_{A0} + h_B p_{B0})/C_A + (A_A/C_A)\boldsymbol{v} - (h_B/C_A)\boldsymbol{p_B} - (h_A/C_A)\boldsymbol{p_A}$$

如果假定在初始状态 q_0、p_{A0}、$p_{B0} = 0$，则上式可以简化为

$$\boldsymbol{p'_A} = (A_A/C_A)\boldsymbol{v} - (h_B/C_A)\boldsymbol{p_B} - (h_A/C_A)\boldsymbol{p_A} \tag{7-9}$$

3. 拉氏变换

记时变函数 $\boldsymbol{v}$ 的拉氏变换 $L[\boldsymbol{v}]$为 $\boldsymbol{V(s)}$，$\boldsymbol{p_B}$ 的拉氏变换 $L[\boldsymbol{p_B}]$为 $\boldsymbol{P_B(s)}$，$\boldsymbol{p_A}$ 的拉氏变换 $L[\boldsymbol{p_A}]$为 $\boldsymbol{P_A(s)}$，$\boldsymbol{q_B}$ 的拉氏变换 $L[\boldsymbol{q_B}]$为 $\boldsymbol{Q_B(s)}$。

因为任一时变函数 $f(t)$的导数的拉氏变换

$$L[f(t)'] = sF(s) - f(0)$$

式中　$f(0)$——函数 $f(t)$在时刻 0 时的值。

而在初始状态，p_{A0}、p_{B0}、$v_0 = 0$，所以，式（7-1）、式（7-4）、式（7-9）的拉氏变换分别为

$$\boldsymbol{sV(s)} = (A_B/m)\boldsymbol{P_B(s)} - (A_A/m)\boldsymbol{P_A(s)} \tag{7-10}$$

$$sP_B(s) = (1/C_B)Q_B(s) - (A_B/C_B)V(s) \tag{7-11}$$

$$sP_A(s) = (A_A/C_A)V(s) - (h_B/C_A)P_B(s) - (h_A/C_A)P_A(s) \tag{7-12}$$

由式（7-11）可得

$$P_B(s) = (1/C_Bs)Q_B(s) - (A_B/C_Bs)V(s) \tag{7-13}$$

代入式（7-10）得

$$V(s) = (A_B/ms)[(1/C_Bs)Q_B(s) - (A_B/C_Bs)V(s)] - (A_A/ms)P_A(s)$$

整理得

$$P_A(s) = [A_B/(A_AC_Bs)]Q_B(s) - [A_B^2/(A_AC_Bs) + ms/A_A]V(s) \tag{7-14}$$

式（7-14）、式（7-13）代入式（7-12）得

$$(s + h_A/C_A)[(A_B/(A_AC_Bs))Q_B(s) - (A_B^2/(A_AC_Bs) + ms/A_A)V(s)]$$
$$= (A_A/C_A)V(s) - (h_B/C_A)[(1/C_Bs)Q_B(s) - (A_B/C_Bs)V(s)]$$

整理得

$$[(s + h_A/C_A)(A_B/(A_AC_Bs)) + h_B/(C_AC_Bs)]Q_B(s)$$
$$= [(s + h_A/C_A)(A_B^2/(A_AC_Bs) + ms/A_A) + A_A/C_A + h_BA_B/(C_AC_Bs)]V(s)$$

同乘 s。整理得

$$[(A_B/(A_AC_B))s + (h_AA_B/(C_AA_AC_B) + h_B/(C_AC_B))]Q_B(s) = [(m/A_A)s^3 +$$
$$(mh_A/(A_AC_A))s^2 + (A_B^2/(A_AC_B) + A_A/C_A)s + (h_A A_B^2/(A_AC_AC_B) + h_BA_B/(C_AC_B))]V(s)$$

由此得到传递函数

$$\frac{V(s)}{Q_B(s)} = \frac{(A_B/(A_AC_B))s + (h_AA_B/A_A + h_B)/(C_AC_B)}{(m/A_A)s^3 + (mh_A/(A_AC_A))s^2 + (A_B^2/(A_AC_B) + A_A/C_A)s + (h_A A_B^2/A_A + h_BA_B)/(C_AC_B)}$$

4. 特征方程系数的分析

传递函数的分母即系统的特征方程

$$(m/A_A)s^3 + (mh_A/(A_AC_A))s^2 + (A_B^2/(A_AC_B) + A_A/C_A)s + (h_A A_B^2/A_A + h_BA_B)/(C_AC_B) = 0$$

可写作

$$a_0s^3 + a_1s^2 + a_2s + a_3 = 0$$

式中 $a_0 = m/A_A$

$a_1 = mh_A/(A_AC_A)$

$a_2 = A_B^2/(A_AC_B) + A_A/C_A$

$a_3 = (h_A A_B^2/A_A + h_BA_B)/(C_AC_B) = h_A A_B^2/(A_AC_AC_B) + h_BA_B/(C_AC_B)$

根据劳斯稳定判据（参考文献[11]6.6 节），此系统绝对稳定的必要和充分条件为

1）全部系数都是正值；并且

2）$a_1a_2 - a_0a_3 > 0$。

很容易看出

1）由于质量 m、面积 A_A、A_B、液容 C_A、C_B 等都是正的，所以，a_0、a_1、a_2 总是正值。

2）如果 h_A、$h_B > 0$，则 a_3 也是正值。同向型平衡阀总是能满足。

3）因为

$$a_1a_2 - a_0a_3 = (mh_A/(A_AC_A))(A_B^2/(A_AC_B) + A_A/C_A) - (m/A_A)(h_A A_B^2/(A_AC_AC_B) + h_BA_B/(C_AC_B)) = mh_A/C_A^2 - mh_BA_B/(A_AC_AC_B)$$
$$= mh_B[(h_A/h_B) - (A_B/A_A)(C_A/C_B)]/C_A^2$$

所以，必须使

$$h_A/h_B > (A_B/A_A)(C_A/C_B) \tag{7-15}$$

因为

$$C_A/C_B = (V_A/E_A)/(V_B/E_B) = (V_A/V_B)(E_B/E_A)$$

如果假定

$$h_A/h_B = (\partial q_A/\partial p_A)/(\partial q_A/\partial p_B) = \partial p_B/\partial p_A = 1/K_C$$

则式（7-15）可改写为

$$1/K_C > (A_B/A_A)(V_A/V_B)(E_B/E_A) \tag{7-16}$$

如果近似认为

$$V_A = A_Al_A$$
$$V_B = A_Bl_B$$

则式（7-16）可改写为

$$1/K_C > (l_A/l_B)(E_B/E_A) \tag{7-17}$$

5. 绝对稳定性分析

从式（7-17）和式（7-16）可以引出，以下情况对稳定性较有利。

1）同向型平衡阀的控制比 K_C 较小时。

2）V_B 较大时。作为驱动腔，其容积不仅含液压缸上腔，而且包含连接管道、换向（节流）阀，一直到泵的输出腔。从式（7-4）也可以看出，V_B 越大，p_B 变化越缓。在需要和可能时，可用软管连接 B 口，或在此口上连接蓄能器，以增大 V_B。

3）l_A 较小，即活塞接近下终点时。

4）油液弹性模量 E_B 较小，E_A 较大时。因为 B 腔压力一般都低于 A 腔，所以，这一般都比较容易满足。

综合以上，总的过程是，建立描述系统物理特性的微分方程，线性化后进行拉氏变换，从而找出决定系统稳定性的特征方程，根据稳定性判据分析各物理参数对稳定性的影响。

类似地，把输入流量作为恒定，把负载力 F_L 作为干扰量，也可以推导出 F_L 到速度的传递函数。其特征方程应该是相同的。

6. 注意

1）这些系数都是经过简化和线性化得到的，与实际工况肯定有差别。

例如，从式（7-6）在工况点 p_{A0}、$p_{B0}=0$ 的线性化得到式（7-8）有些牵强。因为，在压力 $p_A+K_Cp_B<p_S$，$q_0=0$ 时，只有压力上升，达到 $p_A+K_Cp_B>p_S$ 后，平衡阀才开启，开始有流量，才会如图 7-5 所示。即，对于从 0 开始的压力 p_A、p_B，流量 q_A 的响应有一段死区。但如果考虑这一因素的话，数学式将更为繁复。

所以，这些分析只是定性地指出一个改善方向而已，用于定量计算的误差可能很大。

2）劳斯稳定判据所谓的“绝对稳定”指的是，振动“终有一天”会平息。如果希望知道，经过多长时间后，振动的振幅会减小到什么程度，例如，减小到平均值的 5%，这需要进一步研究系统的相对稳定性，其数学推导就更复杂。

而实际系统所要求的有所不同。实际液压系统不可能做到没有任何振动，也不要求没有任何振动，只要振幅不要超过一定限度就可以。本书中将这种要求称为平稳性。

对平稳性的要求在不同的机械设备往往是不同的。例如，起重机与挖掘机的要求就不同。

需要做的和能做的只是：如果平稳性达不到要求，就进一步分析，寻找原因，采取减振措施。

7.3 含平衡阀系统的数字仿真试验

一个使用平衡阀控制马达系统的数字仿真曲线[4]的情况如图 7-6 所示。

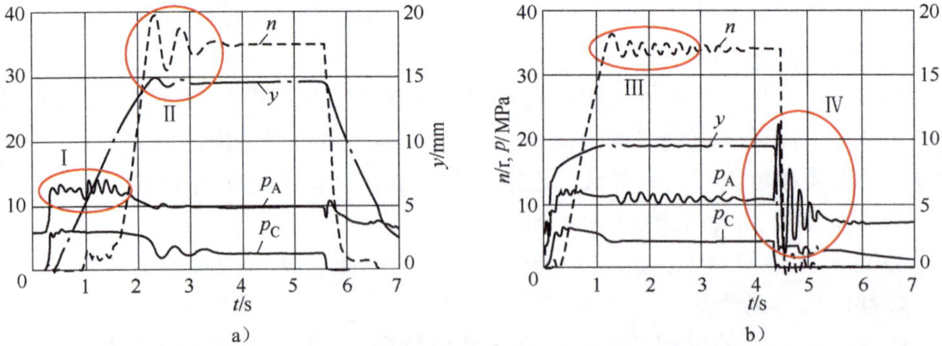

图 7-6 一个使用平衡阀控制马达系统的数字仿真曲线

a）节流口开启时出现振动 b）节流口开启、关闭后出现振动

n—马达转速 y—平衡阀阀芯位移 p_A—平衡阀负载口压力 p_C—控制压力

从图 7-6a 可以看到，在某一组仿真参数时，在平衡阀开启过程中，压力 p_A

可能会有振动（Ⅰ）；而且，在平衡阀阀芯位移 y 几乎稳定后，马达转速 n 还有相当大的振动（Ⅱ）。

从图 7-6b 可以看到，在另一组仿真参数时，不仅在阀芯位移 y 大致稳定时，马达转速 n 可能会有振动（Ⅲ），而且，在换向阀关闭后 p_A 还出现相当幅度的振动（Ⅳ）。

用数字仿真对图 7-7 所示回路做试验的情况如下。

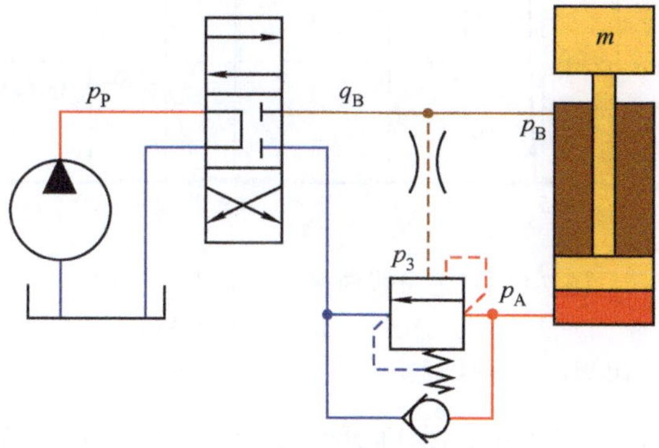

图 7-7　被仿真回路

1）如果负载惯量 m 取为零，则没有振动，如图 7-8 所示。

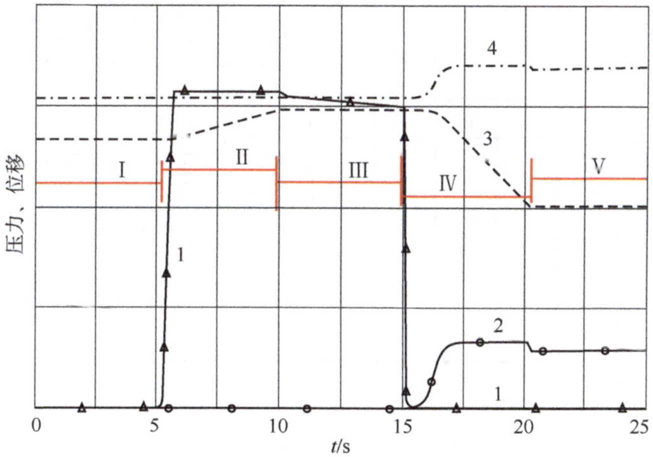

图 7-8　负载惯量 m 为零

换向阀：Ⅰ—中位　Ⅱ—上升位　Ⅲ—中位　Ⅳ—下降位　Ⅴ—中位

1—泵口压力 p_P　2—驱动腔压力 p_B　3—活塞位移　4—背压腔压力 p_A

2）如果考虑负载惯量，取平衡阀的控制比 K_C 为 1.5，则在活塞下降时还没有振动，如图 7-9 所示。但在换向阀切换到中位，活塞不再下降时，压力 p_A 反而出现振动，但幅度逐渐变小。

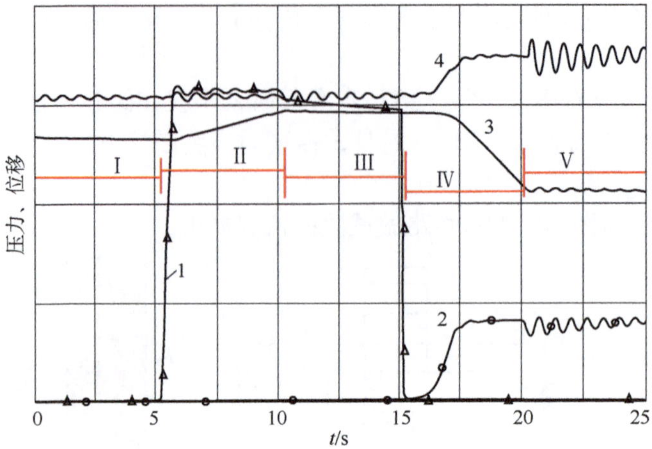

图 7-9 考虑负载惯量，控制比 K_C 为 1.5

换向阀：Ⅰ—中位 Ⅱ—上升位 Ⅲ—中位 Ⅳ—下降位 Ⅴ—中位

1—泵口压力 p_P 2—驱动腔压力 p_B 3—活塞位移 4—背压腔压力 p_A

3）如果把控制比 K_C 改为 4.5，则系统变得不稳定：从活塞开始下降时，就出现振动，而且幅度越来越大，如图 7-10 所示。

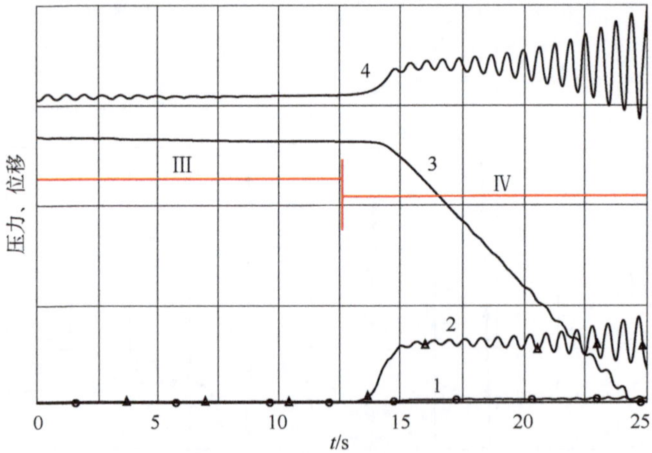

图 7-10 下降过程，控制比 K_C 为 4.5

换向阀：Ⅲ—中位 Ⅳ—下降位

1—泵口压力 p_P 2—驱动腔压力 p_B 3—活塞位移 4—背压腔压力 p_A

4）如果在控制压力 p_3 前加入阻尼孔，则虽然还有振动，但幅度小得多，而且不再增大，如图 7-11 所示。

这些仿真试验一定程度地揭示了负载惯量、控制比与阻尼孔在一定条件下对系统稳定性的影响。

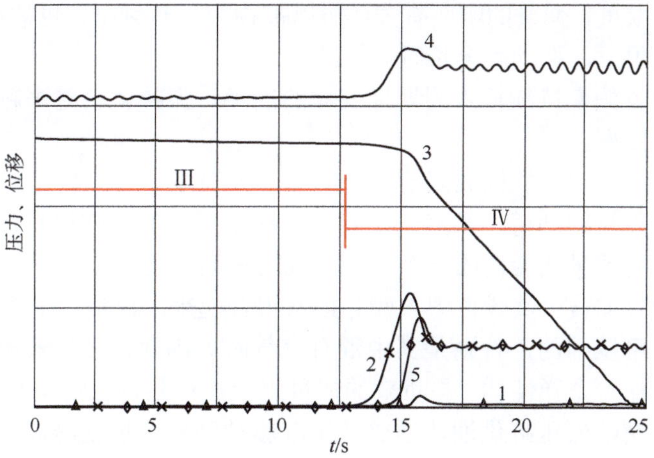

图 7-11　下降过程，控制比 K_C 为 4.5，加入阻尼孔

换向阀：III—中位　IV—下降位

1—泵口压力 p_P　2—驱动腔压力 p_B　3—活塞位移　4—背压腔压力 p_A　5—控制压力 p_3

必须强调指出，这些数字仿真试验的结果只有局部的意义，只是在给定的仿真模型与给定的仿真参数时才会出现的。是否与实际工况接近，还需要通过测试来检验。

7.4　提高系统平稳性的措施

振动是影响系统正常工作的最大问题之一，含平衡阀的系统更容易振动。要减小振动，提高系统平稳性，可从以下方面着手。

1. 确定振动发生的阶段

如已述及，含平衡阀的系统是闭环系统。闭环系统一旦发生振动，往往整个系统都在振动。使用压力传感器记录压力变化时，往往各点的压力都有振动，只是振幅大小不同而已。因此，很难确定振动的根源何在。

比较容易确定的是振动发生的阶段，不同阶段有不同的原因。

1）刚进入液控节流工况，就出现振动，振动幅度很大，这很可能是初始突跳引起的。

2）在液控节流过程中，出现强烈振动，这可能是谐振造成的。

3）在换向阀阀口关闭，希望结束液控节流时，出现剧烈震荡，这是负载的残余动能引起的。

2. 避免谐振

在中学物理中介绍过，一个重物固定在弹簧上，就构成了一个振动系统。在受到一个外力后，会出现振动。振动频率与外界输入量无关，只与系统固有的参数——重物的惯量、弹簧的刚度有关，所以被称为固有频率，也被称作自振频率。

如果缺乏阻尼，振动就会长时间持续。

如果按固有频率持续输入周期性变化的能量，振幅就会越来越大。这就是谐振，也被称为共振。

机械液压系统中可能构成振动系统的元部件很多。

例如，起重机的动臂，虽然一眼看上去很坚固，但当它很长，悬挂重物时，其弹性与重物的惯量就会构成一个不容忽视的振动系统。

液压阀含有弹簧，其弹性力与阀芯惯量组合起来，也是一个振动系统。

液压油是可压缩的，特别是其中混有空气时。因此，充满液压油的液压缸的活塞杆可以看作一个弹性体，与负载的惯量组合在一起，也构成了一个振动系统。

通过液压阀给液压缸供油，通过液压缸驱动动臂，也就是提供能量。如果它们的固有频率相同，就会发生谐振。即使固有频率不完全相同，但相近，也会导致振幅较大的振动。

因此，避免谐振的重要措施就是错开固有频率，或增大抑制措施。

（1）错开固有频率

利用附赠资源中的“液压系统设计估算 2016.xlsx”估算表格（参见附录 A.2、A.3、A.6）和“液压元件设计估算 2016.xlsx”估算表格（参见附录 B.9），可以估算组件与子系统的固有频率。

也可以根据压力传感器记录的压力波形，估算基波的频率。

还有一条途径是，对系统各部分进行振动测量，利用频谱仪获得系统的振动频谱图，以了解各部分的固有频率（详见参考文献[9]第 3.8 节）。

从而设法错开相应部分的固有频率。例如，更换平衡阀类型。不同的平衡阀可能具有不同的固有频率。

（2）增大抑制措施

被动性的外力，如摩擦力，特别是液体摩擦力，与速度反向成正比，是很好的抑制振动的因素。最常见的是在液压回路中适当部位增加节流孔。

不同的平衡阀具有的阻尼能力也可能不同。

3. 换用控制比低的平衡阀

如已提及，平衡阀的控制比对系统稳定性有相当大的影响。如果发现在液控节流过程中有振动，更换控制比较低的平衡阀，是比较容易实行的措施，特别是在孔型相同的情况下。

4. 降低控制压力的波动

平衡阀的控制压力对节流效果乃至系统稳定性具有很大的影响。控制压力不稳定，一直在波动，平衡阀的阀芯位置就会波动，节流口面积也就会波动，就会导致流量波动。

降低控制压力波动的原理是，控制压力既取自于驱动腔压力，但又尽可能不随驱动腔压力波动。具体来说，就是用阻尼孔一定程度地分离这两个压力，并且适当增加控制压力腔的液容。

（1）增加阻尼

1）在控制压力管路中加阻尼孔（见图 7-12a）。因为，平衡阀的控制腔容积很小，进出控制腔的流量很小，所以，阻尼孔的孔径必须很小才能起作用。阻尼孔太小的话，容易被污染颗粒堵塞。一般约 0.6～0.3mm。

2）可调阻尼（见图 7-12b）。如果无法确定阻尼孔的大小，或者应用场合工况多变，也可以采用可调阻尼，通过试验确定。

也有采用特殊形式的螺钉，利用螺纹间隙作为阻尼通道。通过改变螺钉长度，或进入螺孔的螺纹长度来改变阻尼（参见 2.8 节）。只是要特别注意安全问题和防护措施，避免调乱。

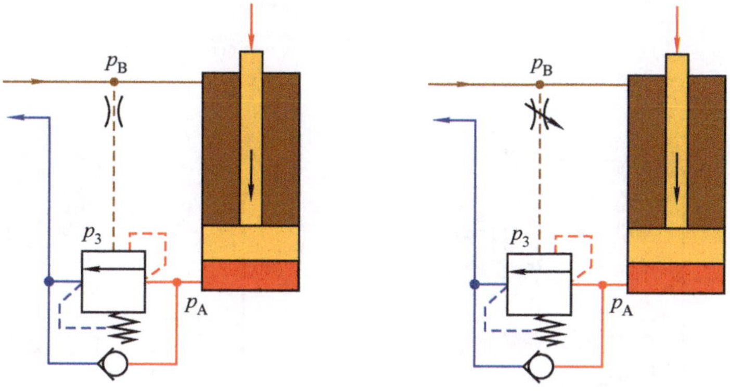

图 7-12　增加控制压力管路的阻尼

a）阻尼孔　b）可调阻尼

（2）增加液容

1）阻尼孔应该尽可能靠近取压点，这样，控制压力腔的容积就可以大些。

2）使用细长管引入控制压力，比如说，做成螺旋形（见图 7-13a）。

3）在靠近平衡阀的一侧采用软管（见图 7-13b）。

4）在控制压力端口加一高频响的小蓄能器（见图 7-13c）。

通过增加节流和液容，相当于增加了滤波，实际作用于平衡阀阀芯的压力 p_3 就不再完全等同于驱动腔的压力 p_B 了，波动会小些。

（3）设置单向节流

一般而言，阻尼孔是无方向性的。加了阻尼孔和液容，会延长响应时间，节流口会慢开也会慢关。但如需要慢开快关，则可考虑使用单向节流来代替阻尼孔

（见图 7-14a）。也可在单向通道上设置阻尼孔（见图 7-14b），以便分别调节开启关闭时间。

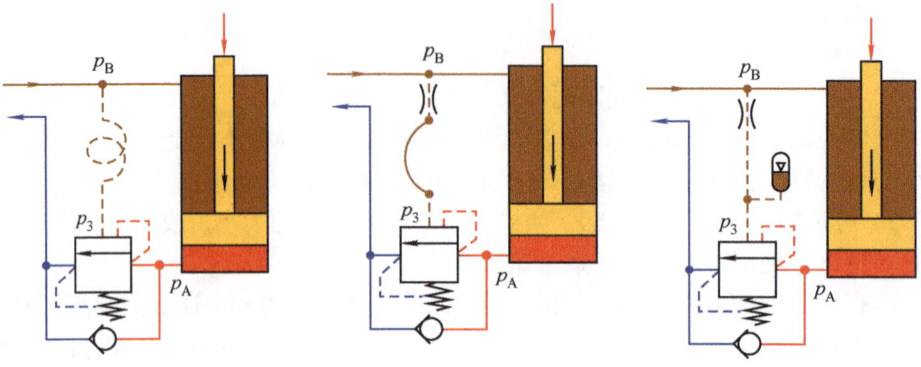

图 7-13 增加控制压力管路的液容
a）使用细长管 b）加软管 c）加蓄能器

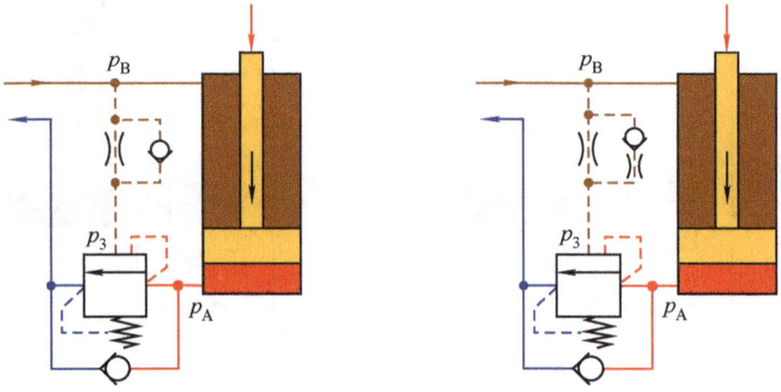

图 7-14 增加单向节流
a）单向节流 b）双向双节流

（4）设置分压节流孔

在平衡阀控制口处设一旁路节流孔（见图 7-15）。这样，节流孔 J1 和 J2 形成一个液压半桥，会有液流持续通过。实际控制平衡阀阀芯的压力 p_3，就是驱动腔压力 p_B 被液压半桥分压的结果。自然，波动也被按比例分减了。

同时，平衡阀阀芯返回时从控制腔排出的液流可以通过旁路节流 J2 直接回油箱，不再受驱动腔压力的影响。

注意：

1）要开启平衡阀所需的控制压力 p_3 是固定的，由于 p_3 被液压半桥分压减小了，因此，p_B 必须增高，才能保证必要的 p_3。这会改变工况点，并会增加能耗。

2）设置旁路节流后会有液流持续通过 J1 流走，因此，要特别检查，在负载保持状态时是否允许设置 J1。

以上这些措施，一般可以减少控制压力的波动，从而减少整个系统在液控节流时的振动。

为确定这些措施是否适当，可以测试记录 p_B 与 p_3，比较波动的幅度与相位。如果阻尼恰当，p_3 波动的幅度应该明显减小，相位会延迟。

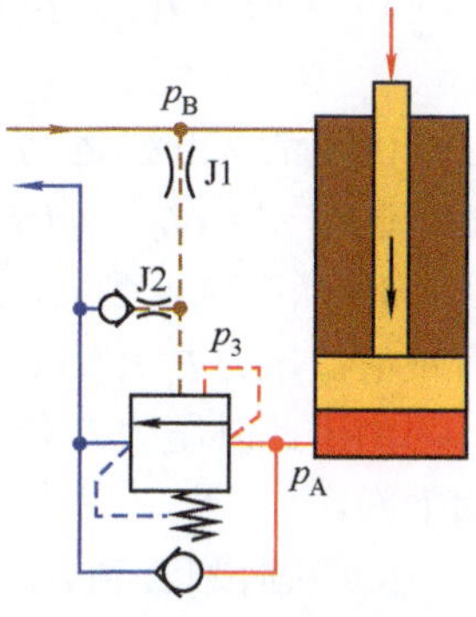

图 7-15　增加旁路分压节流

5. 减小初始突跳

液压缸开始运动时很容易出现初始突跳，给系统和负载带来振动。但在承受正负载与负负载时的形式不同。

（1）承受正负载

如果（由于换向阀切换等引起）流量突然变化，由于执行器运动部分和负载都有惯性，因此速度不可能也随之立即改变。这时，执行器的速度与进入的流量不平衡，多余的流量就会引起驱动腔内的压力上升。这又引起压力与负载力的不平衡，带来加速度，直至执行器的速度与流量平衡为止。

下面以一个简化模型为例，对这一变化过程做一粗浅的说明（见图 7-16）。

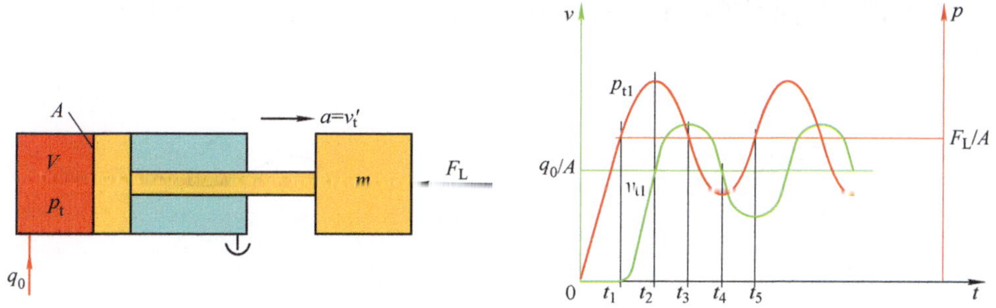

a）　　　　b）

图 7-16　考察流量突变时压力速度变化状况

a）简化模型　b）动态响应过程

1）在时刻 0：无流量，负载速度 v_t 为零。负载 F_L 通过活塞，完全作用在液压缸左端盖上，因此，液压缸驱动腔压力 p_t 为零。

2）在时刻 0 到 t_1，有流量输入，但由于活塞还未开始运动，输入流量 q_0 完全被压缩，导致驱动腔压力 p_t 上升，上升速率

$$p_t' = q_0 E/V$$

式中　V——从泵的高压腔、连接管道一直到执行器驱动腔容纳液压油的容积；

E——液压油的实际弹性模量。

3）从时刻 t_1 到 t_2，驱动力 p_tA 超过负载力 F_L 后，开始推动活塞运动，加速度

$$a = (p_tA - F_L)/m$$

由于活塞开始运动，输入的流量 q_0 只有一部分继续使压力 p_t 上升，因此压力上升速率 $p_t' = (q_0 - v_tA)E/V$ 下降。

4）从时刻 t_2 到 t_3，活塞运动速度 v_t 超过了输入流量所对应的速度 q_0/A，p_t' 变为负值，压力 p_t 开始下降。

由于此时压力 p_t 仍然超过负载压力 F_L/A，活塞继续加速运动，只是加速度开始下降。

5）从时刻 t_3 到 t_4，压力 p_t 低于负载压力 F_L/A，活塞开始减速运动。

由于活塞运动速度仍超过输入流量所对应的速度 q_0/A，因此压力 p_t 继续下降。

6）从时刻 t_4 到 t_5，活塞运动速度低于输入流量所对应的速度 q_0/A，压力 p_t 重又开始上升。由于此时压力 p_t 还低于负载压力 F_L/A，活塞运动速度继续下降。

如果完全没有摩擦力及其他减振因素的话，压力 p_t 和速度 v_t 就会持续振动不止（振动频率的导出与计算见附录 A.2）。实际系统中，多少会有些摩擦力，会阻碍活塞运动速度的变化，振动的幅度逐渐减小。经过一段时间后，运动进入稳定状态。

影响振动幅度的因素：负载惯量、容腔液容、液压缸面积、流量等。

在摩擦力与回路液阻不同的情况下，压力阶跃曲线会有不同的形态（见图 7-17）。

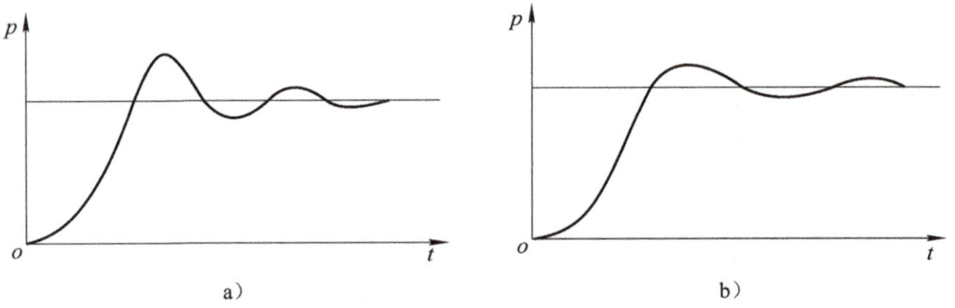

图 7-17　不同阻尼时的压力阶跃曲线

a）阻尼较小　b）阻尼较大

图 7-18 为向一处于静止状态的液压缸输入一流量后压力变化过程的实测曲线。从中可以清楚地看到压力振动过程。

减小压力突跳的措施：

1）延长换向阀切换时间，让换向阀开口逐渐增大，流量逐步增大。

2）让背压腔经过一节流口通油箱。那么，活塞运动速度越高，液阻力越大，背压越高，这样也可以使振动较快平息。

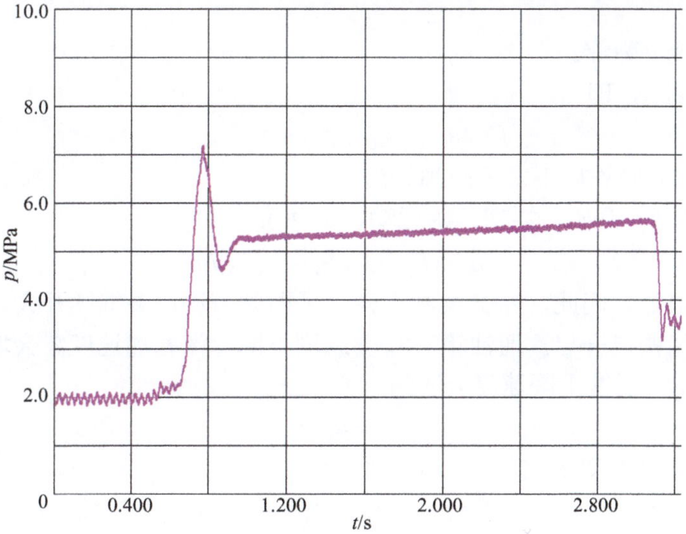

图 7-18　流量突变时压力变化过程的实测曲线

（2）承受负负载

在液压缸出口设有平衡阀，启动时有负负载时（见图 7-19），初始突跳的情况有所不同。

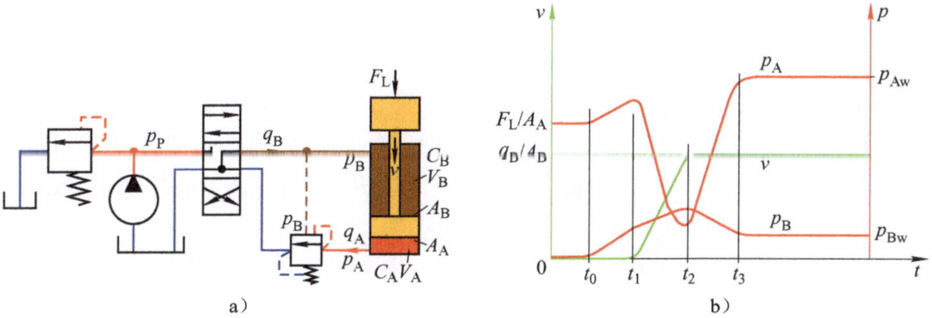

图 7-19　带有平衡阀承受负负载的系统的初始突跳

a）回路图　b）瞬态响应过程

简化来说，系统初始突跳至少有以下这么几个阶段。

1）时刻 t_0 前：换向阀在中位，液压缸驱动腔压力 p_B 为零。负载 F_L 通过活塞，作用在背压腔，因此，背压腔压力

$$p_A = F_L/A_A$$

平衡阀未开启，无流量，活塞速度 v 为零。

2）在时刻 t_0，换向阀切换到上位。

油液进入液压缸驱动腔后，p_B 开始上升。但平衡阀尚未开启，因此，p_A 会相

应上升。

活塞速度 v 为零。

直到时刻 t_1，即

$$p_B K_C + p_A > p_S$$

在 p_A 和 p_B 的共同作用下，平衡阀开启。

3）从时刻 t_1 开始，活塞开始运动，加速度

$$a = (F_L + p_B A_B - p_A A_A)/m$$

速度还很低。因此，p_B 会继续上升，平衡阀节流口会继续开大。

由于平衡阀已开启，通油箱，p_A 会急剧下降。活塞加速度 a 会增加。

到时刻 t_2，活塞下降速度 v 达到

$$v = q_B/A_B$$

p_B 不再上升。平衡阀节流口不再增大。

4）从时刻 t_2 开始，由于活塞已有相当速度，p_B 开始下降，p_A 开始恢复，如果顺利的话，到时刻 t_3，系统进入稳态：平衡阀节流口保持稳定，不再增大。p_A、p_B 进入稳态：$p_A = p_{AW}$，$p_B = p_{BW}$。

这是一个相当理想化的过程。略去了很多因素，如：平衡阀阀芯的惯量、阻尼，运动的滞后、液压缸两腔的液容，等等。其中有些因素会导致系统反复振动。

若能降低换向阀切换速度，或者采用换节阀，或选用开启缓慢的平衡阀，也有助于减小 p_A 的压力突跌。

6. 在平衡阀负载口前附加节流口

在平衡阀负载口前加入适当节流口，如图 7-20 所示，有以下作用。

1）可以分散压降，帮助消耗能量。有时，需要消耗掉的负负载功率可能达几百 kW。如果集中在一个节流口，发热严重，温升很高，还可能引起卡阀。

2）固定节流口不会振动，可以帮助减小振动。

3）落在平衡阀节流口两侧的压降小了，节流口就可以开得大些，通过对阀芯位置的波动就不那么敏感了。

4）可以避免，在通道刚开启瞬间，流量过大引起的冲击。

只是，简单节流口在负载上升时，不必要地消耗了能量。所以，可以根据情况采用单向节流阀。

另外，考虑到平衡阀常常必须安装在靠近液压缸的底部，液压缸中的污染颗粒很容易堵塞节流口，因此，最好在平衡阀的负载口前也装一粗的过滤网。

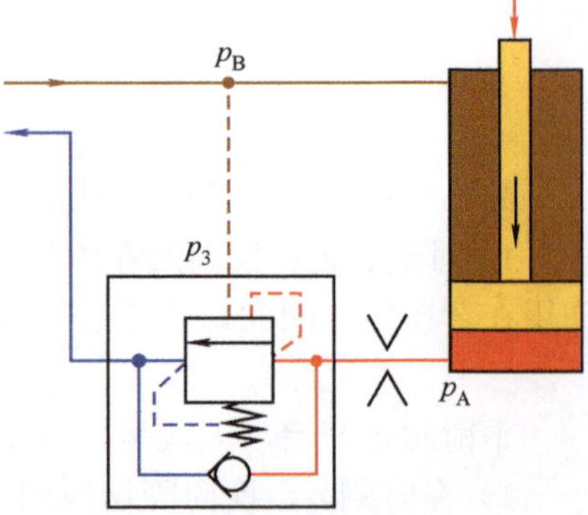

图 7-20 用附加节流分散压力降

第 8 章　平衡阀的应用

8.1　可以不用平衡阀的场合

控制负负载并非一定要使用平衡阀，以下是几种可能。

1. 恒流量系统

（1）回路

如果负载有变动但持续为负，要求排出的流量基本固定不变的话，可以考虑采用二通流量控制阀来保持流量恒定（见图 8-1）。

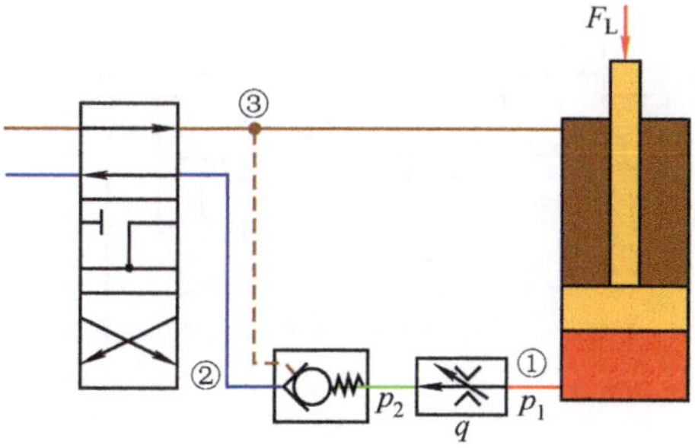

图 8-1　恒流量下降回路

（2）局限性

1）二通流量控制阀只有在进出口压差（p_1-p_2）大于其最低工作压差 Δp_{min} 时（见图 8-2a，区Ⅱ），才可以保持通过二通流量控制阀的流量一定程度地不随压差变化。否则（区Ⅰ），流量就不能保持恒定。

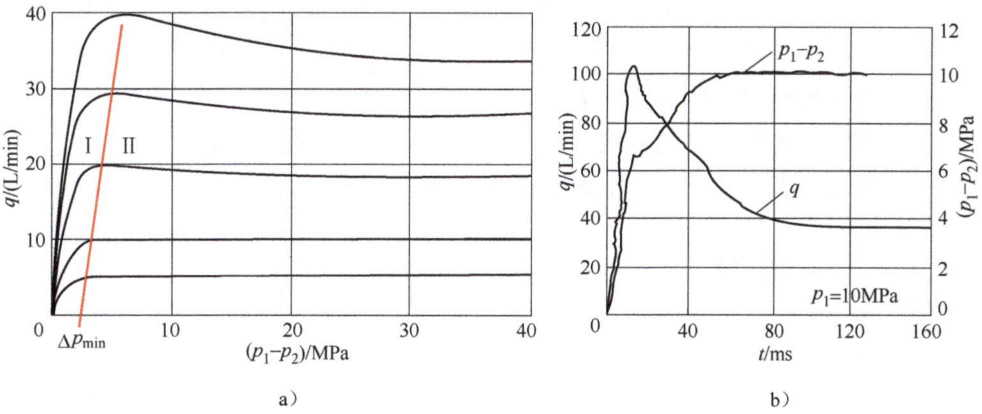

图 8-2　某个二通流量控制阀的控制特性

a）稳态特性　b）瞬态特性[16]

Ⅰ—压差过低区　Ⅱ—正常工作区

2）就瞬态来说，二通流量控制阀有初始突跳现象（见图 8-2b）。其原因是，在刚开始，压差从零上升到工作状态的过程中，阀芯从最初的静止位置（节流口最大）移到工作位置，需要一段时间，在这段时间里，通过流量会高于设定值（详见参考文献[1]6.2.1 节）。

3）这种手动调节型的二通流量控制阀要改变设定流量也不很方便。

4）对于液压缸驱动的三连杆机构或摆动结构而言，液压缸的移动速度恒定，并不等于负载运动的速度恒定。

5）此回路没有次级溢流功能。

2．恒负载系统

（1）回路

如果负载是基本恒定不变的话，原则上来说，也可以采用溢流阀来控制负载下降，如图 8-3 所示。

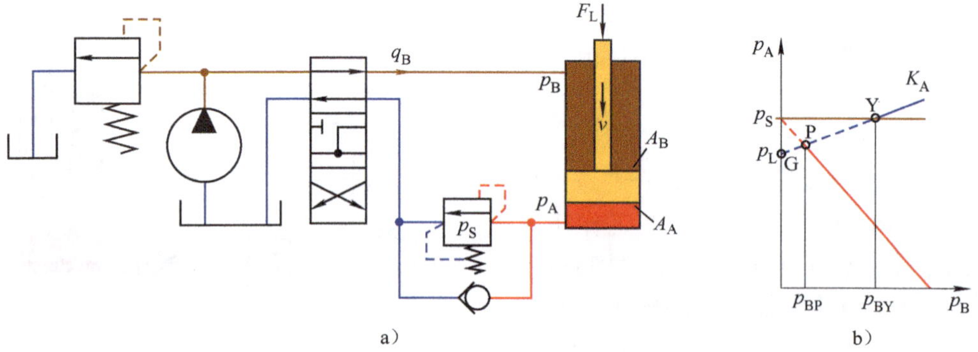

图 8-3　恒负载系统

a）回路　b）工况点对比

G—静止工况　P—使用平衡阀的工况点　Y—使用溢流阀的工况点

设定溢流阀的开启压力 p_S 为最高负载压力 p_L 的 1.3 倍。

在 B 腔无压力时，溢流阀关闭，无泄漏，可以保证负载不下降（工况点 G）。

换向阀切换到下降位后，p_B 通过活塞，使 p_A 增高，直至（工况点 Y）

$$p_A = p_L + p_B A_B / A_A > p_S$$

溢流阀开启，负载下降。

（2）局限性

1）从工况点的对比（见图 8-3b）可以看出，驱动压力 p_B 在使用溢流阀时（p_{BY}）要比使用平衡阀时（p_{BP}）高，q_B 越高，p_B 也越大。因此，能耗高。尤其在液压缸面积比 K_A 较小（特性线较平）时，两者的差别更为显著。

2）普通溢流阀，尤其是用作安全阀的溢流阀，追求的是灵敏——快速开启，用在这种场合中很容易出现，一下子开口就很大，导致压力速度波动很大。

3. 含反馈系统

（1）回路

使用换节阀对液压缸进行出口节流（见图 8-4）。

1）操作者时时紧盯着负载，随时根据负载速度调节换节阀（手动，或手动液控多路阀）的节流口，也可以控制负负载。

这是一个人工反馈控制系统。

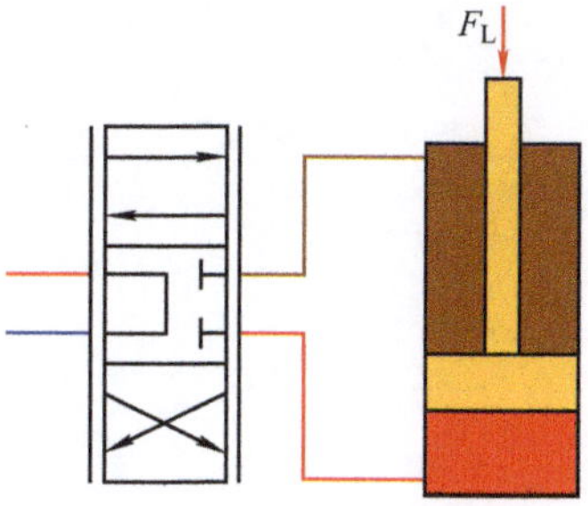

图 8-4　反馈控制换节阀

2）负载上带有速度（或位置）传感器，把实际负载的速度（位置）用电信号反馈给控制器。控制器不停地把负载当前的实际速度（位置）与预设定的希望速度（位置）比较，时时调节换节阀（电比例阀、电液比例阀、伺服阀），理论上也可以完成控制负负载的任务。

（2）局限性

1）此回路没有负载保持功能。

2）此回路没有次级溢流功能。

3）人工控制与电控，响应速度和可靠性都是不容轻视的问题。

8.2　调节输入流量的方法

本质上来说，平衡阀只是一个安装在液压缸背压腔出口，受驱动腔压力控制的液阻。这个液阻与背压腔出口的压力共同决定流出背压腔的流量，所以，用平衡阀并不能直接控制活塞的移动速度。

而驱动腔的压力是由输入流量与活塞的移动速度决定的。所以，对平衡阀-液压缸子系统而言，输入流量是决定活塞移动速度的关键因素（见图 8-5）。

因为平衡阀本身并不能调节输入流量，因此，还必须另有措施来调节输入流量。调节流量的方法很多[1]，大致可分以下两类。

1. 容积控制

容积控制，也被称为泵控，泵只输出需要的流量。

优点：流量受负载影响很小；节能。

缺点：每个或每组执行器必须单独配一个泵。

（1）定量泵

定排量泵，且定转速（见图 8-6），因此，输出流量恒定。回路中溢流阀仅起安全作用。

优点：造价低。

缺点：流量不能调节改变。

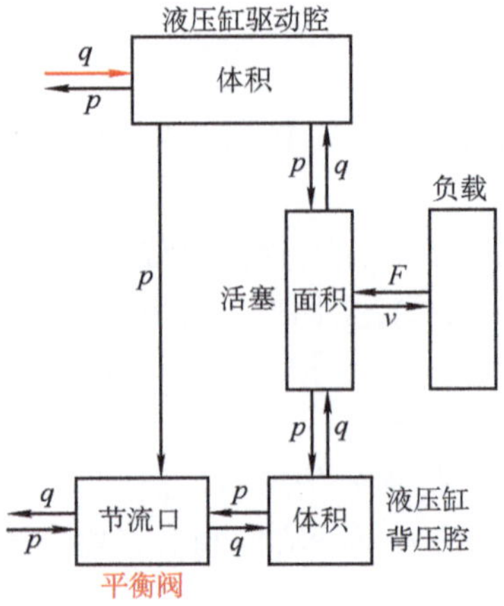

图 8-5　因果关系示意图

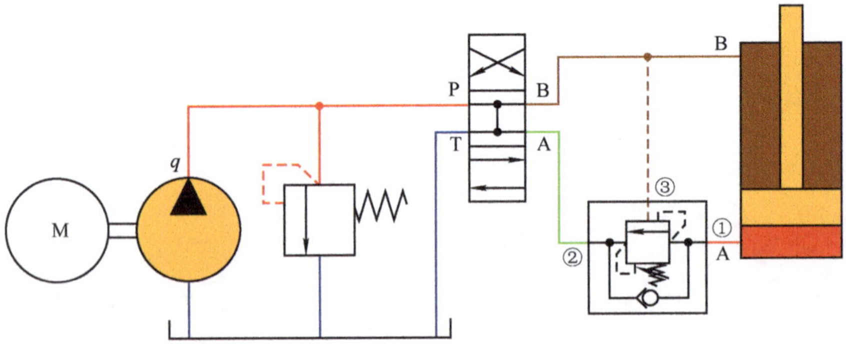

图 8-6　定量泵回路示意

（2）变量泵

通过调节泵的**转速**或（和）**排量**，来调节泵的输出流量（见图 8-7），从而改变输入液压缸的流量。

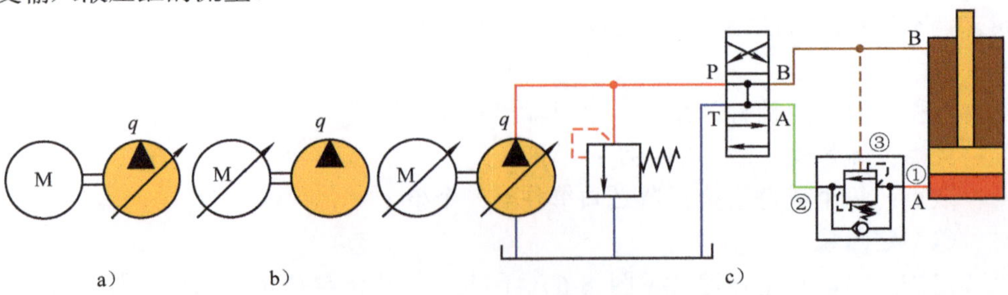

图 8-7　变量泵回路示意图

a）定速电动机变排量泵　b）变速电动机定排量泵　c）变速电动机变排量泵

优点：流量可根据需要大范围调节。在需要流量较小时，降低泵的转速，比单纯减小排量，效能要高。

缺点：造价高些。

如果泵由内燃机带动，也可以通过改变内燃机转速来改变输出流量（详见参考文献[1]第 3.1.3 节）。

2. 液阻控制

液阻控制，也被称为阀控，由压力源和液阻组合而成。利用阀产生的液阻，迫使多余的流量被旁路掉，或者泵不输出多余的流量，只有需要的流量进入液压缸。

（1）液阻

1）以节流阀作为液阻，作进口节流的话，实际通过的流量是由节流阀的节流口面积与节流口两侧的压差决定的。

2）使用换节阀，一般同时作进口和出口节流。实际通过的流量直接是由进口节流口面积与节流口两侧的压差决定的。但出口节流也会间接影响液压缸驱动腔的压力，从而通过流量。

3）带定压差阀的节流，如二通流量控制阀、三通流量控制阀、负载敏感回路等，通过定压差阀消耗掉一部分压力，或旁路掉一部分流量，可以做到通过流量基本恒定，不受负载影响（详见参考文献[1]第 6、10 章）。

（2）压力源

可分两类。

1）压力源由定量泵 + 溢流阀组成（见图 8-8）。泵输出的流量 q_P 基本不变，通过溢流阀把多余的流量 q_Y 旁路掉。

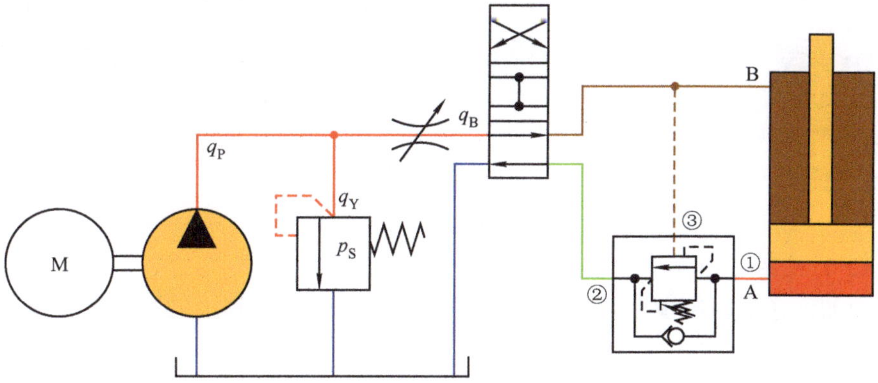

图 8-8　定量泵 + 溢流阀回路示意图

2）变量泵。输出流量可随出口压力变化，从而没有多余的流量。回路中溢流阀仅起安全作用。

最常见的是采用恒压变量泵（见图 8-9），p_P 基本保持恒定。也可以采用恒功率变量泵、恒压差（负载敏感）变量泵（详见参考文献[1]第 3 章 3.2 节）。

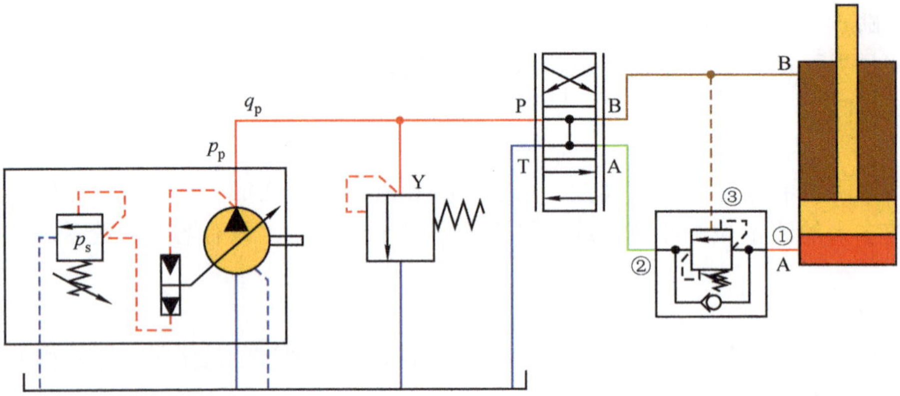

图 8-9　恒压变量泵回路示意图

8.3　双平衡阀块

一般平衡阀供货商都提供两个平衡阀集成在一起的双阀块（见图 8-10），以满足以下工况。

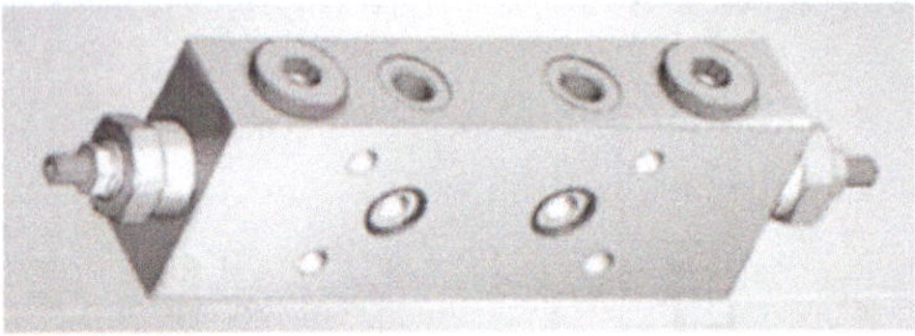

a）

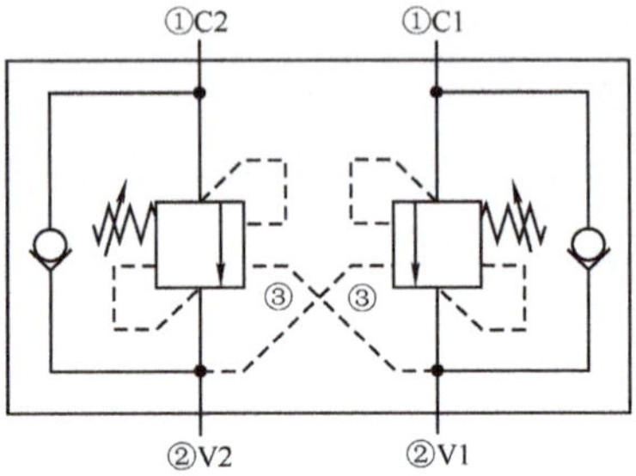

b）

图 8-10　双阀块

a）外形图　b）回路图

1. 一个液压缸两腔都会有负负载

例如，在液压缸驱动摆动负载时，两腔都会轮流受到正的和负的负载（见图 8-11）。

注意：如果希望进出液压缸的流量不同，例如，由于活塞两侧面积不同，则可以根据实际情况，选用不同规格的平衡阀。

2. 换向阀在中位时负载压力会变化

（1）回路

在类似图 8-12a 所示的回路中，负载 F_L 始终是单向向下的。但是，当换向阀处于中位，负载 F_L 减小时，如果没有其他限制，液压缸下腔的压力 p_A 会相应降低，下腔中的压力油就会由于油的弹性而膨胀，活塞杆就会少量伸出。

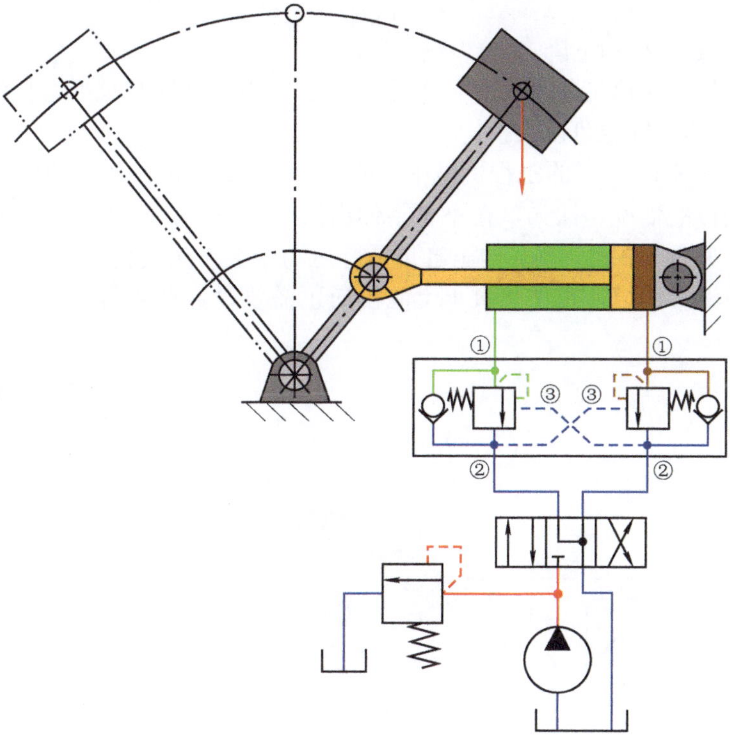

图 8-11　摆动负载

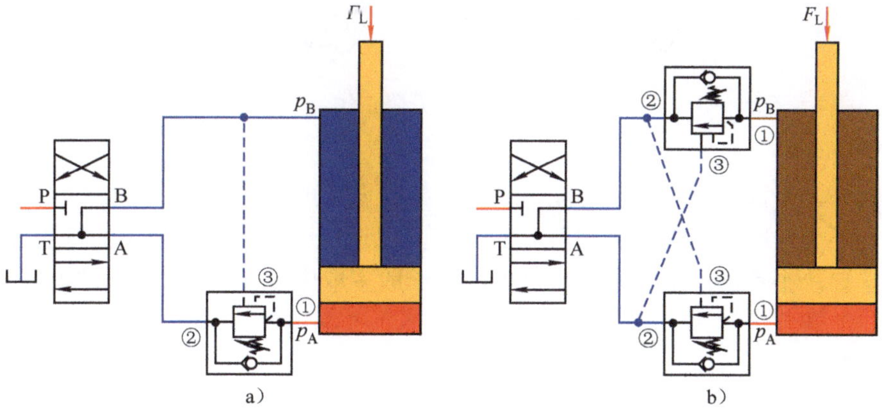

图 8-12　单向负载

a）仅下腔设置平衡阀　b）两腔都设置平衡阀

如果伸出量是不可接受的，可以在上腔出口也设置平衡阀（见图 8-12b），使上腔在换向阀中位时也是封闭的。这样，活塞的上移必然会引起 p_B 的增加，就一定程度弥补了 p_L 的下降，因为

$$p_A = p_B K_A + p_L$$

所以，可以减少 p_A 的下降。

这样，虽然不可能绝对阻止，但至少可以相当程度地减少活塞杆的伸出量。负载 F_L 增加的情况也可以类推。

在类似图 8-13 所示的工程机械中，伸出缸 1 与变幅缸 2 由不同的换向阀控制，也会出现类似的情况。比如，在不希望伸出缸 1 运动时，伸出缸 1 换向阀停在中位。但随着变幅缸 2 的运动，伸出缸 1 两腔压力也会发生变化，就会引起伸出缸 1 的上窜或下滑。所以，在伸出缸 1 上腔出口也需要设置平衡阀。

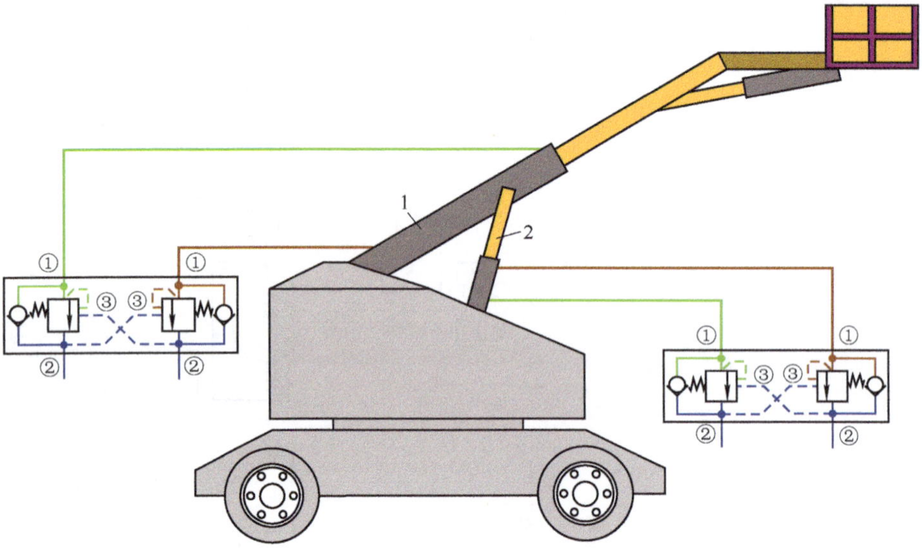

图 8-13 液压升降工作台

1—伸出缸 2—变幅缸

另外，平衡阀没有换向功能，必须另配换向阀或换节阀。

在不工作时，一般都希望驱动腔卸荷，以避免驱动腔中被封闭的压力开启平衡阀，导致不希望的下滑。所以，换向阀一般多取中位 Y 型（见图 8-14a），或 H 型的。

（2）局限性

在液压缸位置较高，油箱位置较低时，B 腔可能会由于虹吸原理而被吸空，这样，在换向阀切换到下降位时，B 腔需要较长的建压时间。为避免吸空，可以在换向阀的回油管道上设置一个低开启压力，例如，0.05MPa 的单向阀（见图 8-14b）。

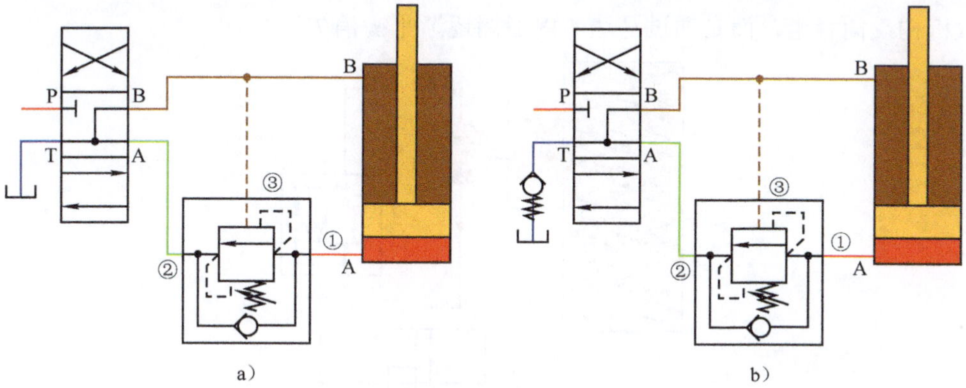

图 8-14　换向阀中位使用 Y 型

a）回路　b）回油管路设置单向阀

8.4　用于控制马达

在马达控制回路中，也经常使用平衡阀。

在这里，平衡阀仅发挥其液控节流功能。因为马达本身总有内泄漏，所以，平衡阀起不了保持负载位置的作用，一般需要附加制动器来保持负载。

同样是用于控制马达，但用于行走机构、绞车或回转机构，由于负载特性不同，回路也必须不同。

1．用于控制行走机构

行走机构采用马达驱动，比普通机械直接驱动灵活得多。

履带挖掘机、拖拉机等的各类负载中主要是机械与地面的摩擦力，因此主要是被动性的正负载，有时还有下坡时重力造成的负负载。大多数工况中，由于速度不很高，惯性力一般都不太大，持续时间也不长。

在马达驱动的行走机构（见图 8-15）中使用平衡阀，可以提高操控性，以避免在下坡时出现不希望的“溜坡”。

在正常行走时，泵出口有压力，此压力开启平衡阀。

若行走机构出现“溜坡”现象：由于下坡时的负负载，马达转速超过了泵提供的流量，泵出口失压，则平衡阀自动关小，以限制速度，也因此被称为“限速阀”。

实际上，行走机构双向都可能出现“溜坡”现象，所以，双向都需要设置平衡阀。

希望停止行走时，换向阀从工作位切换到封闭的中位，马达两侧一般都会由于行走机构的惯性产生反向压力差。一般由于地面摩擦力较大，此压力差不会导致机构反向行走，而是通过马达的内泄漏逐渐平衡消失。

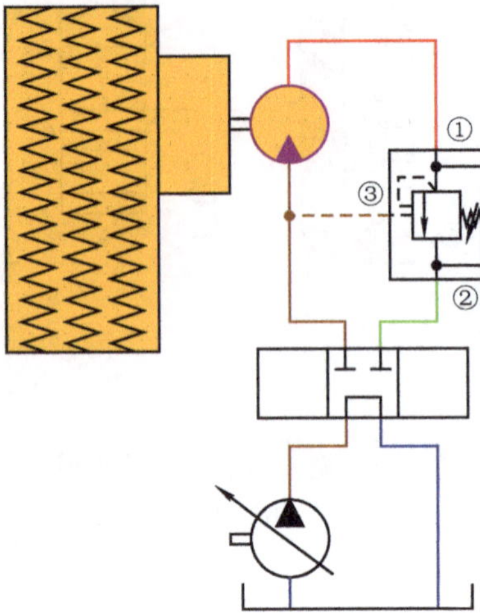

图 8-15　行走机构

2. 用于控制绞车

因为，绞车用的钢丝绳（尼龙绳）只能承受拉力，因此，绞车的负载基本上是单方向的。在收紧时是正负载，在放开时是负负载。负载压力可能在很大范围变化，从最小 p_{Lmin} 到最大 p_{Lmax}。

在图 8-16 所示的绞车控制回路中，设置了一个平衡阀与一个液控换向阀。

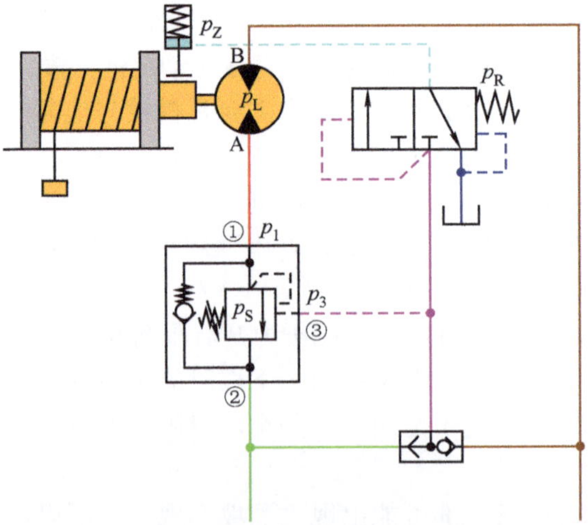

图 8-16　绞车控制回路

负载下降时的液流方向为 B→A

要注意以下几点。

1）在不工作时，液控换向阀（也可称为三通顺序阀）连通回油。驻车制动器由弹簧力压住主轴，主轴可停留在任意位置。

2）只有当p_3超过液控换向阀的切换压力p_R，液控换向阀才会切换到工作位，连通压力油至驻车制动器。只有p_3超过驻车制动器的开启压力p_Z，驻车制动器才会松开，绞车才可以运动。一般设定$p_Z < p_R$。

3）需要负载上升时，液流从平衡阀口②到阀口①，再到马达口A。同时，经过梭阀，作用于液控换向阀。当驱动压力p_2超过p_R时，切换液控换向阀，松开驻车制动器。

因为此时

$$p_2 = p_L + \Delta p_{2-A}$$

式中 Δp_{2-A}——液流从平衡阀口②到口①再到马达口A的压降。

所以，为了保证在负载压力最低p_{Lmin}时，驻车制动器也持续松开，必须

$$p_{2min} = p_{Lmin} + \Delta p_{2-A} > p_R$$

也即，必须保证

$$\Delta p_{2-A} > p_R - p_{Lmin}$$

所以，这种场合下平衡阀单向功能的压降不能太小。

4）在负载下降时，马达承受负负载

$$\begin{aligned} p_1 &= p_A \\ &= p_B + p_L \\ &= p_3 + p_L \end{aligned}$$

如果应用普通同向型平衡阀，则其开启条件

$$p_1 + K_C p_3 > p_S$$

可改写作

$$(1 + K_C)p_3 + p_L > p_S$$

也即

$$p_3 > (p_S - p_L)/(1 + K_C)$$

即，负载压力p_L越大，开启平衡阀通道①→②所需的控制压力p_3越小。在最高负载p_{Lmax}时，只要

$$p_3 > (p_S - p_{Lmax})/(1 + K_C)$$

就能开启。

所以，为了保证这时驻车制动器也已松开，必须保证

$$(p_S - p_{Lmax})/(1 + K_C) > p_R$$

如果平衡阀的开启压力p_3低于松开制动器需要的压力p_Z，平衡阀开启了，却不能维持制动器持续松开，会导致制动器时开时关，运动不稳定，磨损严重。所以，应该

——仔细核算开启压力 p_3。

——或者采用反向型平衡阀。

——或者采用控制压力不受进口压力影响的运动控制阀。

5）由于马达总是有内泄漏的，如果驻车时间较长，A 腔就会出现低压或无压力。这样，在松开驻车制动器的一霎那，就会由于 A 腔液压油的弹性，出现“溜车”。所以，平衡阀应该尽可能地靠近马达 A 口安装，减小 A 腔的容积。

3. 用于控制回转机构

回转机构，如挖掘机，起重机等，大多配有回转轴承，因此摩擦力较小。相对来说，较大的问题是如何处理制动时惯性造成的剩余动能。

理论上来说，把换向阀从工作位切换到 A、B 皆截止的中位（见图 8-17），就可以使马达停止转动。但此时，回转机构所具有的动能会在背压腔造成很高的压力。此压力可能引起回转机构反转。

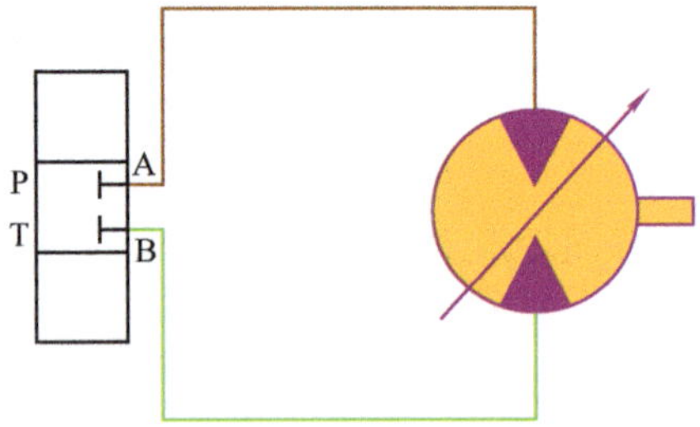

图 8-17　普通回转机构

为了防止反转，通常设置溢流阀（见图 8-18），使此压力一定程度快速释放。

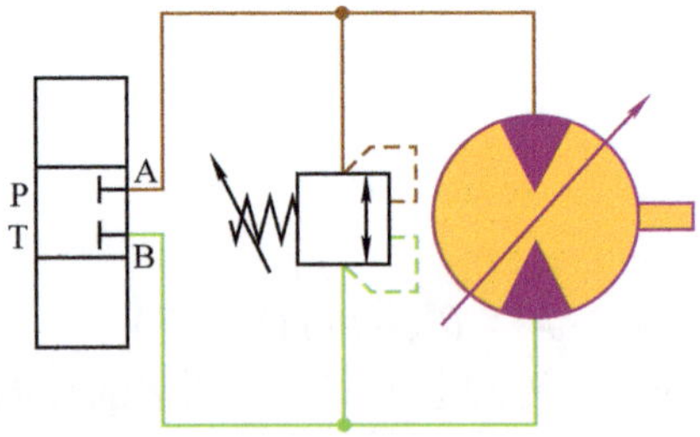

图 8-18　用溢流阀释放部分剩余动能

溢流阀的设定压力是很关键的。

设定得低，制动比较柔和，但定位准确度差一些。

设定得高，定位准确度是高了，但剩余的压力，还是可能引起反转。所以还需要防反弹阀来卸荷，详见参考文献[1]第 11.2.3 节。

如果在回路中设置平衡阀（见图 8-19），在减速时，平衡阀的节流口就关小，提高背压，消耗动能，可以减小停止时的冲击。

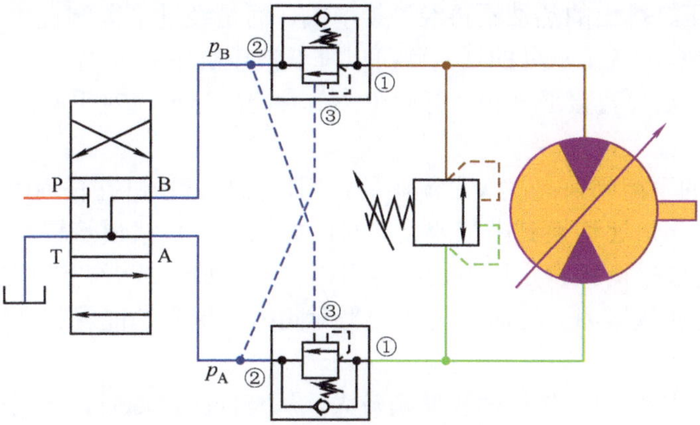

图 8-19　在控制回路中设置平衡阀

8.5　用作出口旁路阀

采用进口节流（换节阀等）的场合，从节流口出来的热油进入液压缸。换向后热油排出，但如果换向阀距液压缸较远，停留在液压缸与换向阀之间的管道中的热油就会相当多。再次换向时，热油又进入液压缸。这样，在负载运动方向频繁变化时，热油会长时间停留在液压缸中，这对液压油和密封圈都不利。

在图 8-20 的回路中，设置了平衡阀作为出口旁路。有以下优点。

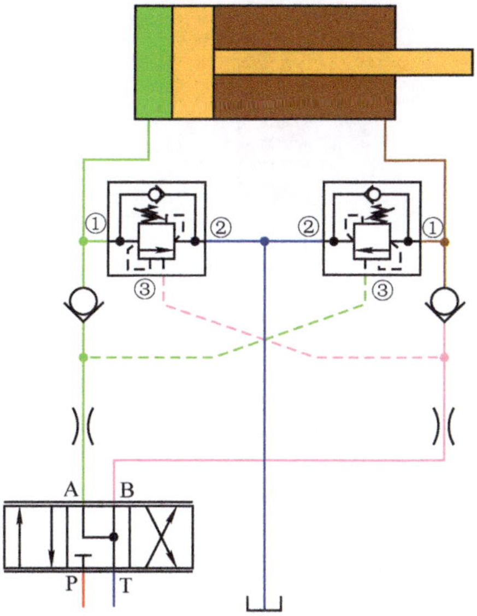

图 8-20　平衡阀作为旁路阀

1）从液压缸排出的热油不再经过换节阀，而是经过平衡阀直接回油箱。如果平衡阀设置在靠近液压缸处的话，就可以降低液压缸中的油温。

2）平衡阀出口直接通油箱，可避免换节阀的出口节流对平衡阀工作压力的影响。

3）这时的平衡阀兼具次级溢流阀的作用，保护液压缸在任何时候都不超压。例如：在换向阀快速切换到中位或反向时，如果由于负载惯量较大，在背压腔造成了高压，超过平衡阀设定压力的部分可以借此释放；或者在液压油由于温度上升，热膨胀时释放压力。这时，另一侧平衡阀中的单向功能就起补油的作用，避免吸空。

4）如果液压缸两腔作用面积差别较大，从有杆腔进油时，从无杆腔流出的流量会很大。如果从换向阀回油，就需要一个大通径的换向阀。采用此回路，只需在无杆腔设置一个大通径的平衡阀。

缺点：需要另外设置从平衡阀块到油箱的回油管。

8.6 提高回路安全性的措施

对于安全性要求较高的设备，可以考虑液控单向阀串联平衡阀（见图 8-21）。在没有控制压力时，如果两个阀中有一个失效不能关闭，另一个还可以保证负载停住。

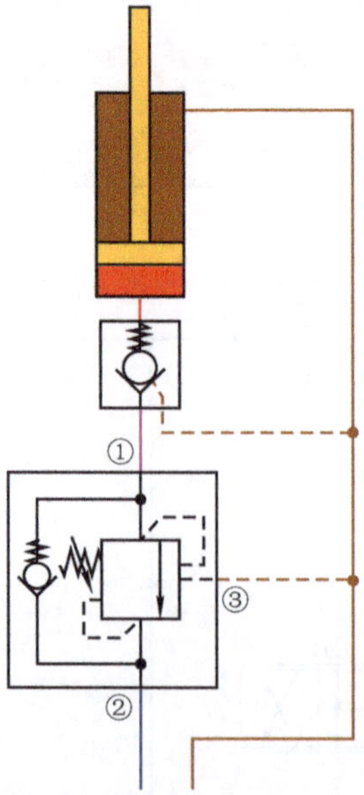

图 8-21 液控单向阀串联平衡阀

如果平衡阀失效了，比方说，是同向型的，由于弹簧折断。在负载保持时，由于有液控单向阀在起作用，不会察觉。但在下降时，就会出现振动。

但如果平衡阀还正常，液控单向阀失效，就不易被察觉。需要的话，可以使用带阀芯位置监测的液控单向阀。

为进一步提高工作中的安全性，液控单向阀可以采用另外一个压力源分开控制（见图 8-22），以避免误操作造成误动作。

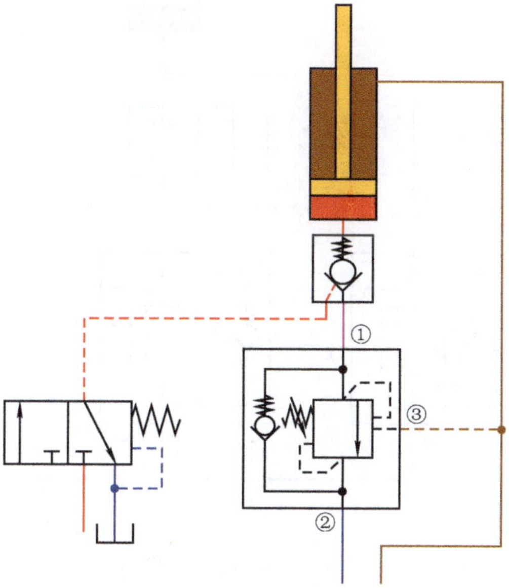

图 8-22　液控单向阀分开控制

8.7　降低能耗的措施

如在 4.3 节已述及，平衡阀的控制比越低，稳定性越好，但耗能也越多。除了使用 4.3 节、4.4 节介绍的控制比可变的平衡阀外，还有一个方法是，并联两个不同控制比的平衡阀（见图 8-23）。此方法既能保证稳定性，又能降低能耗。

一般，使用低控制比的 V1，以保证系统稳定。

在系统肯定能稳定运行的阶段，切换二通阀，使用高控制比的 V2，降低控制压力，从而降低能耗，降低运营成本。

当然，投资成本会增高一些。

8.8　应用于成组液压缸

实际应用中，经常会遇到，由于负载过大，需要使用几个液压缸成一组，驱动同一负载。

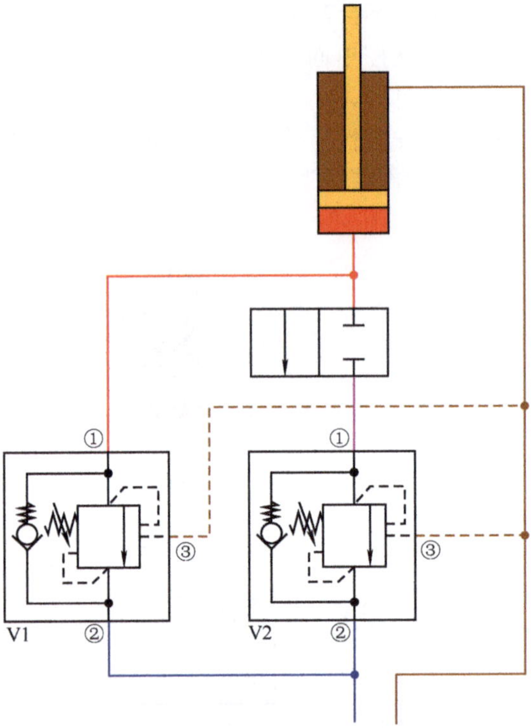

图 8-23　并联两个不同控制比的平衡阀（升旭）
V1—低控制比　V2—高控制比

为了避免负载倾斜，希望各液压缸同步运动，保持相同的速度和位置。然而，由于实际系统中种种因素的影响，运动过程中各缸多少总会出现一点位置或速度的差异。所以，关键的问题是，如果出现了差异，系统能否自动补偿矫正，还是会进一步恶化，加大差异。

这类应用有两种类型：无导向，有导向（见图 8-24）。

大多数液压机构中，液压缸与结构件之间都采用铰接，以避免液压缸受到侧向力。

有导向的，导向柱与导向孔间总有间隙，在间隙范围内，负载还是可以像无导向的那样浮动倾斜。不同步虽然不会导致大尺度倾斜，但还是会增加导向的磨损，同样是需要避免的。因此，以下仅讨论无导向的应用。

在下降时，这些液压缸的速度不可能始终完全一致，因此，总有某个液压缸下降得快一些，从而处于略低的位置。一般当然希望，已经处于略低位置的液压缸下降得略慢些，至少不要变快，以避免负载进一步倾斜。为达到这个目的，每个液压缸应该各用一个平衡阀，还是共用一个平衡阀呢（见图 8-25）？

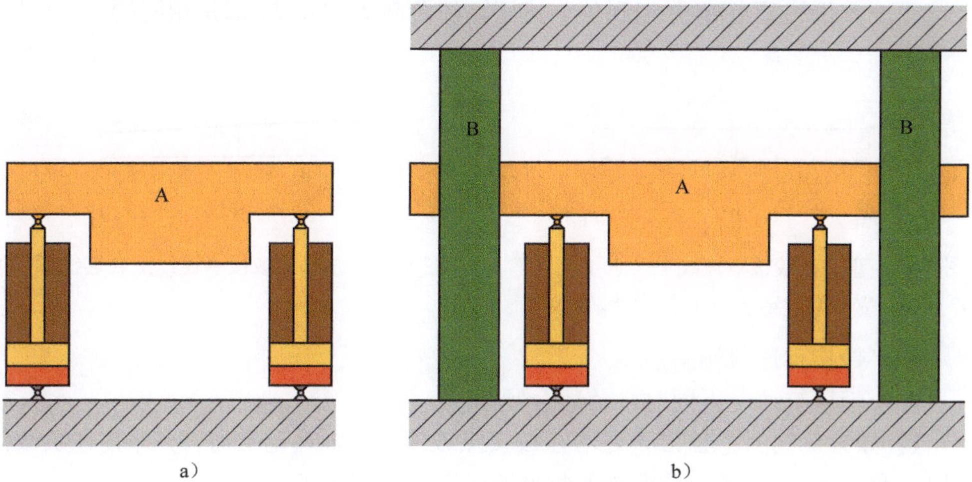

图 8-24　液压缸成组驱动同一负载
a）无导向　b）有导向
A—负载　B—导向柱

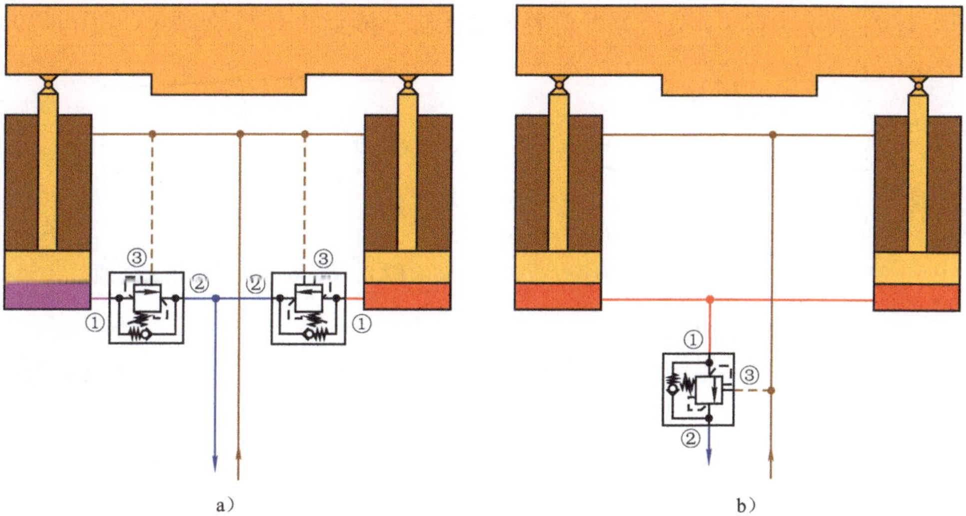

图 8-25　液压缸成组并联
a）两侧各用一个平衡阀　b）两侧共用一个平衡阀

这要根据具体情况分析，而且在使用反向型平衡阀与同向型平衡阀时，情况也不同。

1．重心在铰接点连线的中心线上

（1）铰接点连线处于水平位置

当铰接点连线处于水平位置时（见图 8-26），则无论重心 Z 高于还是低于铰接点连线，负载的重力 W 分配到各个液压缸的负载力 F_H、F_L 都是相同的。

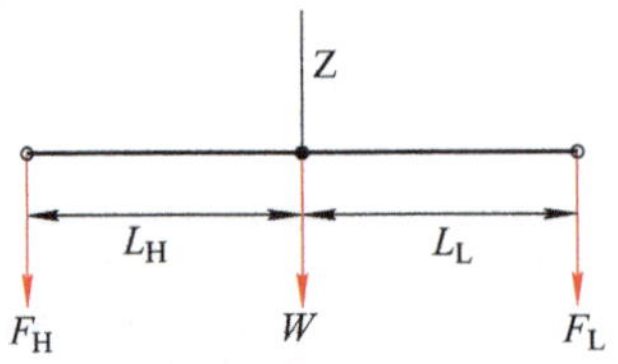

图 8-26　重心在铰接点连线上（水平位置）

Z—重心　W—重力 F_H、F_L—作用于液压缸的分力

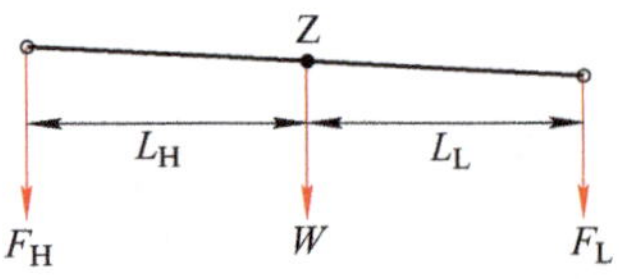

图 8-27　重心在铰接点连线上（连线倾斜）

（2）铰接点连线倾斜后

各个液压缸速度不同时，负载会倾斜。

1）如果负载的重心 Z 正好落在铰接点连线上。则理论上而言，即使在负载倾斜时，负载的重力 W 还是平分于两个液压缸（见图 8-27）。

2）如果负载的重心 Z 高于铰接点连线，则理论上而言，在负载倾斜时，由于力臂 L_L 小于力臂 L_H，处于略低位置的液压缸分摊到的力 F_L 会增加（见图 8-28）。

3）如果负载的重心 Z 低于铰接点的连线，则理论上而言，在负载倾斜时，由于力臂 L_L 大于力臂 L_H，处于略低位置的液压缸分摊到的力 F_L 会减小（见图 8-29）。

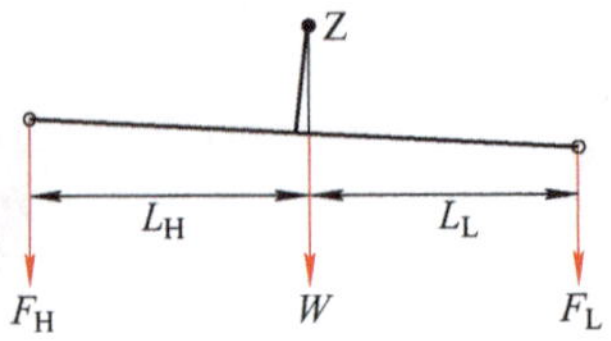

图 8-28　重心高于铰接点连线

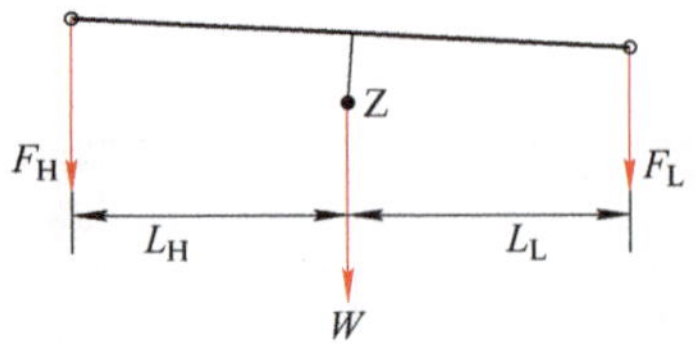

图 8-29　重心低于铰接点连线

（3）对下降速度的影响

1）在共用一个平衡阀时，从负载压力高的液压缸流出的流量肯定会多，因此，下降速度会增加。

这样，对于图 8-28 所示的负载重心高于铰接点连线的装置，倾斜情况就会进一步恶化。

而对于图 8-29 所示的，负载重心低于铰接点的连线的装置，倾斜情况会有所改善。

2）在各用一个平衡阀时，各个平衡阀的控制压力是相同的。因为，对于同向型平衡阀，其负载压力 p_L 增高（p_{L1}→p_{L2}，G1→G2）时，通过它的流量就会增大（q_1→q_2）（见图 8-30），因此

——对于图 8-28 所示的负载重心高于铰接点的连线的装置，情况得不到改善。

——对于图 8-29 所示的负载重心低于铰接点的连线的装置，情况会有所改善。

对于有些反向型平衡阀，情况则相反：负载口压力升高，通过流量会下降。

当然，在实际工作中，在很多情况，重心位置并不容易确定。如有可能，可进行测试。在不同位置，测试在适当倾斜后液压缸出口静态压力的变化。

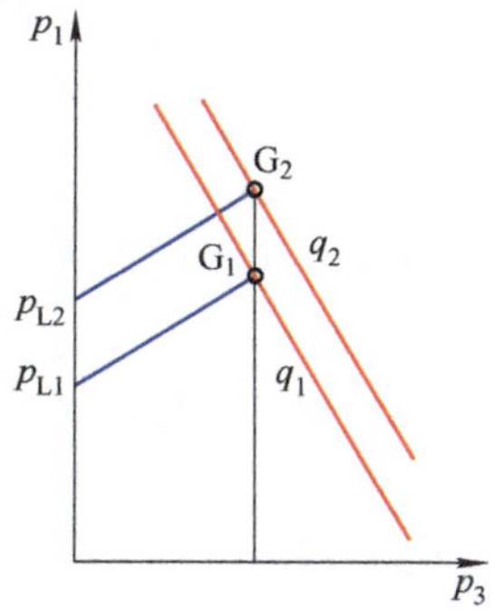

图 8-30 同向型平衡阀负载变化对通过流量的影响

2. 重心不在铰接点连线的中心线上

如果重心根本不在铰接点连线的中心线上，分配到各个液压缸的负载有明显差别，使用一个共用的换向阀，肯定不能自动等速下降。即使各用一个换向阀，也不能解决液压缸下降速度不同的问题。可采取以下措施解决此问题。

（1）在液压缸进出口处增加分流设施

1）采用分流集流阀，详见参考文献[3]第 7 章。

2）采用分流泵。

（2）位置闭环调节系统

使用电比例阀或伺服阀作为控制阀。各个缸分别设置位置传感器。根据位置差别及时调整液压缸的下降速度。

8.9 用在差动回路中

1. 关于差动回路

差动回路（differential circuit），用于差动缸：在活塞杆伸出时，使差动缸的两腔相互连通（见图 8-31），把有杆腔排出的压力油再引入无杆腔。也被称为再生回路（regenerative circuit），但与第 10 章中将提及的再生回路有根本的不同。这里是活塞杆向外运动，克服正负载伸出，第 10 章中是活塞杆承受负负载缩回。

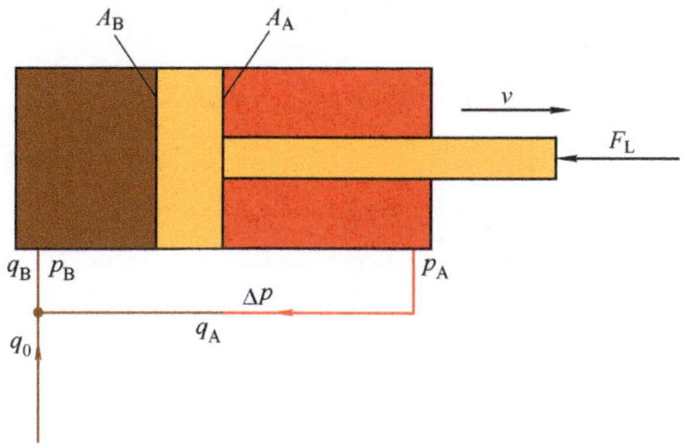

图 8-31 差动回路原理

（1）速度

因为活塞的移动速度

$$v = q_B/A_B$$
$$= (q_0 + q_A)/A_B$$
$$= q_A/A_A$$

所以，实际进入无杆腔的流量

$$q_B = q_0 A_B/(A_B - A_A)$$

活塞的实际移动速度

$$v = q_B/A_B = q_0/(A_B - A_A)$$

（2）压力

1）如果忽略流量 q_A 从有杆腔流到无杆腔时的压降，即把两腔进出口的压力看作相等

$$p_A = p_B$$

则根据作用在活塞上的力平衡方程式

$$p_B A_B = F_L + p_A A_A$$

可以得到无杆腔压力，也即驱动压力

$$p_B = F_L/(A_B - A_A)$$

这时，负载决定压力的因果关系没变，只是有效作用面积小了，为活塞与活塞环两者面积之差，实际上就等于活塞杆的截面积。所以，驱动压力要高于非差动回路。活塞杆越细，驱动压力增加越多。

比方说，一个差动缸的活塞与活塞杆的直径比为 2∶1，即活塞与活塞杆之面积比为 4∶1，则使用差动回路后，速度为原先的 4 倍，驱动压力也增加到 4 倍。

2）在实际工作中，两腔压力 p_A、p_B 不可能相等。若流量 q_A 从有杆腔流到无杆腔的压降为Δp，即

$$p_A = p_B + \Delta p$$

则活塞的力平衡方程式就必须写为

$$p_B A_B = F_L + (p_B + \Delta p) A_A$$

从而得实际驱动压力

$$p_B = F_L/(A_B - A_A) + \Delta p A_A/(A_B - A_A)$$

即 p_B 实际上比忽略Δp 时还要高$\Delta p A_A/(A_B - A_A)$。

比方说，活塞与活塞杆的直径比为 2∶1 的话，有杆腔面积 A_A 与活塞杆面积（$A_B - A_A$）之比就是 3∶1，则实际驱动压力 p_B 还要再加 3 倍Δp。所以，降低Δp 对差动回路也是很重要的。

3）把液压缸两腔相连用作差动回路时，进出口的压力必定如图 8-32a 所示。把进出口压力近似看作两腔压力，与在负载 F_L 时的两腔压力平衡关系（参见图

1-45）结合在一起（见图 8-32b），也可获得实际工况点 G。

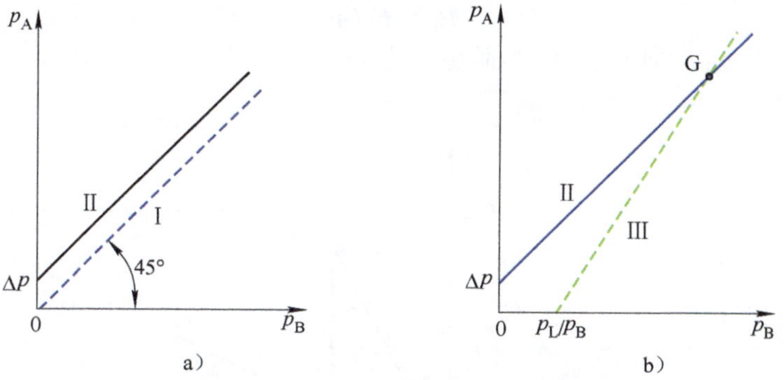

图 8-32　差动回路的压力工况

a）进出口压力　b）用图解法获得的工况点

Ⅰ—忽略压降的工况　Ⅱ—考虑压降的工况　Ⅲ—在负载 F_L 时的两腔压力平衡关系　G—负载 F_L 时的工况点

（3）应用

差动回路有以下长处。

1）有时，为了保证有杆腔有足够的作用面积，活塞直径也不能选得太小。此时，应用差动回路，可以不增加输入流量 q_0 获得较高的速度。

2）在多执行器变流量回路中，可以充分利用现有的较高的动力源压力，使用较少的流量，以降低能耗，详见参考文献[1]第 10 章。

3）在活塞杆伸出时，部分行程的负载很大（工进），因此，活塞必须有较大的工作面积。而部分行程的负载很小，如果应用差动回路快进，就可以提高工作效率。

（4）快进工进切换

图 8-33 所示回路采用一个二位三通换向阀 V2 切换。当 V2 处于左位时，为快进，切换到右位时为工进。

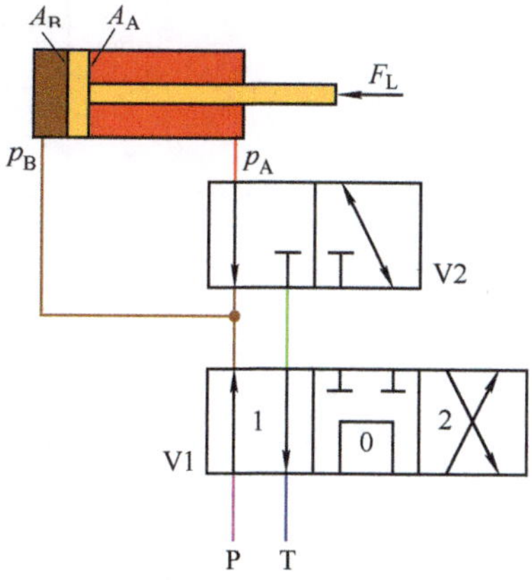

图 8-33　采用二位三通换向阀切换工进快进

0—停　1—进　2—退

此回路有以下局限性。

1）阀 V2 的切换需要另配外控：手动，位置控制，或压力控制。

2）切换时有压力冲击，因为压力随负载变化的情况如图 8-34 所示。

在快进工况时

$$p_B = F_L/(A_B - A_A)$$

而在从快进切换到工进时（Q 点），有杆腔压力 p_A 立刻从原来比 p_B 略高降至接近零，

p_B 也因此显著下降

$$p_B = F_L/A_B$$

所以，用换向阀切换，很难避免压力冲击与突跳。

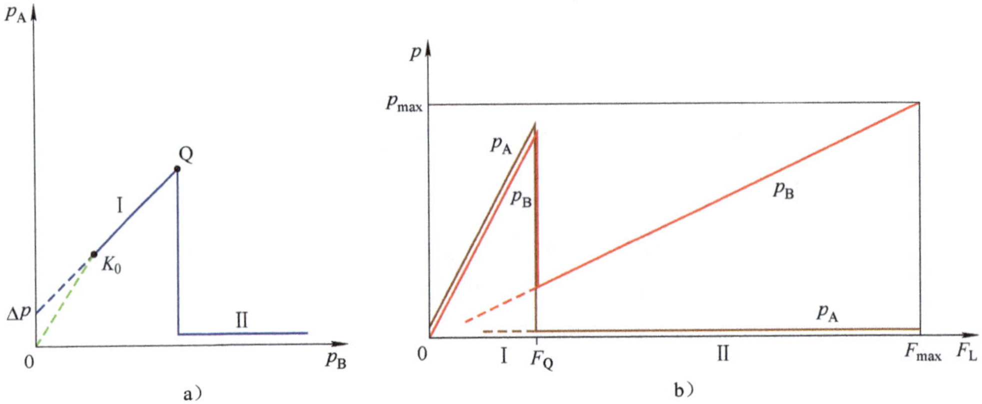

图 8-34　采用换向阀切换的压力变化情况

a）p_B-p_A 工况　b）负载-压力特性

Ⅰ—快进工况　Ⅱ—工进工况　K_0—负载 F_L 为零时的工况点　Q—切换点　F_Q—切换时的负载

2. 应用平衡阀实现自动切换

应用平衡阀切换（见图 8-35）有以下优点。

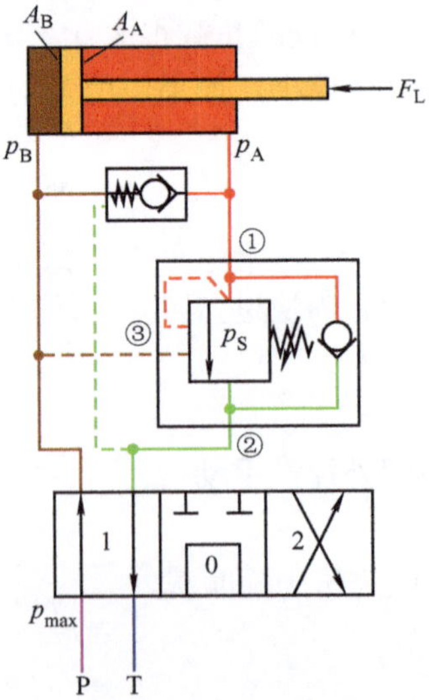

图 8-35　应用平衡阀自动切换的差动回路

0—停　1—进　2—退

1）可以实现根据负载自动切换。

2）可以把切换点设定在接近系统许用最高压力，充分利用系统能力。

3）切换过程会平稳得多。

（1）工作原理

1）换向阀在右位（2）时，压力油经过换向阀到平衡阀的②口，再通过平衡阀的单向功能进入有杆腔，液控关型单向阀（具体阀种可见[3]第 8.2.4 节）被压住关闭，活塞杆缩回。

2）换向阀切换到左位（1）。

如果负载 F_L 不高，p_A、p_B 不很高，不能开启平衡阀，则有杆腔的压力油通过单向阀流到无杆腔，实现快进。

如果 F_L 升高，导致 p_A、p_B 升高，足以开启平衡阀，则有杆腔的压力油通过平衡阀回油箱，实现工进。

（2）压力工况

应用平衡阀切换回路的负载-压力变化情况如图 8-36 所示。

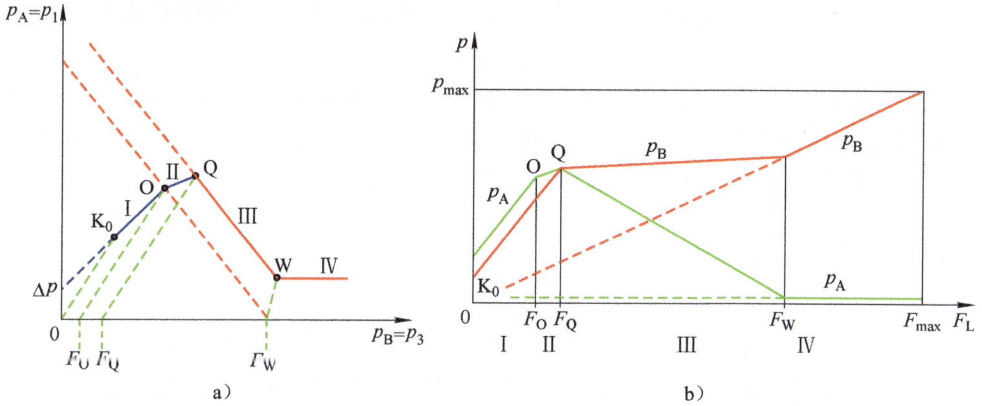

图 8-36 应用平衡阀切换回路的负载-压力变化情况

a）p_A-p_B 工况 b）负载-压力特性

K_0—无负载时的工况点，快进 O—平衡阀开启点 F_O—平衡阀开启负载 Q—切换到完全工进点 F_Q—切换到完全工进时的负载 W—平衡阀完全开起 F_W—平衡阀完全开启负载

1）在阶段 I

$$p_A K_C + p_B < p_S$$

式中 p_S——平衡阀设定的开启压力；

K_C——控制比。

平衡阀完全关闭，没有液流通过平衡阀，回路为快进工况。

K_0 点，无负载

$$p_B = \Delta p A_A/(A_B - A_A)$$

$$p_A = p_B + \Delta p$$

O 点

$$p_B K_C + p_A = p_S$$

平衡阀处于将开未开状态，此时的负载

$$F_0 = (p_S - \Delta p)(A_B - A_A)/(K_C + 1) - \Delta p A_A$$

2）在 $F_L > F_O$ 后，进入阶段Ⅱ

$$p_B K_C + p_A > p_S$$

平衡阀开始开启，从有杆腔出来的压力油部分通过平衡阀回油箱，不再全部进入无杆腔，回路尚处于快进工况。

由于经过液控单向阀去无杆腔的油越来越少，p_A、p_B 之差也越来越小。

直到 Q 点，从有杆腔出来的压力油全部都通过平衡阀回油箱，不再通过液控单向阀，$p_A = p_B$，回路转换入工进工况。

3）在阶段Ⅲ，随着 F_L 的逐渐增加，p_B 逐渐增加，因此，平衡阀节流口越来越大，p_A 因此逐渐下降。

4）直至阶段Ⅵ，平衡阀完全开启，p_A 降至很低，p_B 几乎完全由负载决定

$$p_B = F_L/A_B$$

与采用换向阀切换的回路相比，采用平衡阀的回路在切换过程中，有一个 p_A 随 F_L 增加而逐渐下降的阶段Ⅲ。p_A 的下降速率由平衡阀的控制比 K_C 决定：K_C 越低，p_A 下降越慢，压力冲击就越小，切换就越平稳。

8.10 平衡阀的选用

如已介绍，平衡阀的种类很多，选用不当，系统不但不能工作在最佳状态，而且还容易发生故障。祖训“不怕不识货，只怕货比货”在这里也是适用的。

在比较选用平衡阀前先应搞清楚整个液压系统（主机）的应用环境、工况、对平衡阀的具体要求。

选用平衡阀一般总是先根据产品说明书上提供的性能数据进行。但是，对平衡阀的测试既无国际标准，也未见国标、行业标准。所以，这些性能数据的获得方法完全可能不同。因此，简单比较产品说明书上的性能数据常常是不够准确的。

另一方面，这些性能数据还常常是不完整的。应该根据需要向供货商索取。不得已时，用户可以自己动手测试检验。

比较选用时要注意平衡阀的以下特性。

1. 单向功能

（1）名义流量，通流压力损失

平衡阀的名义流量一般都是指单向功能时，在约定压差下能通过的流量。而这个约定压差是没有世界统一规定的。所以，比较靠得住的是，根据阀的压差-流

量特性来检查比较通流压力损失。

（2）开启压力

单向功能的开启压力一般在 0.03～0.3MPa 范围内。低开启压力固然可以减少能量损失，但可能影响阀的关闭速度和之后的密封性，所以也应慎重权衡。

2. 负载保持功能

为保证这一功能就需要检查平衡阀在没有控制压力时口①→②的泄漏。

从密封角度出发，希望阀芯阀座软一些。但是，由于在工作中：

1）频繁地开启关闭，阀芯会快速地撞击阀座。

2）开口处的流速常常很高，高速液体裹着污染颗粒，对阀芯阀座密封面的冲刷磨损很大，也容易造成泄漏。

3）出口压力较低，开口处还常发生气蚀。

因此，又希望开口处的材料硬一些，以保证阀芯阀座有相当的工作寿命。所以一般常采用不太硬的材料作为基体，再做表面硬化处理。

即使是锥阀，如果密封面不绝对同心，就不可能绝对密封。因此，没有生产商保证绝对的密封，一般都以每分钟几滴（一般矿物油 16～20 滴 1mL）来表示。有的给出，例如，泄漏少于 5 滴/min。

所以，关键是实际系统能容忍多大的泄漏。这可以估算。比方说，一个液压缸活塞直径为 100mm，下腔是无杆腔，即面积约为 $80cm^2$。如果泄漏是 5 滴/min，1mL 算 20 滴，即泄漏流量为 0.25mL/min。把泄漏流量除以液压缸面积，$0.25mL/min/80cm^2$，即可估算出在此泄漏量时活塞的移动速度约为 0.03mm/min。移动速度也可借助附赠资源中的“液压系统设计估算 2016.xlsx”表格 1 估算。

还要注意到，密封面压得不十分紧，导致的泄漏量也会不同。需要和有条件的话，应在不同压力下，检测泄漏量。

从口③到口②也可能有泄漏，也要检查，是否可以容忍这种泄漏。

3. 溢流功能

（1）溢流压力

如已述及，同向型平衡阀的溢流压力也就是平衡阀最高可设定的开启压力，而反向型平衡阀则因为溢流阀与主阀是分开的，因此，溢流阀的开启压力与主阀的设定压力无关。

在选用前应该先确定系统（主机）需要的溢流压力。

1）根据最高负载，加一些余量，估算出最高负载压力。

2）根据举升最高负载时需要的最高速度，估算出需要的最大工作流量。

3）根据最大工作流量通过主通道各阀及管道的情况，估算出沿程损失，再加上最高负载压力，就可确定主溢流阀的设定压力 p_P。

4）p_P 乘以 1.3，就是平衡阀需要的溢流压力。

选用的平衡阀的许用溢流压力必须高于需要的溢流压力。

（2）关闭压力

溢流阀的开启与关闭曲线一般都不重合，即存在滞回。这是很难避免的。但在产品样本中一般都不告知。只是有的生产商保证，关闭压力不低于开启压力的85%。

还要注意比较：什么时候算关闭了。例如，升旭规定，当流量少于 5 滴/min，就算关闭了。

（3）设定压力的设定保护方式

如果存在最终使用者可能擅自改变设定值导致危险的话，应该选用现场不可改动型。这有很多种形式。各种形式的优点与局限性可见参考文献[3]第 15 章。

4．液控节流功能

（1）最高节流压力

液控节流时，最高负载口压力不应该超过产品样本上给出的最高节流压力。这一性能不同于平衡阀的许用溢流压力，只是有些生产商并不提供这一数据。

如需检验，可采用图 8-37 所示的 p-q 特性测试回路。可以利用节流阀 5，把 p_3 降到很低，甚至为零。交互调节被测阀 3 和负载口加压阀 6，逐渐升高 p_1。观察流量计，检查在希望的（或产品说明书上给出的）最高节流压力时的出流状况。

特别重要的是，在流量很小时，是否稳定。如没有恰当的微流量计，可以把流量计拆了，肉眼观察出流状况。

这时，溢流阀 4 只是起安全作用，应高于要测试的最高节流压力至少 2MPa。

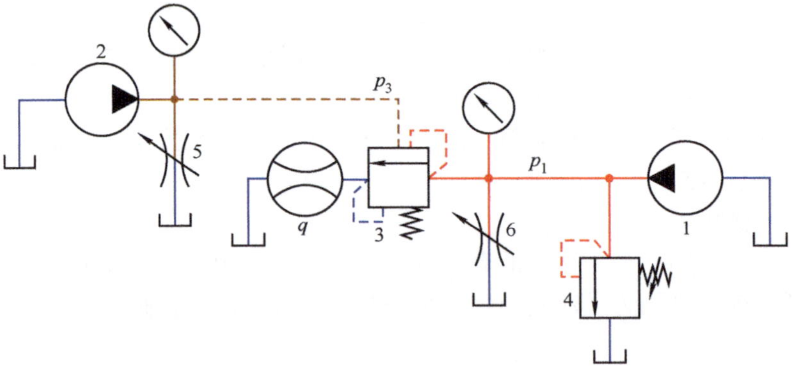

图 8-37　p-q 特性测试回路

（2）控制比

一般产品样本上都会给出此参数。如有怀疑，需要自己检查的话，可参照图 2-7a，使用一个小流量的泵来测试。

（3）p_3-q 特性

反映平衡阀稳态控制性能很重要的是其 p_3-q 特性。

在 p_3 缓慢改变时，节流口能否流畅地相应改变。但节流口的大小无法直接测量，为此，也可采用图 8-37 所示回路，利用节流阀 5 改变 p_3，使用响应性能较好的流量计，测试流量的改变。

p_3-q 特性曲线，在需要的流量段，越陡越好（参见图 1-25）。

（4）瞬态响应性能

因为影响瞬态响应特性的因素很多，所以

——在试验台上对平衡阀测试的结果的代表性有限，不一定能反映平衡阀用在实际系统中的情况。

——试验台的测试回路要尽可能接近实际系统。

——如有可能，在试验台获得一定经验后，再到实际系统上去进行测试。

——比较不同阀的特性，要在同一个测试系统上进行，在不同的测试系统中比较不同的阀说明不了多少问题。使用同一测试系统，在同样的工作点，对不同的平衡阀进行测试并记录压力的瞬态变化过程，才能比较出它们的瞬态特性。

1）在**控制压力突变**时，一般希望阀芯节流口面积的变化，既不要太快，以避免引起冲击振动，又不能太慢，以免达不到需要的响应。

但节流口面积无法测量，而大多数市场上可以购得的流量传感器的动态响应性能也都跟不上，所以，只能测压力变化。

采用图 8-38 所示的回路可以测试控制压力突变时平衡阀的瞬态响应性能。

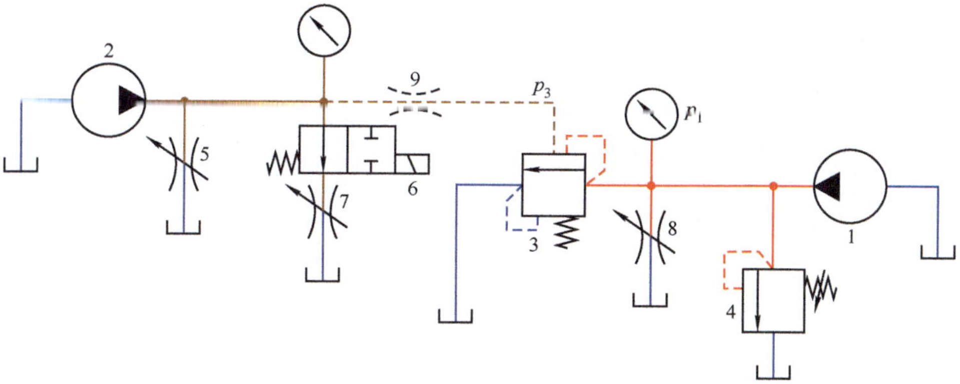

图 8-38　测试控制压力突变时平衡阀的瞬态响应性能

快速关闭阀 6，会引起 p_3 升高，导致被测阀 3 的节流口增大，则 p_1 会下降。

利用此回路，还可以在控制压力回路中增加或改变阻尼 9，观察改善平衡阀瞬态响应性能的效果。

2）类似，也可采用图 8-39 的回路测试**负载口压力 p_1** 突变时平衡阀的瞬态响应特性。快速切换阀 6，记录观察 p_1 的变化。

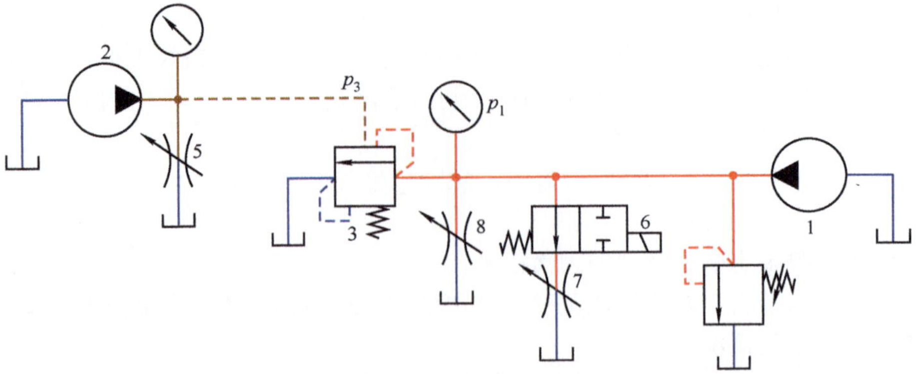

图 8-39 测试负载口压力 p_1 突变时平衡阀的瞬态响应性能

以上测试模拟了液阻型负载突变，可以一定程度看出阀的瞬态响应及减振特性。但必须指出，这些测试结果与实际应用还有相当的距离。因为实际系统中常常还同时有惯性负载、力负载及弹性负载，情况要复杂得多。例如，换向阀关闭时引起的振动源自于负负载的惯性，用上述回路是无法模拟的。

5. 其他性能

1）要根据使用的压力介质和工作温度选用密封圈的材质类型。

2）有些钢材具有冷脆性，在低温时韧性下降。所以，如果工作温度可能低于–20℃的话，还应该与供货商联系，确保在低温下平衡阀能正常工作。

第9章　其他液控节流阀及回路

至此为止，本书所介绍的负载控制阀都是利用液压缸驱动腔的压力来控制节流的，因此，也只能用于双作用缸。本章介绍一些跳出此框框的阀及回路。

平衡阀是用液阻的方式，消耗掉负载的势能和动能。而使用驱动腔的压力来控制液阻，就必须对驱动腔加压，这样就附加地输入了能量。然后再把这能量消耗掉。这从能耗的角度来说，是不合理的。为了提高能效，出现了如下新的方案。

9.1　先导控制节流下降阀（绿阀）

力士乐在2010年推出了所谓“绿阀”，其阀块外形如图9-1a所示。此阀实际上是由几个阀组合成的阀块，其原理图如图9-1b所示。这种阀只能用于换节阀由液控先导控制的系统。

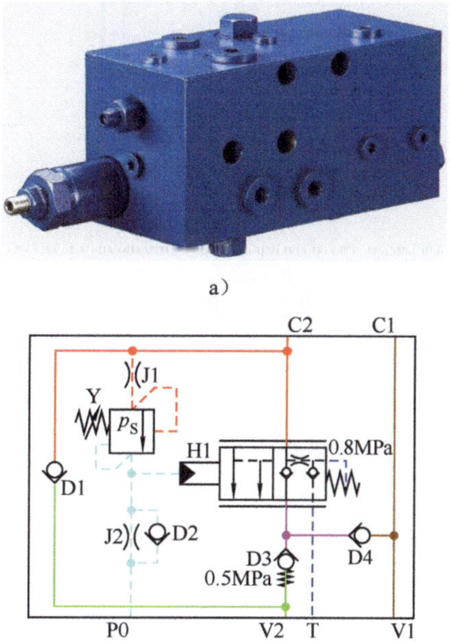

a)　b)

图9-1　先导控制节流下降阀

a）阀块外形　b）原理图

H1—下降阀　D1—上升阀　D2—单向阀　D3—背压阀　D4—补油阀

J1—减振阻尼孔　J2—溢流建压孔　Y—先导溢流阀

在负载下降时，此阀块依靠液控换节阀的先导控制压力，而不是液压缸驱动腔的压力来控制下降阀的开启。因此，不必对驱动腔施加压力，为一定程度提高能效创造了条件。

1. 负载保持工况（见图 9-2）

先导控制手柄 Z 不动，无先导控制压力输出，换节阀 H2 停在中位。控制端口 P0 无压力。下降阀 H1 处于右位。从口 C2 来的压力油被封住，负载不下降。

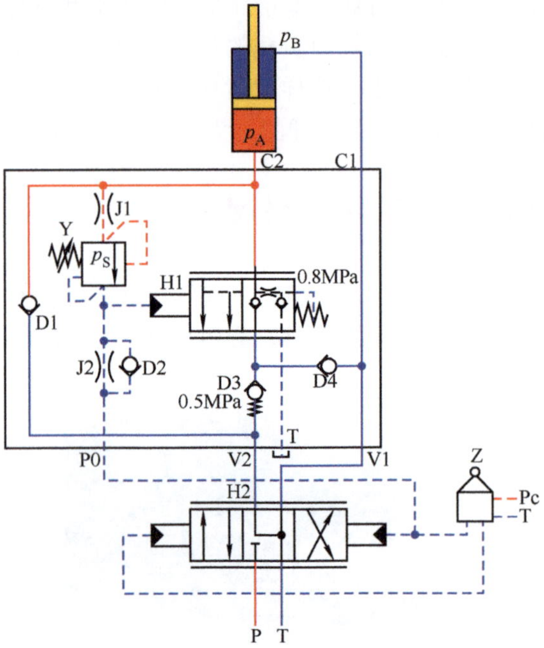

图 9-2 负载保持工况

H2—换节阀 Z—先导控制手柄，H1、D1、D2、D3、D4、J1、J2、Y 同图 9-1

2. 溢流工况（见图 9-3）

当换节阀 H2 在中位时，如果液压缸下腔压力 p_A 超过先导溢流阀 Y 的设定压力 p_S，则阀 Y 开启溢流。

液流通过节流口 J2 时建立压力。如果此压力超过下降阀 H1 的弹簧预紧压力 0.8MPa，则推动阀 H1 右移，适当开启下降通道。更多液流通过阀 H1 和 T 口回油箱。

3. 上升工况（见图 9-4）

如果操纵先导控制手柄 Z，输出先导控制压力，驱动换节阀 H2 右移，则压力油通过阀 H2、上升阀 D1，进入液压缸下腔，驱动负载上升。液压缸上腔的液压油经过通道 C1-V1 和阀 H2 流回油箱。

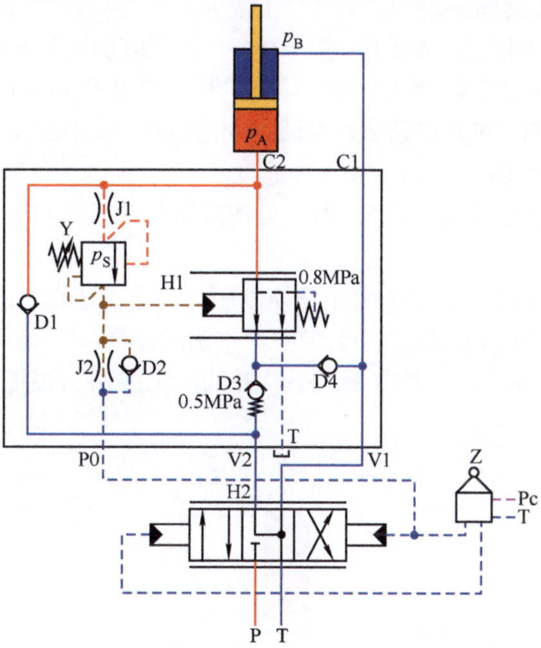

图 9-3　溢流工况（图中符号意义同图 9-2）

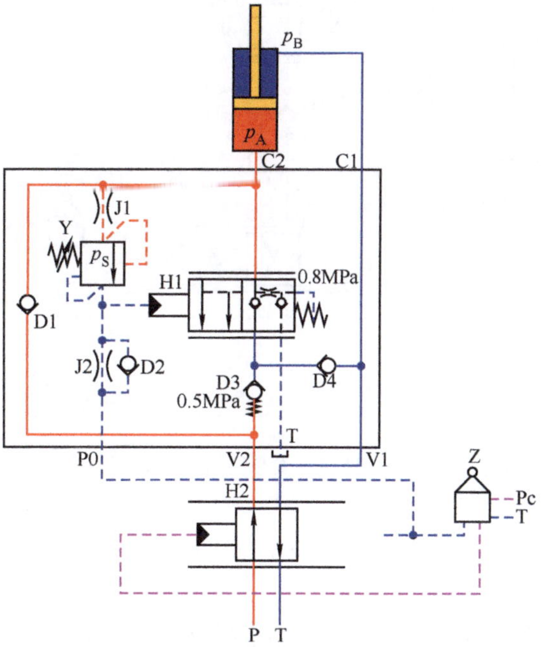

图 9-4　上升工况（图中符号意义同图 9-2）

4. 下降工况（见图 9-5）

操纵先导控制手柄 Z，先导控制压力，一方面驱动换节阀 H2 左移，同时经过端口 P0、阀 D2，推动下降阀 **H1 右移**，一定程度地开启阀 H1 的下降通道。先导控制压力越高，阀 H1 的开口越大，可通过的液流越多。因此，操作者可以根据需要，操纵先导控制手柄 Z 控制负载下降速度。

背压阀 D3 的开启压力为 0.5MPa，可使液压缸下腔保持一定背压，以增加负载运动平稳性。

下降阀 H1 的开口大小完全由先导控制压力决定。因此，负载口压力 p_A 的波动对阀 H1 的开口大小没有影响，不会像普通平衡阀那样，由于闭环反馈而造成振动。

在下降速度很高时，如果由于来不及补油，上腔压力很低的话，会通过补油阀 D4 辅助补油。

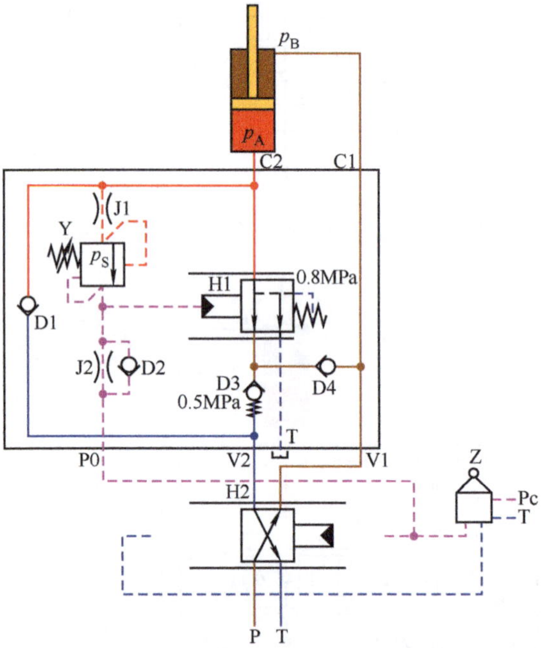

图 9-5　下降工况（从液压源汲取压力油）

由于下降阀 H1 不需要通过液压缸上腔压力来控制，因此，上腔压力可以很低。这确实一定程度为节能创造了条件。

但如果液压源工作在恒压工况，该系统可以工作，却并不能节能，因为 P 口始终是高压。

如果液压源工作在非恒压工况，且只推动这一个执行器，或者 H1 右位也采用 Y 机能，如图 9-6 所示，不从液压源汲取压力油，就可以节能。

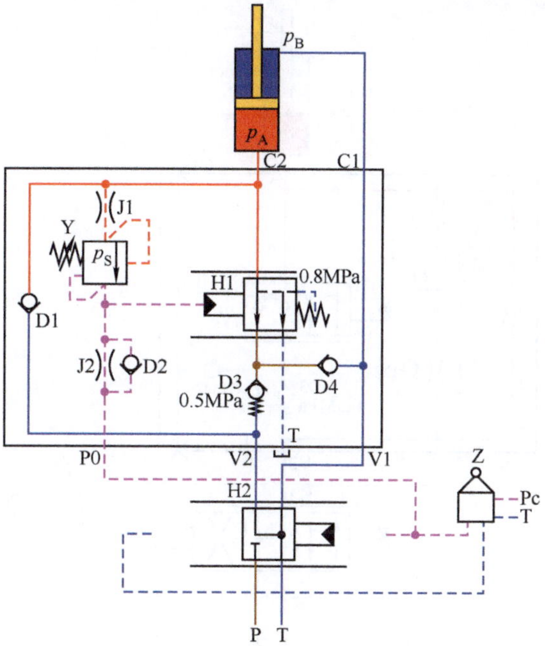

图 9-6　下降工况（不从液压源汲取压力油）

9.2　控制单作用缸

1. 用力士乐绿阀控制单作用缸

由于下降阀 H1 的开启不需要依靠液压缸上腔压力来控制，因此，此阀也可以用于靠自重下降的单作用缸，如图 9-7 所示。

当然，在这种回路中，也可以使用普通平衡阀控制单作用缸（见图 9-8），只要控制压力可控即可。

2. 用二通流量阀+电比例流量阀的控制回路

图 9-9 所示回路可用于依靠负载重量下降，负载重量变化范围很大的单作用缸。

回路中，下降流量限制阀 2 为二通流量控制阀、下降阀 3 为二通电磁开关阀，负载保持阀 4 为一单向阀。

阀 1 既可以控制上升速度，也可以一定程度地控制下降速度。

（1）静止工况

在进油通道的单向阀 4 和带单向功能的阀 3 可以保持负载在无进油时静止不下沉。

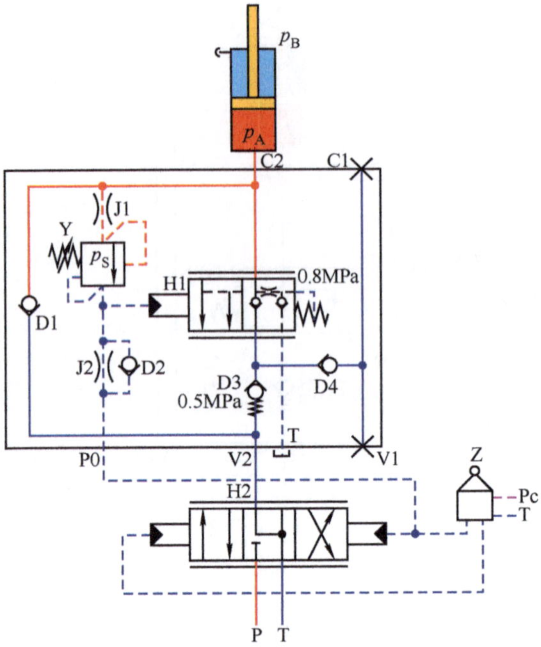

图 9-7 绿阀控制单作用缸

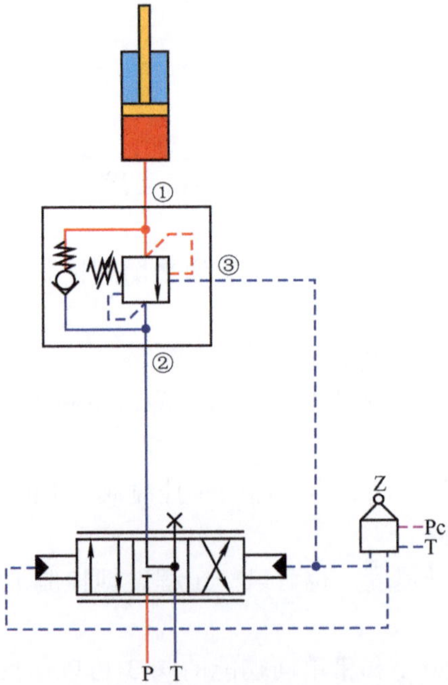

图 9-8 用普通平衡阀控制单作用缸

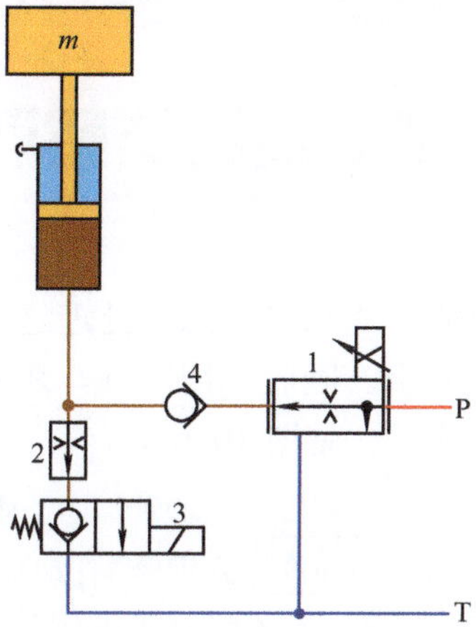

图 9-9　供油减速回路（德 Zoeller-Kipper 公司）

1—电比例三通流量阀　2—下降流量限制阀　3—下降阀　4—负载保持阀

（2）上升工况

通过改变输入阀 1 的电流，可以控制通过阀 1 的流量，从而改变负载的上升速度。

（3）下降工况（见图 9-10）

阀 3 得电，负载可以下降。因受阀 2 限制，即使负载压力 p_2 很高，下降速度也不会很快。

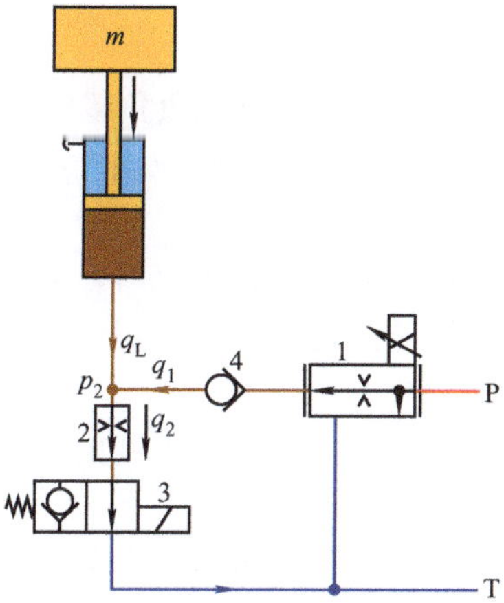

图 9-10　供油减速回路下降工况

如果希望下降得更慢，可以给阀 1 输入适当电流，提供一定的流量 q_1。由于受阀 2 设定流量 q_2 的限制，从液压缸排出的流量 q_L 就会限制为（q_2-q_1）。

小心：如果 q_1 超过 q_2，负载会上升！

第 10 章　负负载的能量回收与利用

负负载就是能量——势能，或动能。怎么处理这一能量，原则上来说，有两条途径：消耗，或转化回收利用。回收利用的话，还要考虑储存问题。这是目前很热门的研发课题，有多种途径（见图 10-1）。

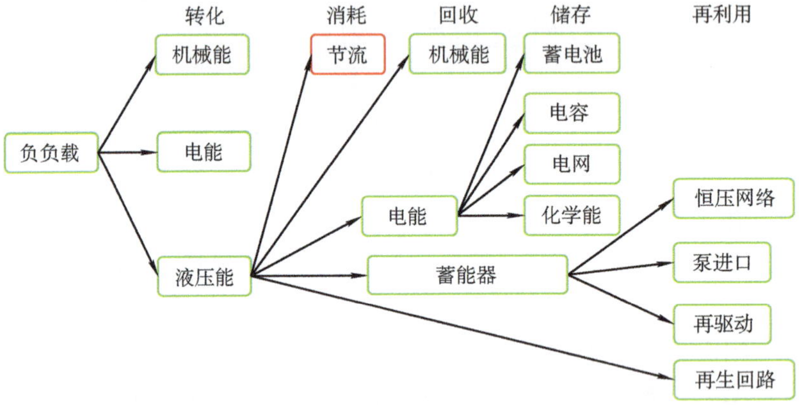

图 10-1　负负载的处理

1. 转化

负负载作用于液压缸的背压腔，就是把负负载转化为液压能。

其实，在负负载转化为液压能之前，就应该先考虑，转化为其他形式的能量是否方便再利用。

例如，绞车同时串联飞轮，或在重物下降时，同时提升一平衡重量块。这时负负载转化为机械能。但机械能的再利用很不灵活，所以，这种方式只在极少场合被采用。

或是绞车同时串联一台发电机，利用负负载的能量，带动发电机发电。这时负负载转化为电能。

在负负载已经转化为液压能之后，就有一个怎么处理液压能的问题：消耗，还是回收。

2. 消耗

无论是用平衡阀，还是运动控制阀，还是“绿阀”、多路阀、流量阀，都是用节流的方式，消耗掉负负载的能量——把液压能转化为热能。这会使油温升高，有时还要额外再消耗能量来降低油温。

所以，用节流控制负负载，虽然因为投资成本较低被普遍应用，却是一个能效较低、运营成本较高的方法。

3. 回收

原则上有以下途径。

（1）转化为机械能

利用液压能驱动马达，转化成机械能储存再转换。此途径回路结构复杂，成本高，因此较少见。

（2）转化为电能

利用液压能驱动马达，再带动发电机，转化成电能。

图 10-2 所示回路是所谓四象限回路：既可用电动机输入能量驱动泵，带动液压缸推动负载；也可在有负负载时，让泵作为马达，让电动机成为发电机，产生电能，反输回电网。类似的回路很多，详见参考文献[1]第 11 章。

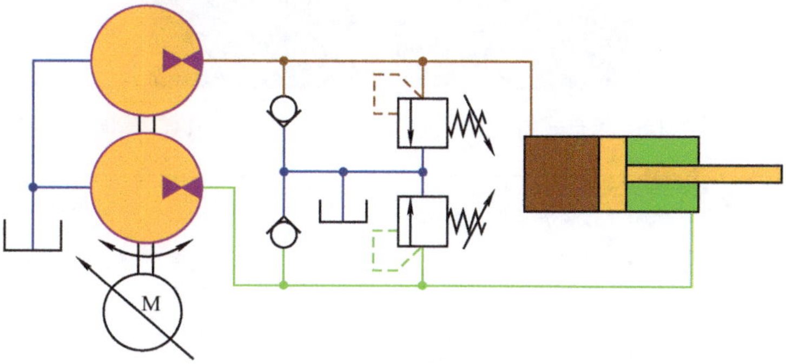

图 10-2　利用泵马达驱动电动机回收能量（开式回路）

（3）液压能

回收液压能，最常见的是用蓄能器，因为同时解决了储存问题（见图 10-3）。只是，蓄能器内的气体在加压时会发热，也会有能量损失，需要关注。

4. 储存

理论上有以下几种途径储存能量。

（1）机械能

例如，利用飞轮。

（2）电能

1）蓄电池的能量密度较高，即同样质量下，可储存的能量较多，但功率密度较低，即充放电速度较低（见图 10-4）。随着电动汽车的日益增多，这个问题会越来越多地受到重视而找到改进措施，例如石墨烯。

2）超级电容的功率密度高于蓄电池，可以快速回收能量。2010 年曾在世界博览会上亮过相，但目前尚未见推广，可能还是因为投资成本较高。

图 10-3 起重机利用活塞式蓄能器回收动臂势能（IFPE2014，美国拉斯维加斯）

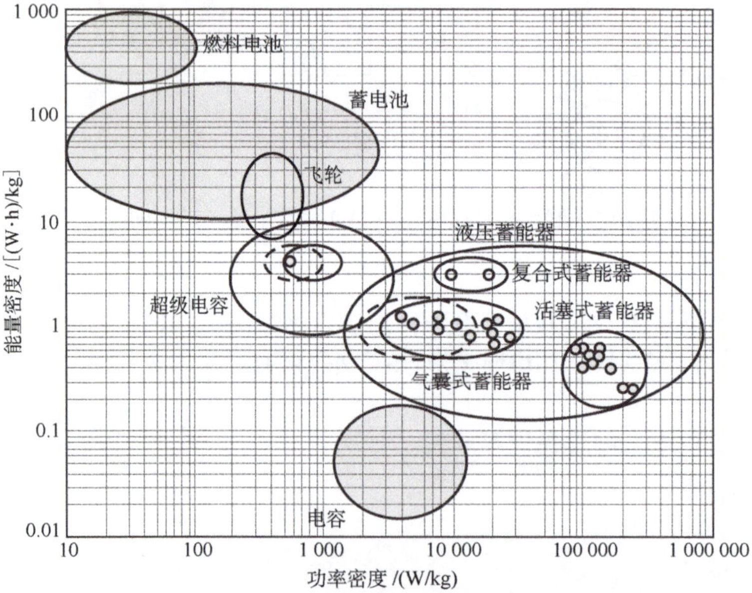

图 10-4 常见能量储存方式的能量密度与功率密度[15]

3）反输回电网。一般总认为电网有成千上万的用户，总有人需要。多余电能调平储存的任务推给了电网管理者。

4）转化为化学能的方式储存。例如，电解水制氢，氢可供燃料电池用。但这同样有功率密度的问题。

5. 再利用

（1）恒压网络

利用液压变压器，把液压能反输入恒压网络，供其他液压执行器使用。考虑到蓄能器进出压力的变化，还有方案增加中压蓄能器。详见参考文献[1]第 12 章。

（2）泵进口

把蓄能器的压力油输到泵的进口，可降低电动机驱动泵需耗费的电能。

（3）再驱动

用储存在蓄能器中的压力油驱动另一个需要压力较低的液压缸。

但是，蓄能器内的压力，随进入的液体体积成指数曲线上升。所以，单使用蓄能器很难调节流量，比较灵活可行的是两者结合：蓄能器 + 液阻。

（4）再生回路

在活塞杆带负负载缩回，例如，挖掘机或装载机的动臂下降时，把有杆腔与无杆腔相连（见图 10-5）。无杆腔中的压力油，原本全部返回油箱，现在部分进入有杆腔。因此，被称为“再生回路”（regenerative circuit）。此回路与 8.9 节所述差动回路看似相同，但实际工况完全不同。8.9 节讨论的是活塞杆伸出时，这里介绍的是活塞杆缩回时。

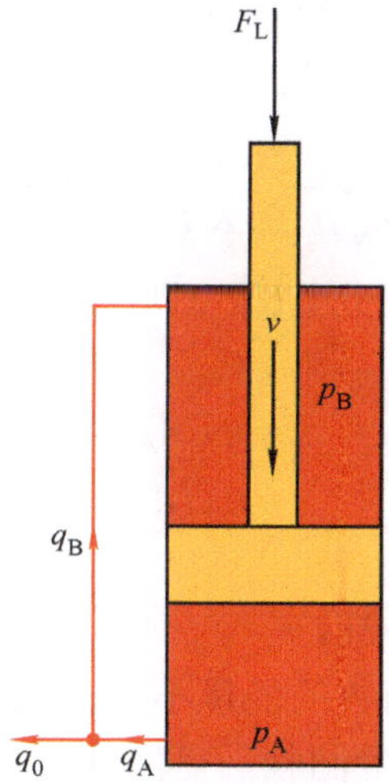

图 10-5　“再生”回路

为此，布赫在 2016 年推出了 Cindy 阀的一个专用于再生回路的变型 CINDY-REG（见图 10-6）[17]。

再生回路有以下特点。

1）有杆腔不再瓜分泵提供的流量。

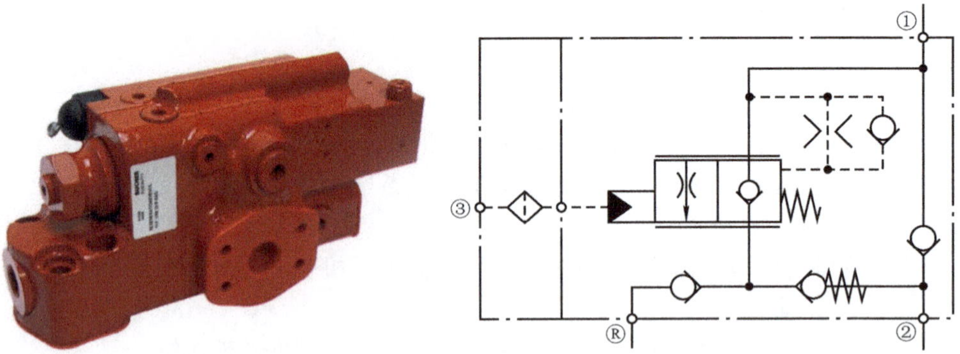

a） b）

图 10-6 专用于再生回路的 CINDY-REG

a）外形 b）图形符号

R—通液压缸有杆腔

2）可以避免有杆腔由于“吸空”而造成负压。

3）由于无杆腔的面积大，负负载增加的压力相对就低一些。如果采用普通换向阀，无杆腔的液压油必须完全通过换向阀排出，在回油路固定液阻的限制下，通过流量就小，活塞杆缩回速度相对就低。

无杆腔通过“再生”回路和有杆腔相连后，在相同的负载和回油路液阻条件下，活塞杆缩回的速度可以更快。因为这时，p_A 会增加，实际通过换向阀的流量 q_0 也就会增加

$$q_0 = KA_J\sqrt{p_A} = KA_J\sqrt{F_L/(A_A - A_B)}$$

式中 A_J——换向阀（换节阀）的回油口面积。

而活塞的实际移动速度

$$\begin{aligned} v &= q_A/A_A \\ &= q_0/(A_A - A_B) \end{aligned}$$

也相应增快了。

4）回路简易，投资成本不高。

5）回收了一些流量，但回收的能量不多。

由上述可见，负负载的能量回收，可能性很多。但不管采用哪种方法，回收能量的回路都比用负载控制阀的回路要复杂，投资成本要高。所以，还是要考虑综合效益，兼顾投资成本和运营成本。只有在某种场合比较适宜的方式，没有放之四海皆优的方式。

附　录

本书的附赠资源中有两个液压估算表格——液压系统设计估算2016.xlsx和液压元件设计估算2016.xlsx，可以便利读者的测试、设计工作。其中有些是从一般液压教科书中常见的公式转化而来的，有些是作者在自己工作中建立的。

这些公式的应用前提、适用场合、条件及推导，请见液压教科书。但因为不一定能完全满足，所以只是估算，仅供参考而已，最后还是要以测试为准。

表格中黑色、红色数值为原始参数，可改动。蓝色数值为计算结果。

该软件的原型曾在作者的“液压螺纹插装阀”“液压速度控制技术”和“实用液压测试技术”的附录中出现过。在本书中分成了系统设计估算和元件设计估算两部分，以便利使用；纠正了原软件中的一些错误，做了很多补充。

附录A　液压系统设计估算表格2016.xlsx说明

A.1　液压缸的压力、速度

双作用液压缸（见图A-1）的驱动压力

$$p_A = \frac{F + p_B A_B}{A_A \eta_m}$$

式中参数的意义见图及表格软件，下同。

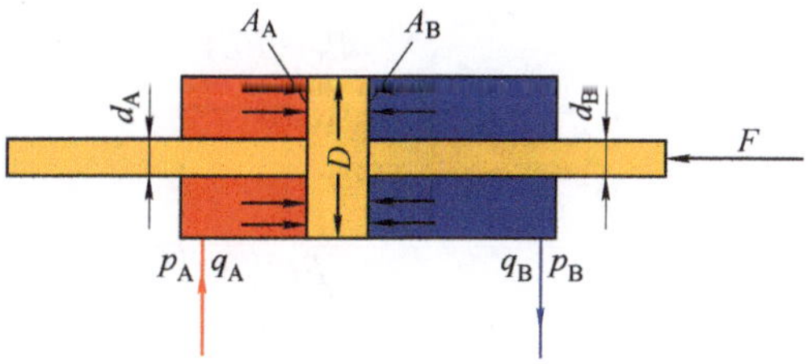

图A-1　液压缸负载压力与速度

活塞的移动速度

$$v = \frac{q_A \eta_V}{A_A}$$

如果是单作用缸，只需在表格中把相应的活塞杆直径设置为零。

A.2　单作用液压缸容腔惯量系统的固有频率

一个液压缸的容腔与负载惯量组成的系统在负载或流量突然改变后，进入新的稳态前，常会出现振荡。其频率与外界输入量无关，只与系统固有的参数有关，所以被称为固有频率。其导出过程如下。

1．基本关系

简化的液压缸容腔-负载惯量系统如图A-2所示。

如果假定外力 F 为一恒值，忽略摩擦力和泄漏，输入一个阶跃的流量 q_0，则根据牛顿第二定律可以写出力平衡方程式

$$p_tA-F=mv_t' \quad \text{(A-1)}$$

根据液压油连续性方程可以写出

$$v_tA=q_0-Vp_t'/E \quad \text{(A-2)}$$

式中 V——从泵的高压腔、连接管道一直到液压缸驱动腔容纳液压油的容积，下同。

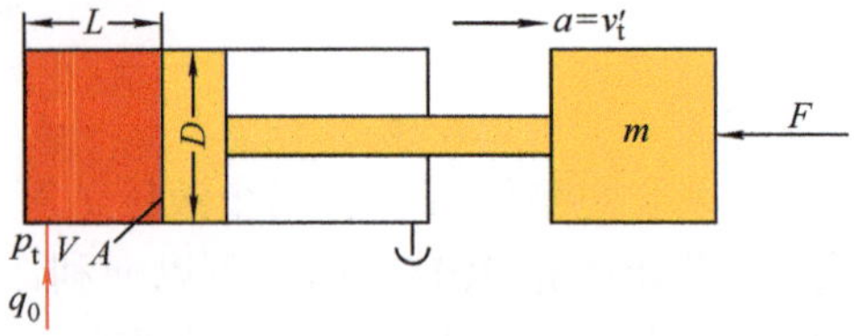

图 A-2 简化的液压缸容腔-负载惯量系统

则从式（A-2）可以导出

$$v_t'=-\frac{Vp_t''}{EA} \quad \text{(A-3)}$$

将式（A-3）代入式（A-1）可得

$$p_tA=-\frac{Vmp_t''}{EA}+F$$

整理可得一个反映压力变化的无一阶项的二阶微分方程

$$p_t''+\frac{EA^2}{Vm}p_t=\frac{EA}{Vm}F \quad \text{(A-4)}$$

2. 通解

式（A-4）的通解为

$$p_t=F/A+C_1\sin\omega_zt+C_2\cos\omega_zt \quad \text{(A-5)}$$

式中 C_1、C_2——待定系数。

对式（A-5）求导可得

$$p_t'=\omega_z(C_1\cos\omega_zt-C_2\sin\omega_zt) \quad \text{(A-6)}$$

将式（A-6）代入式（A-2），整理可得

$$v_t=(V/EA)\omega_z(C_2\sin\omega_zt-C_1\cos\omega_zt)+q_0/A \quad \text{(A-7)}$$

3. 固有频率

将式（A-5）和式（A-6）代入式（A-4）中，可得

$$\omega_z=\sqrt{\frac{EA^2}{Vm}}$$

即系统的固有角频率。从而可得到系统的固有频率

$$f_z=\omega_z/2\pi=\sqrt{\frac{EA^2}{Vm}}\Big/(2\pi) \quad \text{(A-8)}$$

从式（A-8）可以看出，活塞面积 A 越大、液压油的弹性模量 E 越高、负载惯量 m 越小、驱动腔容积 V 越小，则系统的固有频率 f_z 越高。

4. 估算式

如果把驱动腔容积 V 简化为

$$V=AL$$

而活塞作用面积

$$A=\pi D^2/4$$

则

$$f_z=\sqrt{\frac{D^2E}{16\pi mL}}=D\sqrt{\frac{E}{16\pi mL}}$$

如取 f_z 的单位为 Hz，m 的单位为 kg，E 的单位为 MPa，D、L 的单位为 cm，则有估算式

$$f_z=25D\sqrt{\frac{E}{\pi mL}}$$

5. 特解

假定初始状态

$$v_t(0)=0 \tag{A-9}$$

$$p_t(0)=F/A \tag{A-10}$$

相当于液压缸进口封闭，活塞停在液压缸中的某个位置，驱动腔压力与负载 F 平衡。然后换向阀切换，输入一个阶跃的流量 q_0。

根据式（A-7）和式（A-9）可以写出

$$v_t(0)=-\sqrt{\frac{V}{Em}}C_1+q_0/A=0$$

所以

$$C_1=(q_0/A)\sqrt{\frac{Em}{V}}$$

根据式（A-5）和式（A-10）可以写出

$$p_t(0)=C_2+F/A=F/A$$

所以

$$C_2=0$$

将 C_1、C_2 代入式（A-5）和式（A-7），可以得到压力和速度的变化过程为

$$p_t=F/A+(q_0/A)\sqrt{\frac{Em}{V}}\sin\omega_z t \tag{A-11}$$

$$v_t=(q_0/A)(1-\cos\omega_z t) \tag{A-12}$$

将式（A-11）、式（A-12）画成曲线，大致如图 A-3 所示，压力速度等幅振荡。

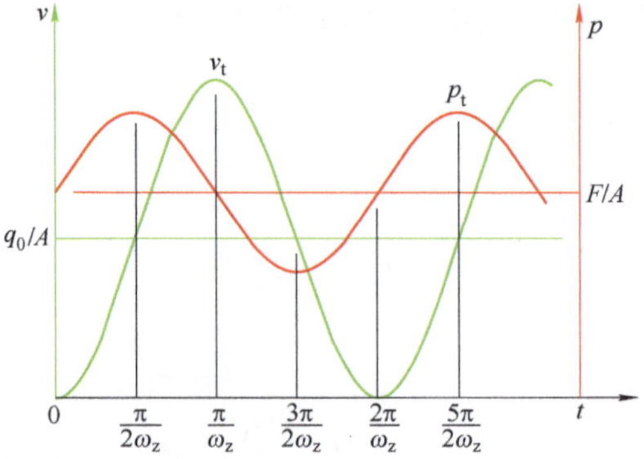

图 A-3　输入阶跃流量后速度、压力的动态响应

由式（A-11）可以看出，负载惯量 m 越大、液压油的弹性模量 E 越高，活塞面积 A、驱动腔容积 V 越小，则压力的振幅越大。

实际上，由于摩擦力和液体阻尼，振幅会越来越小，但频率不变。

A.3　双作用液压缸容腔惯量系统的固有频率

类似地，可以导出双作用液压缸的固有频率。

1. 导出

简化的双作用液压缸容腔-负载惯量系统如图 A-4 所示。

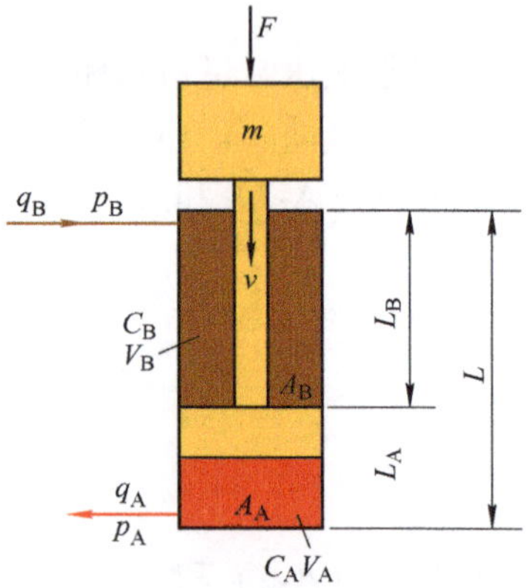

图 A-4　简化的液压缸容腔-负载惯量系统

如果假定外力 F 为一恒值，忽略摩擦力和泄漏，输入一个阶跃的流量 q_B，则根据牛顿第二定律可以写出力平衡方程式

$$p_BA_B + F - p_AA_A = mv'$$

从而导出

$$p'_B A_B + F - p'_A A_A = mv'' \qquad (A-13)$$

根据液压油连续性方程可以写出

$$vA_B = q_B - V_B p'_B / E$$

$$vA_A = q_A + V_A p'_A / E$$

从而导出

$$p'_B = (q_B - vA_B)E/V_B \qquad (A-14)$$

$$p'_A = (vA_A - q_A)E/V_A \qquad (A-15)$$

将式（A-14）、（A-15）代入式（A-13）可得

$$mv'' - (q_B - vA_B)A_BE/V_B + (vA_A - q_A)A_AE/V_A = 0$$

整理可得一个反映速度变化的无一阶项的二阶微分方程

$$v'' + v\left(\frac{A_B^2}{V_B} + \frac{A_A^2}{V_A}\right)E/m = \frac{F_L + (q_BA_B/V_B + q_AA_A/V_A)E}{m}$$

从而可得系统的固有角频率

$$\omega_z = \sqrt{\left(\frac{A_B^2}{V_B} + \frac{A_A^2}{V_A}\right)E/m}$$

如果忽略连接管道的容积，即把 V_B 看作等于 A_BL_B，V_A 看作等于 $A_AL_A = A_A(L - L_B)$，则

$$\omega_z = \sqrt{\left(\frac{A_B}{L_B} + \frac{A_A}{L - L_B}\right)E/m}$$

从而可得到系统的固有频率

$$f_z = \omega_z/2\pi = \sqrt{\left(\frac{A_B}{L_B} + \frac{A_A}{L - L_B}\right)E/m}\Big/(2\pi) \quad \text{(A-16)}$$

由式（A-16）可以看出，液压油的弹性模量 E 越高、负载惯量 m 越小、A_A、A_B 越大，则系统的固有频率 f_z 越高。

在活塞运动时，容腔长度不断在改变，f_z 也会不断改变。大致在 $L_B=L/2$，也即活塞运动到液压缸中部时，f_z 最低。在活塞运动到液压缸两端，即 L_B 或（$L - L_B$）很小时，f_z 会达到很高。

2. 估算式

如果把活塞作用面积写作

$$A = \pi(D^2 - d^2)/4$$

式中　D——活塞直径；

　　　d——活塞杆直径，无杆腔中 d=0。

则由（A-16）可得

$$f_z = \sqrt{\left(\frac{D_B^2 - d_B^2}{L_B} + \frac{D_A^2 - d_A^2}{L - L_B}\right)E/(\pi m)}\Big/4$$

如取 f_z 的单位为 Hz，m 的单位为 kg，E 的单位为 MPa，D、L 的单位为 cm，则有估算式

$$f_z = 25\sqrt{\left(\frac{D_B^2 - d_B^2}{L_B} + \frac{D_A^2 - d_A^2}{L - L_B}\right)E/(\pi m)}$$

A.4 流量脉动对压力、速度的影响

液压泵输出的流量多少都有脉动，详见参考文献[1]3.3 节。流量脉动会引起系统中压力的脉动及执行器运动速度的脉动。

1. 基本关系

如果把液压系统简化为图 A-5a，忽略摩擦力、泄漏，只考虑惯量，假定外力 F 为一恒值。把进入驱动腔的脉动流量 q_t 简化为一个平均值 q_0 叠加了一个频率为 f、相对振幅为 δ 的正弦波（见图 A-5b），即

$$q_t = q_0(1 + \delta\sin2\pi ft) \tag{A-17}$$

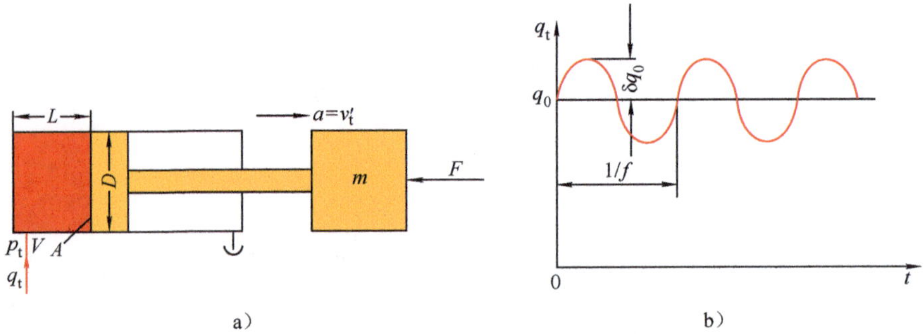

图 A-5 流量脉动对压力速度的影响

a）简化的液压系统 b）脉动流量

则根据牛顿第二定律和连续性方程可以列出

$$p_tA = mv_t' + F \tag{A-18}$$

$$v_tA = q_t - Vp_t'/E \tag{A-19}$$

式中 p_t——驱动腔压力，随时间变化；

v_t——负载移动速度，随时间变化。

对式（A-18）求导可得

$$p_t' = mv_t''/A \tag{A-20}$$

将式（A-20）代入式（A-19），整理可得一个反映流量与速度间关系的无一阶项的二阶微分方程

$$v_t'' + (A^2E/mV)v_t = (AE/mV)q_t \tag{A-21}$$

2. 流量脉动对速度的影响

设

$$v_t = v_0(1 + \delta_v\sin2\pi ft) \tag{A-22}$$

式中　v_0——平均速度；

δ_v——速度相对脉动幅度。

将式（A-17）、式（A-22）代入式（A-21）则可解得

$$v_0 = q_0/A$$

$$\delta_v = \frac{\delta}{1-(2\pi f)^2 mV/(A^2 E)}$$

引入系统固有频率 f_z，则因为

$$A^2E/mV = (2\pi f_z)^2$$

可得

$$\delta_v = \delta \Bigg/ \left(1 - \frac{f^2}{f_z^2}\right)$$

若仅考虑幅值影响，则上式可改写为

$$\delta_v = \delta \Bigg/ \left|1 - \frac{f^2}{f_z^2}\right|$$

上式表示成曲线，大致如图 A-6 所示。

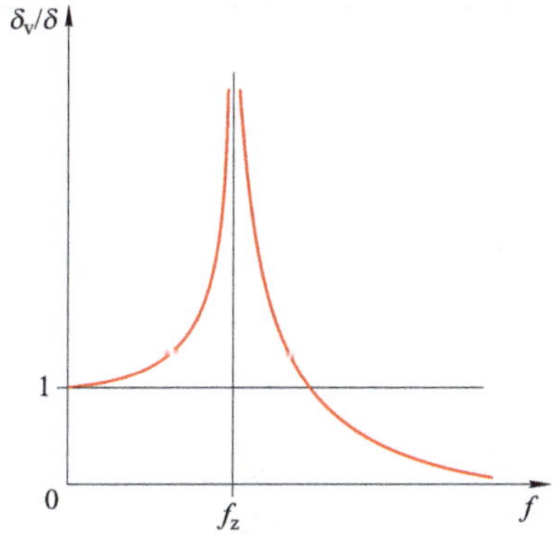

图 A-6　不同频率 f 的流量脉动对速度脉动的影响

δ—流量脉动相对振幅　δ_v—速度脉动相对振幅　f_z—系统固有频率

由图 A-6 可以看出：

1）当 f 高于 f_z 时（这是大多数情况），f 越高，δ 对 δ_v 的影响就越小。

2）在 f 接近 f_z 时，振幅很大，应该避免。

3）理论上，在

$$f = f_z$$

会发生共振，δ_v 可能达到无穷大。这实际上不会发生，因为

① 随着活塞移动，驱动腔的容积 V 会变化，因此，f_z 不是一个固定不变的量。

② 流量脉动不是一个简单的正弦波。

③ 被忽略了的摩擦力和背压起着很重要的阻尼作用。

3. 流量脉动对压力的影响

对式（A-22）求导，可得

$$v_t' = 2\pi f v_0 \delta_v \cos 2\pi f t \quad \text{（A-23）}$$

设

$$p_t = p_0(1 + \delta_p \cos 2\pi f t) \quad \text{（A-24）}$$

式中 p_0——平均压力；

δ_p——压力相对脉动幅度。

将式（A-23）和式（A-24）代入式（A-18）可得

$$p_0 A + p_0 \delta_p A \cos 2\pi f t = 2\pi f m v_0 \delta_v \cos 2\pi f t + F$$

则可解得

$$p_0 = F/A$$

$$\delta_p = 2\pi f m v_0 \delta_v / F = 2\pi f m q_0 \delta_v / AF \quad \text{（A-25）}$$

4. 估算表格

如取 m 的单位为 kg；q_0 的单位为 L/min；A 的单位为 cm^2；F 的单位为 kN；则从式（A-25）可以导出估算式

$$\delta_p = \frac{2\pi f m q_0 \delta_v}{6000 AF}$$

A.5 液压泵马达的负载压力、流量、转速、功率

1. 液压泵（见图 A-7）

（1）驱动转矩

$$T = \frac{\Delta p V_0}{2\pi \eta_m}$$

式中 Δp——泵的出口进口压差，$\Delta p = p_1 - p_0$，下同；

η_m——泵的液压机械效率。

（2）实际输出流量

$$q = n V_0 \eta_V$$

式中 η_V——泵的容积效率。

（3）总效率

$$\eta_t = \eta_m \eta_V$$

（4）泵的输入功率

$$P_i = \Delta p q / \eta_t$$

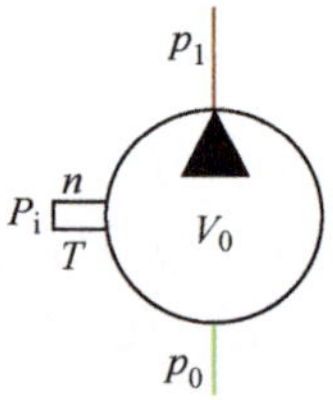

图 A-7 液压泵负载压力与转速

P_i—输入功率 n—转速

T—驱动转矩 V_0—空载排量

2. 马达（见图 A-8）

（1）进出口压差

$$\Delta p = 2\pi T/(V_0 \eta_m)$$

式中 η_m——马达的液压机械效率。

（2）实际转速

$$n = q\eta_V/V_0$$

式中 η_V——马达的容积效率。

（3）总效率

$$\eta_t = \eta_m \eta_V$$

（4）输出功率

$$P_O = 2\pi nT$$

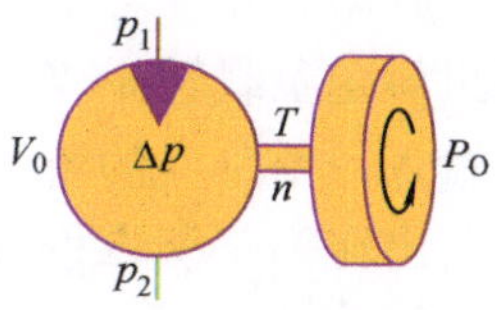

图 A-8 马达负载压力与转速

T—负载转矩 V_0—马达的空载排量

P_O—输出功率

A.6 转动惯量、马达-负载转动惯量系统

1. 转动惯量的估算

（1）单个质点

如果某部件的尺寸相对转动半径小得多，可以近似看成一个质点（见图 A-9a）的话，则其转动惯量

$$J = mR^2$$

（2）圆盘

如果某部件可以近似看成一个质量均匀分布的圆盘或圆柱体（见图 A-9b），则其绕轴心旋转时的转动惯量

$$J = mr^2/2$$

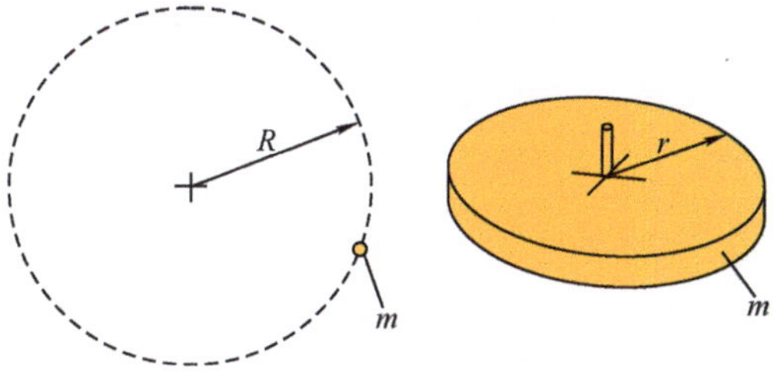

图 A-9 转动惯量

a）单个质点 b）均匀圆盘

这两种简单形状的转动惯量可利用所附的表格估算。其他简单形状的惯量可从有关手册中查取估算。复杂形状的部件可以分解成若干简单形状，分别估算它们的惯量，然后叠加。

2. 马达-负载转动惯量系统的固有频率

简化的马达-负载转动惯量系统如图 A-10 所示。

（1）基本关系

如果假定负载转矩 T 为一恒值，忽略摩擦力和泄漏。输入一个阶跃的流量 q_0，则根据牛顿第二定律可以写出转矩平衡方程式

$$p_t(V_M/2\pi) = J\omega_t' + T \tag{A-26}$$

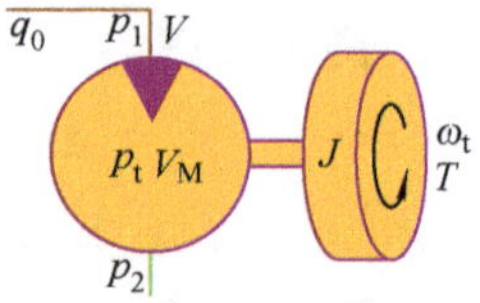

图 A-10 简化的马达-负载转动惯量系统

V_M—马达每转排量

p_t—进出口压差，$p_t = p_1 - p_2$

根据质量守恒定理可以写出

$$\omega_t(V_M/2\pi) = q_0 - Vp_t'/E \tag{A-27}$$

式中 V——从泵的高压腔、连接管道一直到马达驱动腔容纳液压油的容积；

E——液压油的弹性模量。

对式（A-27）求导，可得

$$\omega_t' = -2\pi Vp_t''/(EV_M) \tag{A-28}$$

将式（A-28）代入式（A-26）可得

$$p_tV_M = -4\pi^2 VJp_t''/(EV_M) + 2\pi T$$

整理可得一个反映压力变化的无一阶项的二阶微分方程

$$p_t'' + [EV_M^2/(4\pi^2 VJ)]p_t = TEV_M/(2\pi VJ) \tag{A-29}$$

（2）固有频率

在初始条件 $\omega_t(0) = 0$，$p_t(0) = T/V_M$ 下解式（A-29）可得

$$p_t = 2\pi T/V_M + (q_0E/V\omega_z)\sin\omega_z t$$

$$\omega_t = 2\pi q_0(1 - \cos\omega_z t)/V_M$$

式中

$$\omega_z = \sqrt{EV_M^2/(VJ)}\Big/(2\pi)$$

即为系统的固有角频率。系统的固有频率

$$f_z = \omega_z/2\pi = \sqrt{EV_M^2/(VJ)}\Big/(4\pi^2) \tag{A-30}$$

由式（A-30）可以看出，马达排量 V_M 越大、液压油的弹性模量 E 越高、负载转动惯量 J 和驱动腔容积 V 越小，则系统的固有频率 f_z 越高。

（3）估算式

如取 f_z 的单位为 Hz，J 的单位为 $kg\cdot m^2$，E 的单位为 MPa，V_M 的单位为 mL，V 的单位为 L，则有估算式

$$f_z = \sqrt{10^3 EV_M^2/(VJ)}\Big/(4\pi^2)$$

A.7 管道压降

光滑圆管的压降一般按以下步骤估算。

（1）平均流速

$$u = 4q/(\pi d^2)$$

式中 q——流量；

d——管道内径。

取 u 的单位为 m/s，q 的单位为 L/min，d 的单位为 mm；则有估算式

$$u = 4(q/6\times10^4)/(\pi d^2/10^6)$$

（2）雷诺数估算

雷诺数

$$Re = du/v$$

式中 v——液体运动粘度。

取 v 的单位为 mm^2/s，则有

$$Re = 1000du/v$$

（3）阻力系数

如果 $Re < 2000$，属层流，则阻力系数λ理论上是 $64/Re$，考虑到管壁表面粗糙度的影响，取 $75/Re$。

如果 $Re > 3000$，属紊流，则阻力系数

$$\lambda = 0.32/Re^{0.25}$$

$Re > 10^5$ 的情况在液压技术中一般不会出现。如果有的话，就属于很失败的设计。

（4）压降

从而得管道压降

$$\Delta p = \lambda l \rho u^2/(2d)$$

式中 l——管长。

如取Δp 的单位为 MPa，l 的单位为 m，u 的单位为 m/s，d 的单位为 mm，ρ 的单位为 kg/m^3；则有估算式

$$\Delta p = \lambda l \rho u^2/(2000d)$$

如果是紊流的话，压降会明显的大。

A.8 同向型平衡阀工作点

如在 2.2 节中已述及，如果把液压缸与平衡阀连接成图 A-11a，即利用驱动腔的压力控制安装在背压腔出口的平衡阀，则其工况如 A-11b 所示。

根据液压缸两腔压力关系有

$$p_{1G}=p_{3G}K_A+p_L$$

根据同向型平衡阀的p_1-p_3特性有

$$p_{1G}+p_{3G}K_C=p_S$$

由此可得理论工况点 G 处的压力

$$p_{1G}=(p_SK_A+p_LK_C)/(K_C+K_A)$$

$$p_{3G}=(p_S-p_L)/(K_C+K_A)$$

在估算表格中填入p_S、K_A、p_L、K_C，即可得p_{1G}、p_{3G}。

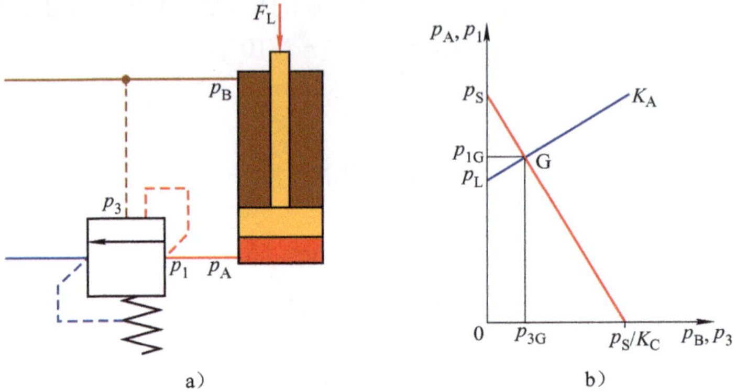

图 A-11 液压缸与平衡阀组合示意

a）回路 b）工况

A.9 液控单向阀工作点

如在 5.2 节中已述及，如果把液压缸与液控单向阀连接成图 A-12a，即利用液压缸驱动腔的压力控制安装在背压腔出口的液控单向阀，则其工况如图 A-12b 所示。

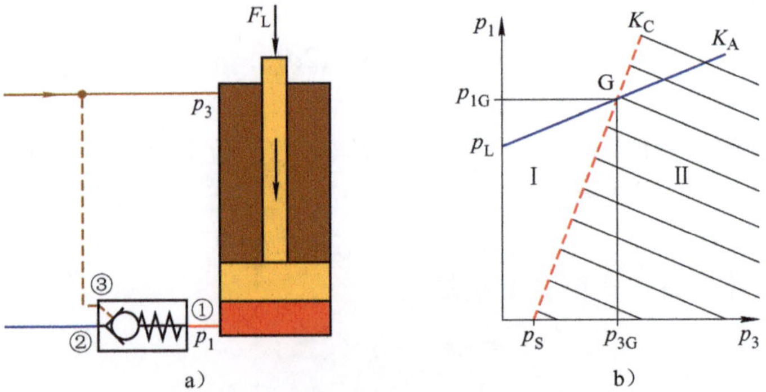

图 A-12 液控单向阀与液压缸组合示意

a）回路 b）工况

G—理论开启点 Ⅰ—通道关闭区 Ⅱ—通道开启区 p_L—负载压力 p_S—开启压力

根据液压缸两腔压力关系有

$$p_{1G}=p_{3G}K_A+p_L$$

根据液控单向阀的开启特性有

$$p_{3G}=p_{1G}/K_C+p_S$$

从而可得理论开启点 G 处的压力

$$p_{1G}=(p_SK_A+p_L)/(K_C-K_A)$$

$$p_{3G}=(p_SK_C+p_L)/(K_C-K_A)$$

在估算表格中填入 K_A、p_L、K_C、p_S，即可得 p_{1G}、p_{3G}。

还应该校验，计算出来的 p_{1G}、p_{3G} 是否已超过系统许用最高工作压力。

A.10 容腔液容

充满一容腔的液压油的液容

$$C=V/E$$

式中 V——该容腔容积；

E——液压油的体积弹性模量，不仅随温度与压力而变，约为 1000～3200MPa（见图 A-13），而且还受液压油中的未溶解空气量、系统所使用的管道影响，详见参考文献[1]2.1.4 节。

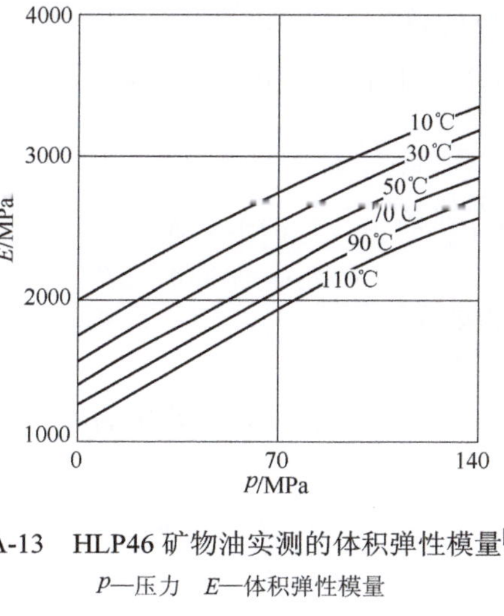

图 A-13 HLP46 矿物油实测的体积弹性模量[16]

p—压力 E—体积弹性模量

如取 E 的单位为 MPa，V 的单位为 cm^3，C 的单位为 m^5/N，则有估算式

$$C=10^{-12}V/E$$

A.11 泵马达耐久试验并联型能量回收回路

此回路回收能量，因此耗能较少，适用于泵的耐久性试验。

1. 原理

能量回收回路原理如图 A-14 所示。其中，被测泵 1 输出的压力油进入马达。同时，被测泵的轴与马达的轴机械相连。这样，马达既作为加载，又作为驱动。

补油泵 3 与被测泵并联，输出的压力油也进入马达，以补充在被测泵、马达与回路中损耗的流量与能量。

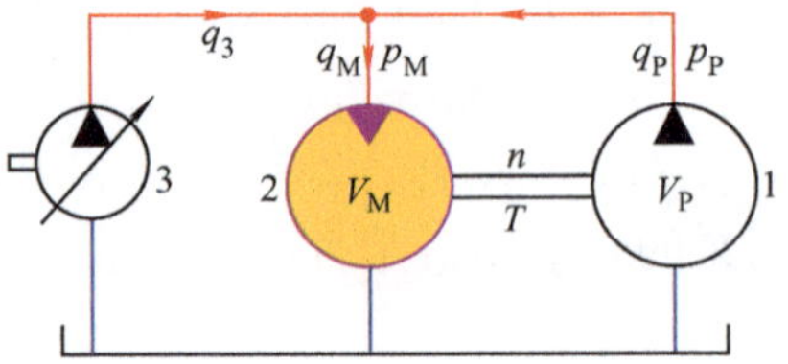

图 A-14 能量回收原理

1—被测泵 2—马达 3—补油泵 V_P—泵空载排量 V_M—马达空载排量

（1）转矩平衡

马达输出的转矩也就是泵的输入转矩，所以

$$p_M V_M \eta_{Mm} = p_P V_P / \eta_{Pm} \tag{A-31}$$

式中 η_{Mm}——马达液压机械效率；

η_{Pm}——泵液压机械效率。

因为马达进口压力 p_M 不能高于泵出口压力 p_P，再考虑到液压机械效率，所以，必须始终保持 $V_M > V_P$。

（2）流量平衡

输入马达的流量等于被测泵与补油泵 3 输出的流量之和，即

$$nV_M/\eta_{Mv} = nV_P\eta_{Pv} + q_3$$

式中 η_{Mv}——马达容积效率；

η_{Pv}——泵容积效率。

所以，被测泵和马达的转速 n 由补油泵输出的流量 q_3 决定

$$n = \frac{q_3}{V_M\eta_{MV} - V_P\eta_{PV}}$$

因为泵和马达的泄漏量随压力而变，随磨损而变，所以，要保持转速稳定在某一固定值的话，流量 q_3 必须可调。通过改变补油泵的排量或转速，调节补油泵的输出流量，可以得到希望工况的转速。

1. 测试系统

（1）被测泵 1 与马达 2

由于被测泵和马达的液压机械效率不是常数，在试验过程中会变化，所以，

被测泵和马达的排量至少一个必须可调，才有可能实现希望工况的压力。

被测泵出口压力与马达进口压力间总有一个差，记压差为Δp，即$\Delta p=p_P-p_M$，则从式（A-31）可得

$$(p_P-\Delta p)\ V_M\eta_{Mm}=p_P V_P/\eta_{Pm}$$

从而可得

$$p_P=\frac{\Delta p}{1-V_P/(V_M\eta_{Mm}\eta_{Pm})} \tag{A-32}$$

从式（A-32）可以看出，在 $V_M>V_P$ 的前提下，减小 V_M，或增大 V_P，可以增加 p_P。注意，Δp 通常随通过流量而改变。

（2）压差调节阀

从式（A-32）可以看出，如果在泵出口与马达进口间设置节流阀作为加载阀，或定压差阀，调节Δp，也可以调节泵出口压力。但因为这个压差把液压能转化成热量，无法回收，所以，应尽可能小。

（3）安全阀

在被测泵和补油泵的出口应该设置溢流阀作为被测泵安全阀 6，通常不应溢流，因为溢出的流量都是浪费能量。所以，开启压力应高于希望工况至少 2MPa。

如果被测泵或马达的排量在带压时不便调节，可以使用安全阀暂时卸荷，调节后恢复。

（4）转速转矩仪 4

如果不需要测液压机械效率，可以不安装转矩仪。因为，转矩仪持续受力，也会受到耐久性考验。

为监控泵的转速，可以安装不接触型转速仪。

（5）容积效率

因为被测泵的容积效率是判断被测泵的性能和判定失效的很重要的指标，所以，在回路中应该设置流量计来持续监控容积效率。

1）在被测泵的出口设置耐压的流量计（例如涡轮流量计）8，测出被测泵在不同压力工况时的输出流量 q_P。

2）如果被测泵是定排量泵，或无外泄漏泵，则可以根据出口压力近似为零时的输出流量 q_{P0}，计算出被测泵在某转速下的空载排量或公称排量

$$V_{P0}=q_{P0}/n$$

从而可以进一步计算出在该压力下该转速时的容积效率

$$\eta_{Pv}=q_P/(nV_{P0})$$

如果被测泵是有外泄漏泵，在泄漏口安装流量计 9，可以不耐压，例如浮子流量计，则可以通过监控泄漏量的变化来观察容积效率的变化。

（6）过滤器

回油过滤器 10 可以安装在马达出口。

实际测试系统可参照图 A-15。

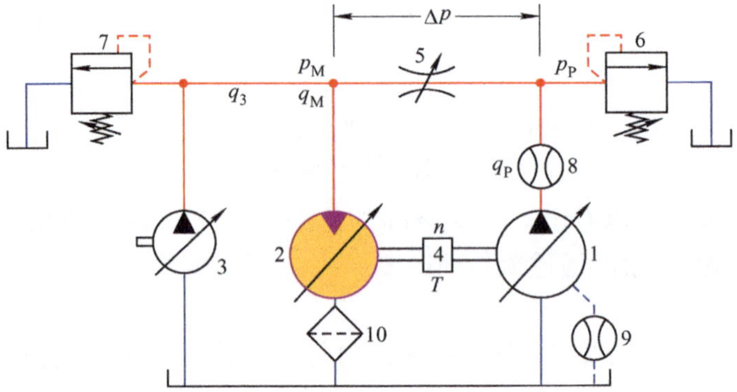

图 A-15　并联型能量回收测试回路

1—被测泵　2—马达　3—补油泵　4—转速转矩仪　5—节流阀（加载阀）　6—被测泵安全阀　7—补油泵安全阀　8—泵输出流量计　9—泵外泄漏流量计　10—回油过滤器

A.12　泵马达耐久试验串联型能量回收回路

在泵马达耐久试验串联型能量回收测试回路（见图 A-16）中，补油泵 4 与被测泵 1 串联，以补充在被测泵 4、加载马达 2 与回路中损耗的能量。

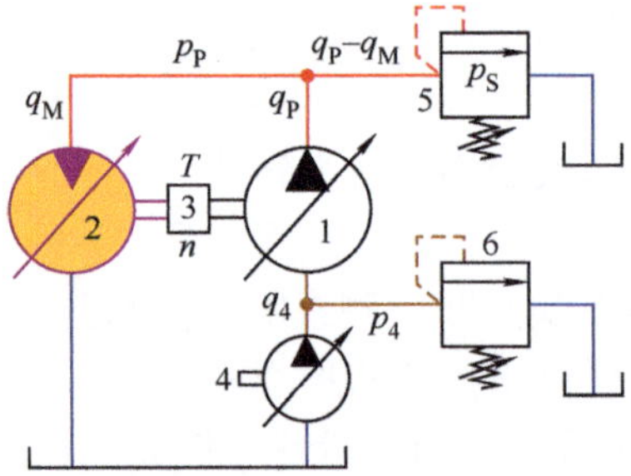

图 A-16　串联型能量回收测试回路

1—被测泵　2—加载马达　3—转速转矩仪　4—补油泵　5—加载溢流阀　6—补油安全阀

1. 流量与转速

泵 4 输出的流量

$$q_4 = n_4 V_4 \eta_{4V}$$

因为，在阀 6 的设定值足够高，保持关闭的工况下，泵 1 的输出流量

$$q_P = q_4 \eta_{PV}$$

所以，泵 1 与马达 2 的转速

$$n = q_P/(\eta_{PV}V_P)$$

因此，实际进入马达 2 的流量

$$q_M = nV_M/\eta_{MV}$$

因为，只有 q_M 小于 q_P，部分液压油从阀 5 溢出，才能保证 p_P 达到阀 5 的设定压力 p_S，所以，马达 2 允许设定的最高排量

$$V_{Mmax} = q_P\eta_{MV}/n$$

2. 转矩

根据转矩转速仪的转矩平衡式，可以写出

$$T = (p_P - p_4)V_P/(2\pi\eta_{Pm}) = p_PV_M\eta_{Mm}/(2\pi)$$

从而得到泵 4 出口，也即泵 1 进口的压力

$$p_4 = p_P(1 - V_M\eta_{Pm}\eta_{Mm}/V_P)$$

附录 B　液压元件设计估算表格 2016.xlsx 说明

B.1　弹簧刚度与弹簧力

按下式可粗略地估算弹簧力（见图 B-1）

$$F_1 = S_1C$$

式中　S_1——压缩量（mm）；

　　F_1——在压缩量 S_1 时的弹簧力（N）；

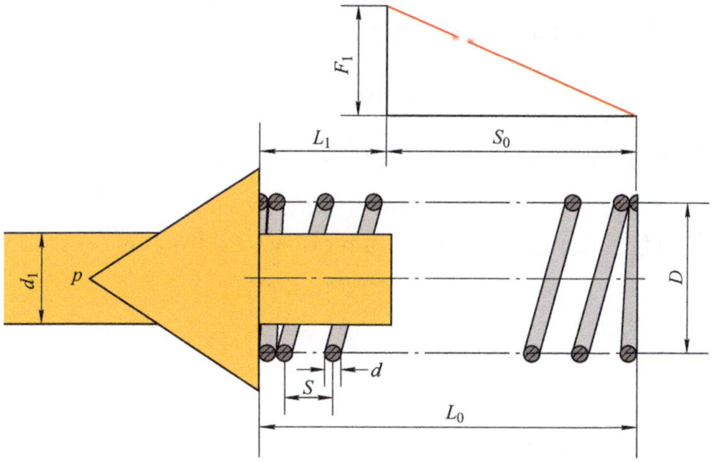

图 B-1　弹簧压缩量与弹簧力

S_1—压缩量　F_1—在压缩量 S_1 时的弹簧力　d—弹簧钢丝直径

S—圈与圈之间的中心距　D—弹簧中径　L_0—原始长度

C——弹簧刚度（N/mm）。

按下式可粗略地估算弹簧刚度

$$C = \frac{Gd^4S}{8D^3(L_0 - n_0d)}$$

式中 G——材料切变模量，一般弹簧钢可粗略地取为 8×10^4N/mm^2；

n_0——非工作圈数。

取 C 的单位为 N/mm，G 的单位为 N/mm^2，d 的单位为 mm，S 的单位为 mm，D 的单位为 mm，L_0 的单位为 mm，则有估算式

$$C = \frac{Gd^4S}{8D^3(L_0 - n_0d)}$$

如果该弹簧作用于阀芯，取阀芯的有效作用面积的直径 d_1 的单位为 mm，与弹簧力 F_1 平衡的液压力——弹簧压力 p 的单位为 MPa，则 p 可按下式计算

$$p=4F_1/(\pi d_1^2)$$

B. 2 通过固定液阻的流量

1. 通过细长孔的流量

假定细长孔的条件满足，即小孔长度 l 大于孔半径 r 的 8 倍，按层流估算，通过的流量

$$q = \pi r^4 \Delta p/(8\nu\rho l)$$

如取 q 的单位为 L/min，r 的单位为 mm，Δp 的单位为 MPa，ν 的单位为 mm^2/s，ρ的单位为 kg/m^3，l 的单位为 mm：则有估算式

$$q = 6\times10^7 \times \frac{\pi r^4 \Delta p}{8\nu\rho l}$$

此公式仅在层流时有效，所以要校验 Re

$$Re = du/\nu = 2q/(\pi r\nu)$$

如取 q 的单位为 L/min，r 的单位为 mm，ν 的单位为 mm^2/s：则有估算式

$$Re = 10^5 q/(3\pi r\nu)$$

通常应小于 2000。

2. 通过薄壁孔的流量

假定薄壁孔（见图 B-2）条件满足：孔长小于孔半径，孔前直径大于孔直径的 7 倍，则按紊流估算，通过的流量

$$q = \alpha(\pi d^2/4)\sqrt{2\Delta p/\rho}$$

式中 α——流量系数，取决于液流是否完全收缩，以及雷诺数等。详见参考文献[1]4.2.3 节“薄壁孔的液阻”。

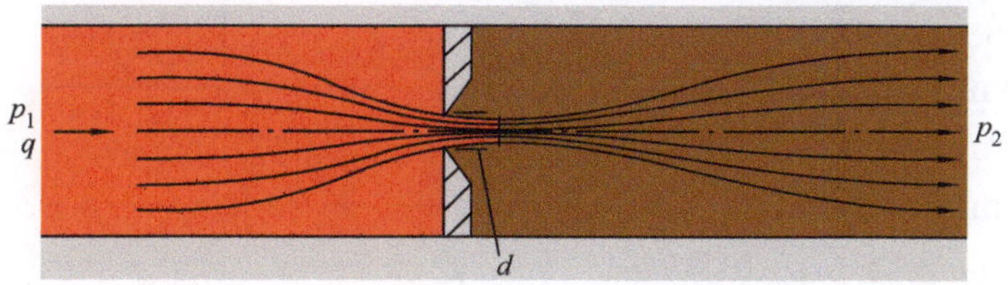

图 B-2　通过薄壁孔的流量

如取 q 的单位为 L/min，d 的单位为 mm，Δp 的单位为 MPa，ρ的单位为 kg/m^3，则有估算式

$$q=6\times10^4\alpha\,(\pi d^2/10^6)\sqrt{10^6\,\Delta p/(8\rho)}$$

3．通过薄刃口的流量

如果节流口不是圆孔，但接近薄刃口，则通过流量可按下式估算

$$q=\alpha A\sqrt{2\Delta p/\rho}$$

式中　A——薄刃口面积。

如取 q 的单位为 L/min，A 的单位为 mm^2，Δp 的单位为 MPa，ρ的单位为 kg/m^3；则有估算式

$$q=6\times10^4\alpha(A/10^6)\sqrt{2\times10^6\,\Delta p/\rho}$$

4．弓形或扇形面积估算

节流口有时是弓形或扇形的（见图 B-3），这两种形状的面积估算如下。

（1）扇形面积

$$A_1=\alpha r^2/2$$

（2）弓形面积

$$A=A_1-h_1\sqrt{r^2-h_1^2}$$

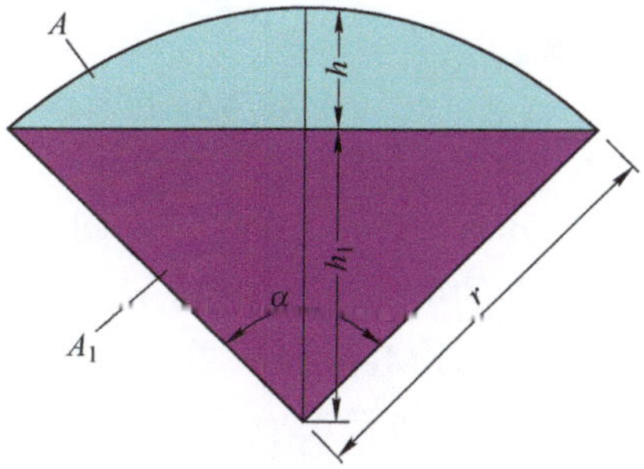

图 B-3　扇形弓形面积估算

B.3　间隙泄漏、滑阀泄漏

1．平板间隙泄漏

如果两个平行表面之间的缝隙远小于表面的宽度（见图 B-4），则按层流估算，通过这个缝隙的流量

$$q=\frac{bh^3\Delta p}{12\nu\rho l}+\frac{bhu_0}{2}\tag{B-1}$$

式中　ν——液体的运动粘度；

ρ——液体的密度；

u_0——两表面的相对移动速度，也可以是负值。图示方向为正值。

取 q 的单位为 mL/min，b、h 和 l 的单位为 mm，Δp 的单位为 MPa，v 的单位为 mm^2/s，ρ的单位为 kg/m^3，u_0 的单位为 mm/s，则有估算式

$$q = 5\times10^9 bh^3\Delta p/(v\rho l) + 0.03bhu_0$$

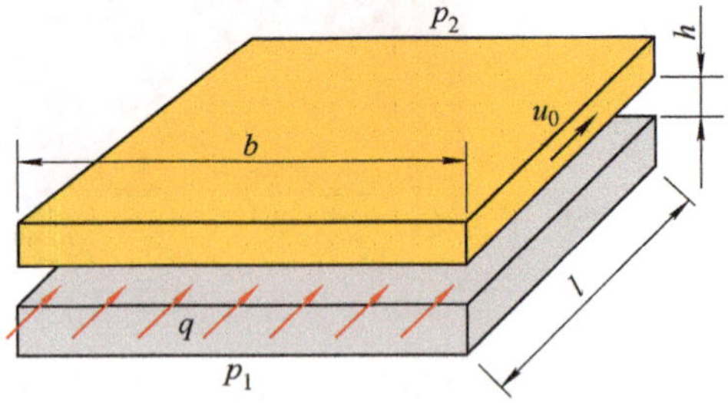

图 B-4　平板间隙泄漏

雷诺数校验

此公式的前提是层流，所以，一定要校验雷诺数 Re。

因为平板间隙的水力直径 d 为 $2h$，流速 u 为 $q/(bh)$，所以

$$Re = ud/v = 2q/(bv)$$

取 q 的单位为 mL/min，b 的单位为 mm，v 的单位为 mm^2/s，则有估算式

$$Re = 100q/(3bv)$$

如果 Re 低于 1000 时，此公式还一定程度有效。否则，可能会得到荒谬的结果。

2. 滑阀泄漏

如果滑阀与阀体间的间隙（见图 B-5）可以看作圆环形间隙，可从式（B-1）导出按层流估算的泄漏量

$$q = \pi dS^3\Delta p/(12v\rho l)$$

式中　v——液体的运动粘度；

ρ——液体的密度，下同。

取 q 的单位为 mL/min，d、S 和 l 的单位为 mm，Δp 的单位为 MPa，v 的单位为 mm^2/s，ρ的单位为 kg/m^3，则有估算式

$$q = 5\times10^9\pi dS^3\Delta p/(v\rho l)$$

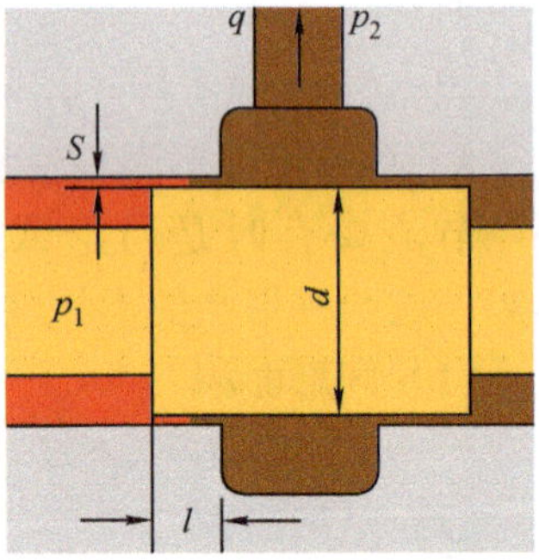

图 B-5　滑阀与阀体间的间隙

雷诺数校验

因为圆环间隙的水力直径为 $2S$，流速 u 为 $q/(\pi dS)$，所以雷诺数

$$Re = 2q/(\pi dv)$$

取 q 的单位为 mL/min，S 的单位为 mm，v 的单位为 mm^2/s，则有估算式

$$Re = 100q/(3\pi dv)$$

如果 Re 低于 1000 时，此公式还一定程度有效。

B. 4　滑阀开口流量

假定滑阀开口（见图 B-6）在压差较大且紊流时，按薄刃口估算，通过的流量

$$q = \alpha\pi dX\sqrt{2\Delta p/\rho}$$

如取 q 的单位为 L/min，d 的单位为 mm，X 的单位为 mm，Δp 的单位为 MPa，ρ的单位为 kg/m^3；则有估算式

$$q=6\times10^4\alpha\pi(dX/10^6)\sqrt{2\times10^6\Delta p/\rho}$$

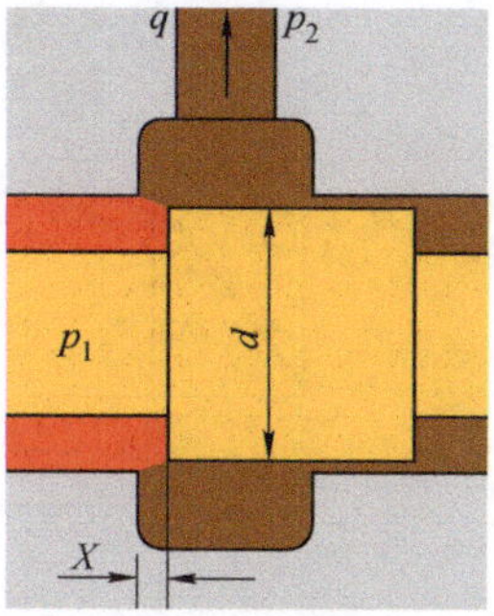

图 B-6　滑阀开口

B.5　锥阀开口流量

锥阀开口（见图 B-7)按薄刃口估算的通过流量

$$q=\alpha\pi dh\sin\beta\sqrt{2\Delta p/\rho}$$

式中　α——流量系数。

如取 q 的单位为 L/min，d、h 的单位均为 mm，β的单位为（°），Δp 的单位为 MPa，ρ的单位为 kg/m^3，则有估算式

$$q=6\times10^4\alpha(\pi dh\sin(\beta\pi/180°)/10^6)\sqrt{2\times10^6\Delta p/\rho}$$

流量系数α，根据参考文献[16]和[18]，不仅与流通方向有关（见图 B-8），而且与流态有关：在小流量，即层流时，随雷诺数的平方根而变；流量增大，进入紊流后，则不再随雷诺数而变；什么情况下进入紊流，则与阀口形状有关（见图 B-9）。

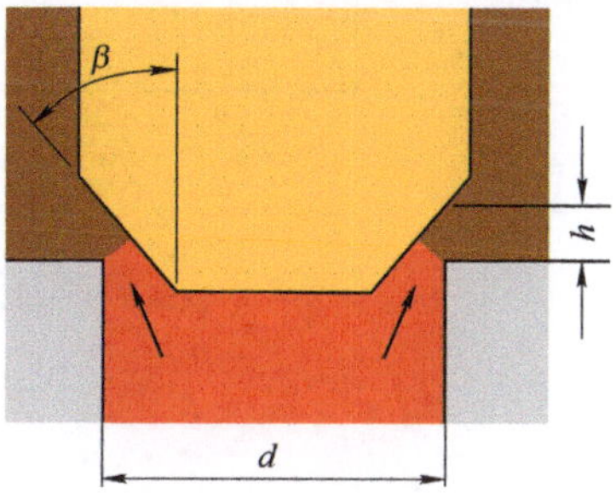

图 B-7　锥阀开口

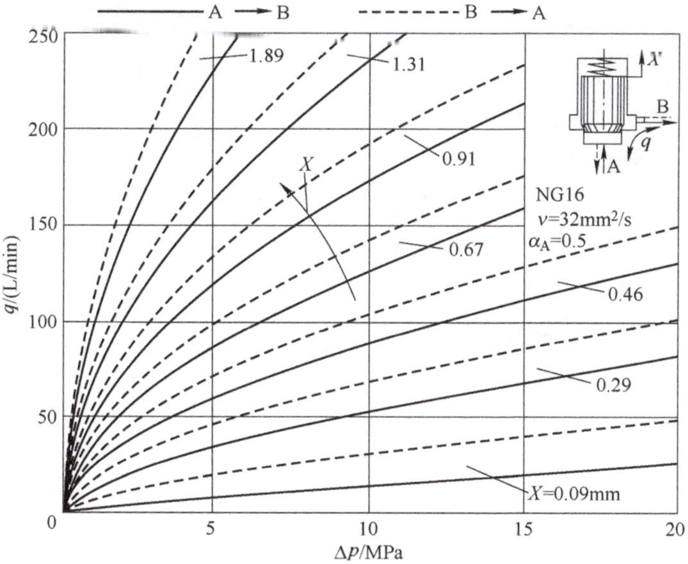

图 B-8　一个二通锥阀的压差流量状况[18]

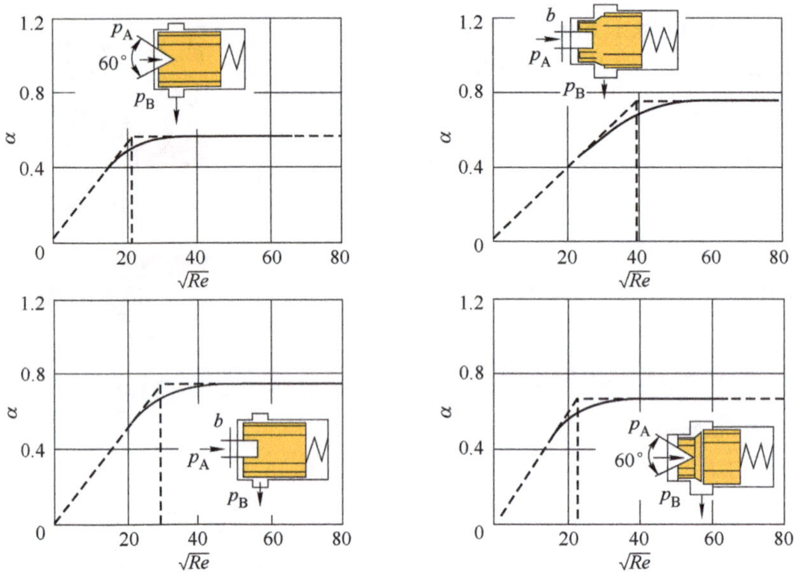

图 B-9 锥阀通流的流量系数[16]

测试条件：油温 50℃，油液粘度 32mm²/s，阀芯直径 26mm

B.6 滑阀阀芯移动摩擦力

滑阀阀芯在充满液体的阀体内移动（见图 B-10），按理想状况估算的液体摩擦力

$$F_n = \pi dl\nu\rho u/S$$

式中 ν——液体的运动粘度；

u——阀芯的移动速度；

S——间隙。

如取 F_n 的单位为 N，d、l、S 的单位均为 mm，ν 的单位为 mm²/s，ρ 的单位为 kg/m³，u 的单位为 mm/s，则有估算式

$$F_n = 10^{-12}\pi dl\nu\rho u/S$$

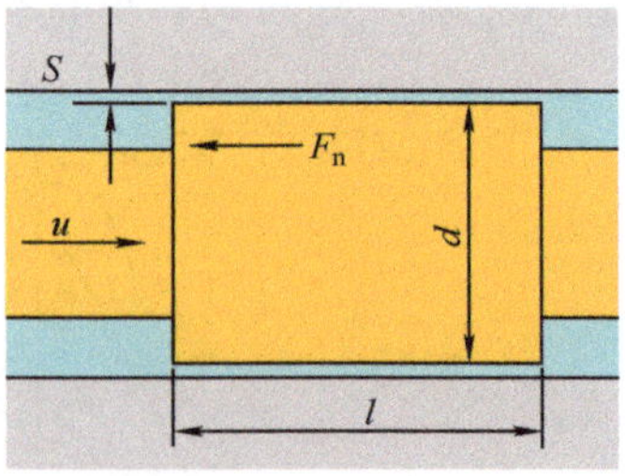

图 B-10 滑阀阀芯移动摩擦力估算

B.7 滑阀稳态液动力

1）按动量变化估算的滑阀稳态液动力（见图 B-11）

$$F_y = \rho qu\cos\beta$$
$$= \rho q^2\cos\beta/A$$
$$= \rho q^2\cos\beta/(\pi dX)$$

式中 q——通过开口的流量；

u——液体通过开口时的速度；

A——开口面积。

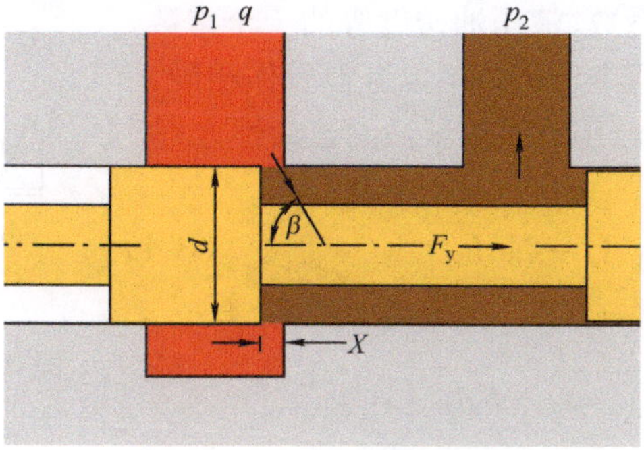

图 B-11 滑阀稳态液动力估算

因为动量的降低也部分源自液流与阀体间的摩擦力，因此，根据动量变化估算得到的阀芯上的稳态液动力往往高于实测值[10]。

如取 F_y 的单位为 N，q 的单位为 L/min，β的单位为（°），X 和 d 的单位均为 mm，ρ的单位为 kg/m^3；则有

$$F_y = \rho(q/6\times10^4)^2\cos(\beta\pi/180°)/(\pi dX/10^6)$$

由此可以粗定，当静压力由于流动而不平衡时，推动滑阀阀芯所需的电磁力或手动力。

2）假如该阀芯是通过液压先导推动的，则需要推算出该液动力折算到整个滑阀端面的压力（液动压力）

$$p_y = 4F_y/(\pi d^2)$$

如取 p_y 的单位为 MPa，d 的单位为 mm；则有估算式

$$p_y = 4F_y/(\pi d^2)$$

3）作为检验，需要了解该流量通过此开口的压降。假定可用薄刃口流量公式，则压降

$$\Delta p = q^2\rho/(2\alpha^2A^2)$$

如取Δp 的单位为 MPa，q 的单位为 L/min，A 的单位为 mm^2；则有估算式

$$\Delta p = (q/60000)^2\rho/[2\times10^6\alpha^2(A/10^6)^2]$$

B. 8 进出节流口面积估算

如在参考文献[1]第 5.4 节“进出口节流回路”中述及，为避免出现负压，液压缸出口和进口的节流口面积比例要满足一定条件。导出过程如下。

按节流口为薄刃口估算，通过的流量（见图 B-12）

$$q_A = KA_{JA}\sqrt{p_P - p_A} \tag{B-2}$$

$$q_B = KA_{JB}\sqrt{p_B} \tag{B-3}$$

式中 K——含流量系数、液压油密度等的一个常数，假定对两个节流口可以近似看作相同。

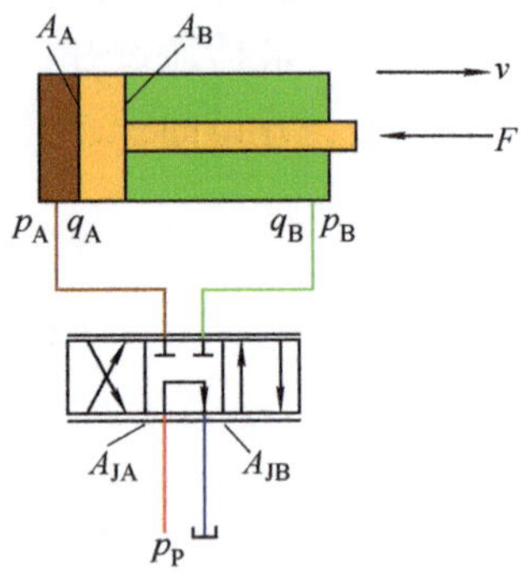

图 B-12 进出口节流回路

另外，根据进出液压缸的液压油的连续性方程，有

$$q_A/A_A = q_B/A_B \tag{B-4}$$

将式（B-2）和式（B-3）代入式（B-4）得

$$KA_{JA}A_B\sqrt{p_P - p_A} = KA_{JB}A_A\sqrt{p_B}$$

整理可得

$$p_A = p_P - (A_{JB}A_A/(A_{JA}A_B))^2 p_B \tag{B-5}$$

将式（B-5）代入力平衡方程式

$$A_A p_A = A_B p_B + F$$

整理可得

$$p_B = \frac{A_A p_P - F}{A_A\left[A_{JB}A_A/\left(A_{JA}A_B\right)\right]^2 + A_B} \tag{B-6}$$

$$p_A = \frac{p_P - F/A_A}{1+\ \left(A_A/A_B\right)^3\left(A_{JB}/A_{JA}\right)^2} + F/A_A \tag{B-7}$$

若令驱动腔背压腔工作面积之比 A_A/A_B 为 K_A，出口与进口节流口面积之比 A_{JB}/A_{JA} 为 K_J，则式（B-6）可以写成

$$p_B = \frac{p_P - F/A_A}{K_A^2 K_J^2 + 1/K_A}$$

所以，在负载力正向时，为了使背压腔压力 p_B 高于最低值 p_{min}，必须

$$\frac{p_P - F/A_A}{K_A^2 K_J^2 + 1/K_A} > p_{min}$$

从而可知，必须

$$A_{JB}/A_{JA} = K_J < \sqrt{(p_P - F/A_A)/p_{min} - 1/K_A}\,/K_A$$

式（B-7）可写作

$$p_A = (p_P - F/A_A)/(K_A^3 K_J^2 + 1) + F/A_A$$

所以，当负载力反向，值为负时，为了使驱动腔压力 p_A 高于最低值 p_{min}，必须

$$(p_P - F/A_A)/(K_A^3 K_J^2 + 1) + F/A_A > p_{min}$$

即必须

$$K_J < \sqrt{(p_P - p_{min})/[(p_{min} - F/A_A)K_A^3]}$$

估算表格使用过程如下。

1）输入节流口的流量系数α、液压油密度ρ后，表格计算出一个综合系数

$$K = \alpha\sqrt{2/\rho}.$$

2）输入液压源压力p_S、工作腔最低压力p_{min}。

3）对给定的液压缸，键入活塞直径D、活塞杆直径d、表格自动计算出无杆腔面积、有杆腔面积。据此，选择驱动腔面积A_A、背压腔面积A_B后，表格计算出作用面积比K_A。

4）输入不同的反向负载力F后，表格计算出为保证$p_B > p_{min}$所允许的最高进出节流口面积比K_J。

5）输入不同的正向负载力F后，表格计算出为保证$p_A > p_{min}$所允许的最高进出节流口面积比K_J。

6）根据这些推荐的面积比，选择实际进出节流口面积A_{JB}、A_{JA}后，表格计算出实际面积比，以及在相应的不同正反向负载时各腔压力、流量，供校验。

B.9 弹簧-惯量系统的固有频率

简化的弹簧-惯量系统如图B-13所示。

如果忽略摩擦力和阻尼等，根据力平衡原则可以写出

$$F - T = ma$$
$$= mX'' \quad \text{(B-8)}$$

因为弹簧作用力

$$T = GX$$

式中 G——弹簧刚度。

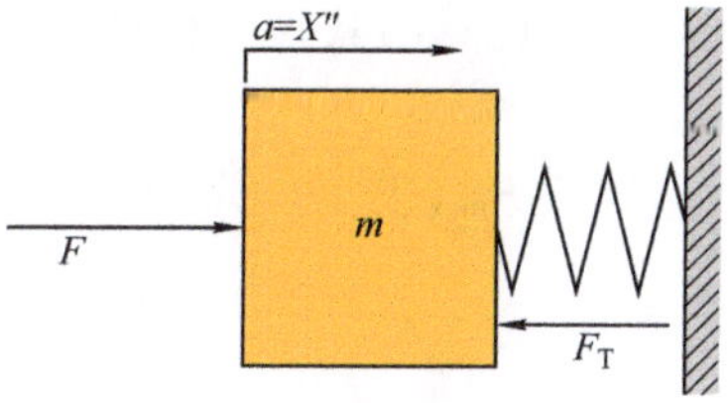

图B-13 简化的弹簧-惯量系统

F—外力 T—弹簧力 X—位移

所以，从式（B-8）可得

$$X'' + \frac{G}{m}X = F/m$$

所以，弹簧-惯量系统的固有频率

$$f_z = \sqrt{\frac{G}{m}}/2\pi \quad \text{(B-9)}$$

从式（8-9）可以看出，弹簧刚度G越高、惯量m越小，则固有频率f_z越高。

如果取弹簧刚度 G 的单位为 N/mm，惯量 m 的单位为 g；则从式（B-9）可得估算式

$$f_z = 1000\sqrt{\frac{G}{m}}/2\pi$$

可以据上式估计液压阀芯与弹簧组成的液压阀的固有频率。

B. 10 元件简谐运动的加速度与惯性力

液压元件，例如轴向柱塞泵中的柱塞，被强迫进行简谐运动时，其位移可简写为振动时间 t(s)的函数

$$S_t = S_0\sin 2\pi ft$$

式中 S_0——行程（mm）；

f——往复频率（s^{-1}）。

则可导出其速度

$$V_t = S_t' = 2\pi fS_0\cos 2\pi ft$$

其加速度

$$a_t = V_t' = 4\pi f^2S_0\sin 2\pi ft$$

其加速度最大值

$$a_{max} = V_t' = 4\pi f^2S_0$$

如取 f 的单位为 1/min，S_0 的单位为 mm，a_t 的单位为 m/s^2，则有估算式

$$a_{max} = 4\pi f^2S_0/3600000$$

从而可以计算出其最高惯性力

$$F_{max} = ma_{max}$$

如取 F_{max} 的单位为 N，m 的单位为 g，则有估算式

$$F_{max} = ma_{max}/1000$$

附录 C 附赠资源内容

本书提供的附赠资源中有下述内容。

1. 液压系统设计估算 2016.xlsx

2. 液压元件设计估算 2016.xlsx

3. 各章插图

在文件夹“各章插图”中收集了各章的插图。目的是为了帮助读者更清楚地阅读，也可供企业技术培训、大学教师教学选用。

4. 作者已发表过的部分文章

在文件夹“作者已发表过的部分文章”中收录了作者已在国内杂志上公开发

表过的部分文章，供读者参考。

1）《阀研发的趋势》，<流体传动与控制>，2004（06）。这是作者编译的，原作者为德 H. Murrenhoff 穆伦霍夫教授。

2）《德国亚琛工大流体传动与控制教材简介》，<液压气动与密封>，2003（06）。

3）《德国亚琛工大流技所的科研现状简介》，<机电设备>，2003。

4）《中国大学液压教材必须作重大改进》，<液压气动与密封>，2009（06）。

5）《流体技术的过去和将来》（介绍巴克教授的新书《从流体技术 1955 年到 2009 年的研发历史说起》，<液压气动与密封>，2010（05）。

6）《测试是液压的灵魂》，<液压气动与密封>，2010（06）。

7）《关于中国液压工业的差距与优势》，<液压气动与密封>，2010（09）。

8）《国外液压研发动态介绍》，<液压气动与密封>，2012（01）。

9）《液压阀的安装连接方式》，<流体传动与控制>，2012（02）。

10）《纠正一些关于稳态液动力的错误认识》，<液压气动与密封>，2010（09）。

11）《2013 汉诺威工业博览会见闻》，<液压气动与密封>，2013（07）。

12）《什么是液压阀》，<液压气动与密封>，2012（11）。

13）《德国亚琛工大流技所科研现状简介 2013》，<流体传动与控制>，2013（06）。

14）《大学液压教材应该编成丛书》，<液压气动与密封>，2013（12）。

15）《关于“第四次工业革命”的探讨》，<流体传动与控制>，2014(02)。

16）《不拒绝小改进——2014 拉斯维加斯国际流体动力展见闻》，<液压气动与密封>，2014(06)。

17）《德国大学工程学科的教与学》，<流体传动与控制>，2014(04)。

18）《做好耐久性试验》，<液压气动与密封>，2014(10)。

19）《液压泵阀在有污染颗粒时的磨损特性》摘译，<流体传动与控制>，2015(04)。

20）《国外近 40 年来对轴向柱塞泵马达的研究综述》，<液压气动与密封>，2015(10)。

21）《工业 4.0 给流体技术行业带来的机遇和挑战》，<液压气动与密封>，2016(05)。

22）《不要停留在压力表的朝代》，<液压气动与密封>，2016(08)。

参考文献

[1] 张海平. 液压速度控制技术[M]. 北京: 机械工业出版社, 2014.

[2] 徐绳武. 发展我国经济型、集成式开式油路泵控系统[J]. 液压气动与密封, 2010(5): 55-60.

[3] 张海平. 液压螺纹插装阀[M]. 北京: 机械工业出版社, 2011.

[4] Overdiek G. Hydraulischer Windenantrieb mit Senkbrems-Sperrventilen als Geschwindigkeitsregelkreis[D]. Aachen: RWTH IHP, 1983.

[5] Zähe B, Ziel. Senkung des Energieverbrauch[J]. O+P, 2012(10): 18-23.

[6] Zähe B. Stabilität von Schaltungen mit Senkbremsventilen[J]. O+P, 2009(3): 60-65.

[7] Zähe B. Lastadaptive Senkbremsventile finden den Kompromiss zwischen Wirkungsgrad und Stabilität[J]. O+P, 2015(10): 16-21.

[8] Zähe B. Lasthalteventile in Patronenbauweise[J]. O+P, 1998(3): 24-28.

[9] 张海平. 实用液压测试技术[M]. 北京: 机械工业出版社, 2015.

[10] 路甬祥, 胡大纮. 电液比例控制技术[M]. 北京: 机械工业出版社, 1988.

[11] 绪方胜彦. 现代控制工程[M]. 北京: 科学出版社, 1978.

[12] Zähe B. Höhere Lebensdauer der hydraulischen Komponenten, weiche Druckbegrenzungsventile schützen vor Druckspitzen[J], O+P, 2006(11): 17-22.

[13] Zähe B. Dynamic Properties of Hydraulic Load Holding Circuits with Counterbalance Valves[C]. National Fluid Power Association Konferenzbeiträge, 1996//v2; 87-94; Fluid powervon National Fluid Power Association, 1996.

[14] Autorenkollektiv. Senkbrems- halte- und entsperrbare Rückschlagventil, Technische Hinweise. TechnicalTip/LoadAdaptiveTM Counterbalance Valves[J/OL]. http://www.sunhydraulics.com/sites/default/files/media_library/tech_resources/TT_US_Ctrbal_POCk.pdf

[15] 姜继海. 二次调节压力偶联静液传动技术[M]. 北京: 机械工业出版社, 2013.

[16] Murrenhoff. Grundlagen der Ölhydraulik[M]. 5 Auflage. IFAS, RWTH Aachen. Aachen: Shanker Verlag, 2007.

[17] N. N. Was Sicherheitsventile Heute Leisten Können [J]. O+P, 2016(03): 42-45.

[18] Backé W., Murrenhoff. Steuerungs- undSchaltungstechnikII[M]. 4 Auflage, IFAS, RWTH Aachen. Aachen: Fotodruck J. Mainz GmbH, 1993.

[19] Zerres M. Simulationprogram zur Stabibitätsanalyse und Be triebspunktbestimmung von Senkbremsventilen[J]. O+P, 2017(1-2): 36-41.

附赠资源

尊敬的读者：

扫描上方二维码关注机械工业出版社微信公众号“制造业那些事儿”，回复“液压平衡阀实用技术”即可获得百度网盘链接和密码，网盘中包含各章插图、作者已公开发表的文章以及液压元件估算表格软件和液压系统估算表格软件。

书名：实用液压测试技术
书号：978-7-111-51292-9
作者：张海平 等编著
定价：78.00 元

书名：液压螺纹插装阀
书号：978-7-111-35617-2
作者：张海平 编著
定价：88.00 元

书名：液压速度控制技术
书号：978-7-111-47272-8
作者：张海平 编著
定价：138.00 元

书名：液压系统故障诊断与排除案例精选
书号：978-7-111-55071-6
作者：赵静一 郭锐 程斐 编著
定价：79.00 元

* 读者反馈地址：北京市西城区百万庄大街 22 号 机械工业出版社机械分社 申永刚
邮编：100037 电话：010-88379405、9425 传真：010-68351729 邮箱：cmpmachine@163.com